普通高等教育“十四五”规划教材

普通高等教育农业农村部“十三五”规划教材

普通测量学

Elementary Surveying

第 2 版

杨国范　高振东　主编

中国农业大学出版社

·北京·

内 容 简 介

本书为普通高等教育农业农村部“十三五”规划教材。本书介绍了测量学的基本理论、技术和所使用的仪器设备，主要内容包括地面点位的确定和测量基本工作，水准仪和水准测量、经纬仪和角度测量、距离测量与直线定向、测量误差的基本知识、全站仪和 GNSS、控制测量、大比例尺地形测绘、地形图阅读与应用、施工放样等。本书适合作为本科土木工程、建筑工程、水利水电工程、农业水利工程、水土保持与荒漠化防治、农业工程、林学、园林、城市规划、土地管理、给排水、交通工程等专业基础课“普通测量学”或非测绘专业“工程测量”“测量学”课程的教材，也可供从事工程勘测和工程施工技术人员参考。

图书在版编目(CIP)数据

普通测量学 / 杨国范，高振东主编. --2 版. --北京：中国农业大学出版社，2022.3(2024.5 重印)

ISBN 978-7-5655-2710-4

Ⅰ.①普… Ⅱ.①杨…②高… Ⅲ.①普通测量学－高等学校－教材 Ⅳ.①P21

中国版本图书馆 CIP 数据核字(2022)第 017759 号

书　　名　普通测量学　第 2 版

作　　者　杨国范　高振东　主编

策划编辑　张秀环　　**责任编辑**　张秀环

封面设计　郑　川

出版发行　中国农业大学出版社

社　　址　北京市海淀区圆明园西路 2 号　　**邮政编码**　100193

电　　话　发行部 010-62733489,1190　　读者服务部 010-62732336

编辑部 010-62732617,2618　　出　版　部 010-62733440

网　　址　http://www.caupress.cn　　**E-mail**　cbsszs@cau.edu.cn

经　　销　新华书店

印　　刷　北京时代华都印刷有限公司

版　　次　2022 年 3 月第 2 版　　2024 年 5 月第 2 次印刷

规　　格　185 mm×260 mm　　16 开本　　16 印张　　400 千字

定　　价　48.00 元

第 2 版编审人员

主　　编　杨国范（沈阳农业大学）

高振东（沈阳农业大学）

副 主 编　车德福（东北大学）

杨秀英（沈阳工学院）

王井利（沈阳建筑大学）

王　刚（广州南方测绘科技股份有限公司沈阳分公司）

王　红（华中农业大学）

参　　编　（按姓氏拼音排序）

成　遣（沈阳农业大学）

高真伟（沈阳农业大学）

韩　博（沈阳工学院）

金生吉（沈阳工业大学）

孔　达（黑龙江大学）

林茂森（沈阳农业大学）

刘翠芝（东北大学）

芦晓峰（沈阳农业大学）

帕尔哈提·阿布都拉（新疆农业大学）

彭　义（西南大学）

曲晓涵（沈阳工学院）

石　昊（沈阳农业大学）

王　佳（北京林业大学）

王　可（大连理工大学城市学院）

王立洪（塔里木大学）

许秀泉（沈阳农业大学）

杨玉艳（沈阳农业大学）

张婷婷（沈阳农业大学）

赵明雨（沈阳工学院）

主　　审　冯仲科（北京林业大学）

第 1 版编审人员

主　　编　杨国范（沈阳农业大学）

副 主 编　王立洪（塔里木农垦大学）

　　　　　彭　义（西南农业大学）

　　　　　帕尔哈提·阿布都拉（新疆农业大学）

参　　编　杨玉艳（沈阳农业大学）

　　　　　高真伟（沈阳农业大学）

　　　　　高振东（沈阳农业大学）

　　　　　张婷婷（沈阳农业大学）

　　　　　钟志龙（沈阳农业大学）

主　　审　纪明喜（沈阳农业大学）

第 2 版前言

在党的二十大报告中，习近平总书记将数字中国建设数字经济发展提升到了构筑国家竞争新优势，推进中国是现代化的战略高度，明确要求“建设数字中国，加快发展数字经济，促进数字经济和实体经济深度融合，打造具有国际竞争力的数字产业集群。”测绘地理信息是重要的战略性数据资源和新型生产要素，充分发挥测绘地理信息数据要素保障作用，促进地理信息产业健康快速发展，为数字中国建设打造统一的时空基底、为高质量发展提供丰富的数据要素保障、为地理信息产业发展营造优良环境、为构建新安全格局严守测绘地理信息管理底线，全面赋能高质量发展，助力中国式现代化建设。

测绘对学生的实践能力要求较高，学生必须兼备细心、耐心和责任感，课程特点决定了需要对本科生团队合作意识、工程意识不断强化，因此测量学在学生培养过程中一直是一门重要课程，掌握测量知识和技能已成为相关专业学生在四年大学学习过程中从高中生转变为一名合格工程师的重要标志。

测绘学广泛应用于各个领域及风起云涌的各项基本工程建设，全国第三次土地调查、农村土地确权、林业调查、精准农业和智慧农庄等工程均涉及测绘技术，测绘已是国民经济中工程建设的先导和保障。随着测绘技术的发展，新仪器设备的不断问世以及社会对人才培养需求的变化，教材内容亟须更新与扩充。为满足社会发展和经济建设的需要，适应各专业以及培养人才的要求，编者们结合多年的教学经验，对《普通测量学》进行了重新编写。作为普通高等教育农业农村部“十三五”规划教材，本书以测绘新规范、教学大纲为编写依据，以测绘仪器的电子化和自动化、测量计算的程序化和成图的数字化为发展方向，以便适应对测绘技术精度要求的提高和应用范围的扩大。本教材融入了数字资源，读者通过扫描二维码便可看到清晰、彩色的图片，丰富了教材的展示内容。同时本教材制作了教学用 PPT，供师生学习取用。

本书由沈阳农业大学、东北大学、沈阳工学院、沈阳建筑大学、华中农业大学等高校联合编写，杨国范、高振东主编，车德福、杨秀英、王井利、王刚、王红副主编，成遣、高真伟、韩博、金生吉、孔达、林茂森、刘翠芝、芦晓峰、帕尔哈提・阿布都拉、彭义、曲晓涵、石昊、王佳、王可、王立洪、许秀泉、杨玉艳、张婷婷、赵明雨参编，参加本教材编写及电子课件工作的还有马玲玲、杨舒婷、王云霞、卢硕、邓伟、李佳宁、李梁娇、王昊、张靖唯等，本书承蒙北京林业大学冯仲科教授在百忙中审阅，出版过程中得到了中国农业大学出版社张秀环老师的大力支持，在此表示衷心的感谢。

无人机测绘将会成为未来地形图测绘的主角，施工测量及安全监测会更多地实现自动化、信息化，这些高科技测量技术给测绘提出更高的要求。但是考虑到在讲解和理解测量原理时，传统的光学经纬仪、水准仪还是最佳教具，本书编写组几经讨论，将其保留，使用者可以根据不同学时选为自学材料。

由于编者水平有限，书中缺点和疏漏之处在所难免，敬请读者批评指正。

编　者

2024 年 4 月

第 1 版前言

随着人口的增加，地球资源的减少，人们对空间定位定量技术的要求越来越多、越来越高，要求大多数学科的学者和工程师必须掌握和懂得测绘技术，不懂测绘就不能更有效地胜任工作，因而越来越多涉及工程、资源和管理的非测绘专业开设了测量学课程，这些课程都在普通测量学的范畴。与此同时，由于军事需要的推动，测绘又成为了高新技术，改变了传统民用测绘技术的理论和方法，在空间位置的获取上要求用 GPS、RS 以提高效率，在空间位置的表述以及资源和社会因素的定量描述以及它们的使用上必须用 GIS，数字化地形地籍成图已经取代了传统的白纸测图，因而普通测量学的内涵也在变化。如何更好地在非测绘专业开展测绘学的教学，使之既先进又传统，既满足非测绘专业人员对测绘的要求，又兼顾和专门测绘人员的合理分工，使教学更实用和有效，已经引起了很多学者的关注，同时数字行业（例如数字水利、数字农业等）也在不断发展，我国迫切需要培养一批跨学科的高科技学者，本教材就是在这样一个大背景下产生的。

本教材是为大学本科非测绘专业学生学习测量学课程而编写的，适合于土木建筑类、水利类、资源类、农学类、林学类、管理类、园林类、规划类等 15 个专业的学生使用。参加本书编写的作者来自沈阳农业大学水利学院测量教研室、西南农业大学工程技术学院测量教研室、新疆塔里木大学农业工程学院测量教研室、新疆农业大学水利学院测量教研室等单位。

全书共 13 章，分别为绪论、水准仪及水准测量、经纬仪及角度测量、距离测量与直线定向、测量误差基本知识、平面控制测量、高程控制测量、大比例尺地形图测绘、数字化测量、航空摄影测量基本知识、地形图的阅读与应用、施工测量的基本工作、测量学在工程建设中的应用等。为了适应现代测量学的发展，本教材对 GPS 测量、电子水准仪、数字化测图及 GIS 等目前广泛采用的测绘仪器、技术，与传统内容进行了有机的整合，力求形成先进的本科非测绘专业学生学习测量学课程的普通测量学教材，也有利于学生对后续 GPS、GIS 以及 3S 技术与应用等课程的学习。

本书由杨国范博士主编，王立洪教授、彭义副教授、帕尔哈提 · 阿布都拉副教授任副主编，杨玉艳副教授、高真伟副教授和高振东、张婷婷、钟志龙等老师参编，参加编写工作的还有姚力、王爽、王虹、张丽等同志。其中杨国范编写了第 1 章、第 4 章、第 5 章、第 6 章的 6.1～6.6 节、第 7 章、第 10 章，王立洪编写了第 2 章，杨玉艳编写了第 3 章、第 11 章，张婷婷编写了第 6 章的 6.7 和 6.8 节，帕尔哈提 · 阿布都拉编写了第 8 章，高振东、钟志龙编写了第 9 章，彭义编写了第 12 章，高真伟编写了第 13 章。本书最后由杨国范统稿。

本书承蒙纪明喜教授主审，中国农业大学出版社张秀环老师和 CASIO 公司欧阳鹏先生为本书的出版做了很多工作，在此一并表示诚挚的谢意。

由于作者水平有限，书中难免存在缺点和不足，敬请读者批评指正。

编　者

2003 年 12 月

目　　录

Chapter 第一章

绪　论

第一节　测量学的任务及其在工程建设中的作用

一、测量学的学科分类及任务

传统测量学是研究如何测定地面点的平面位置和高程，将地球表面的地形及其他信息测绘成图，以及确定地球的形状和大小等的科学，亦称测绘学，包括普通测量学、大地测量学、地形测量学、摄影测量学、工程测量学和海道测量学等学科。现代测绘学研究范围已扩大到外层空间，是研究与地理空间分布有关的信息的采集、处理、管理、表达和利用的科学与技术，因此，现在测量学可定义为：研究对地球整体及其表面和外层空间中的各种自然和人造物体上与地理空间分布有关的信息进行采集、处理、管理、更新和利用的科学和技术。

根据研究的对象、内容和使用的仪器设备、测量方法的不同，测量学形成了以下分支。

1. 大地测量学　是一门研究和测定地球形状、大小和重力场，以及测定地面点几何位置的学科，亦即在一定的时间一个空间参考系统中，测量和描绘地球的一门学科。大地测量学又可以分为卫星大地测量、空间大地测量、几何大地测量、重力大地测量、海洋大地测量等。

2. 地形测量学　是指将地面所有固定性物体（简称地物）和各种起伏形态（简称地貌）应用一定的测量仪器，按一定的程序和方法，根据地图图式所规定的符号并依据一定的比例尺测绘在图纸上的全部工作。地形测量工作包括外业和内业两大部分，外业工作包括踏勘选点、建立标志、测角、量距、测定高差及绘制地形图等；内业工作包括外业工作成果的检查、整理、平差计算和地形图的整饰等。

3. 摄影测量学与遥感　国际摄影测量与遥感协会（ISPRS）1988 年给摄影测量与遥感的定义是：摄影测量与遥感是从非接触成像和其他传感器系统，通过记录、量测、分析与表达等处理，获取地球及其环境和其他物体可靠信息的工艺、科学与技术。摄影测量学是研究利用摄影手段获得被测物体的图像信息，研究影像的成像规律，对所获取影像进行量测、处理、判读，从中提取目标物的几何的或物理的信息，并用图形、图像和数字形式表达测绘成果。目前，摄影测量与遥感技术的应用日益广泛，已不仅仅局限于固态、静态的对象，还可以对液态、气态进行动态监测，目前该技术已被广泛应用于矿产资源勘察、环境污染监测、农业估产、灾害预报、降雨、洪水预报等各个领域。

4.工程测量学　是研究工程建设在勘测设计、施工过程及运营管理阶段所进行的一切测量工作的学科。城市建设、矿山与工厂、水利水电、农林牧业、铁路交通、地质矿产等领域的各项工程，在规划、勘测设计、建设施工、竣工验收、生产运行等阶段都必须进行相应的测量工作。

5.地图制图学与地理信息系统　是研究地图及其编制和应用的一门科学，亦称制图学或地图学，它研究用地图图形符号反映自然界和人类社会各种现象的空间分布、相互联系及其动态变化。传统的地图制图学由地图投影、地图编制、地图整饰和地图制印等部分组成，现代地图制图学的研究热点包括制图自动化、电子地图制作、地理信息系统等。地图投影已发展成为数学制图学，地理信息科学系统也是近40年来的一门集地理学、计算机、遥感技术和地图学于一体的新兴边缘学科。

6.海洋测量学　以海洋水体和海底为研究对象所进行的测量理论、方法和海图编制工作的一门学科，包括海洋大地测量、海岛礁测量、海底地形测量、海洋重力测量、海洋图籍的编制等。海道测量、河道测量、库区测量等水下地形测量均可归为海洋测量学范畴。

本教材属于普通测量学，是测量学最基本的理论和技能，是小范围地形测量和常用的工程测量基础部分。

普通测量学的任务主要有测定和测设两个方面。测定是使用测量仪器和工具，按照一定的测量方法，将测区内地物和地貌缩绘成图，供规划设计、工程建设使用；测设是把图纸上设计好的建筑物或构筑物的位置在实地上标定出来，以便进行施工，也称为施工放样。

二、测绘科学在工程建设中的作用

测绘科学应用范围很广，在国民经济建设的各行各业中，测绘技术、图纸及资料发挥着重要的作用。尤其是工程建设的勘测、规划设计、施工及使用维修的各个阶段都离不开测绘工作，而且要求测绘工作走在各项任务的前列，由于测绘工作的超前服务性，测绘工作通常被人们称为建设的尖兵。

测绘科学在科学研究方面发挥着重要的作用，诸如空间科学技术、地球整体的形状和大小、地球板块运动、地壳的升降变化、海岸线的变迁、地极的周期性变化、地震预报等的研究，都离不开测绘工作和测绘工作所提供的图纸、数据及技术资料。

在工程建设方面，各项工程建设过程都离不开测绘工作。例如在水利工程中的水库建设的规划设计阶段，需要坝址以上整个流域的地形资料，以便进行地质勘探、经济调查、汇水面积量算、水文水利计算及工程预算等项工作；坝址确定以后，则需要坝址附近的大比例尺的地形图，以便进行水工建筑物的部署、施工场地的布置、土石方量计算、工程经费计算等；工程施工前，需要在现场将图纸上设计的水工建筑物的位置在地面上确定下来，以便进行施工；在施工过程中，为确保工程施工质量，应随时用测量技术进行检测；大坝建成后，要进行检查、验收和质量评定，同样要进行测量工作；在水库运行管理工作中，为确保大坝安全，还要进行大坝变形观测。

农业生产中也离不开测量工作，例如土地资源调查、土地利用规划、森林资源调查、农田水利规划、农村区域发展规划、城乡建设规划、土地平整、地籍管理等，都需要进行测量工作或利用测量所提供的地形图和技术资料。

三、测绘发展历史概况

古代的测绘技术起源于水利和农业。古埃及尼罗河每年洪水泛滥，淹没了土地界线，水退以后需要重新划界，从而开始了测量工作。公元前6世纪，古希腊的毕达哥拉斯[Pythagoras，约公元前580年至约公元前500(490)年]最早提出地球是球体，亚里士多德(Aristotle 公元前384年至公元前322年)作了进一步论证，称为地圆说。亚历山大的埃拉托斯特尼(Eratosthenes，公元前276年至公元前194年)采用在两地观测日影的办法，首次推算出地球子午圈的周长，这也是测量地球大小"弧度测量"方法的初始形式。世界上最早有记载的实测弧度测量，是中国唐代南宫说在张遂(683—727年)指导下在今河南省境内进行的(公元724年)，张遂归算出纬度1°的子午弧长。1502年，当时还是军事工程师的意大利著名画家、科学家列昂纳多·达·芬奇(Leonardo di ser Piero da Vinci，1452—1519年)实地测量并绘制了意大利伊莫拉(Italy Imola)平面地图。17世纪末，英国的牛顿(I. Newton)和荷兰的惠更斯(C. Huygens)首次从力学的观点探讨地球形状，提出地球是两极略扁的椭球体。1735—1741年，法国科学院派遣测量队在南美洲的秘鲁和北欧的拉普兰进行弧度测量，证明牛顿等的地扁说是正确的。1743年法国克莱洛证明了地球椭球的几何扁率同重力扁率之间存在着简单的关系。19世纪初，法国的拉普拉斯和德国的高斯相继指出，地球形状不能用旋转椭球来代表。1849年斯托克斯提出利用地面重力观测资料确定地球形状的理论。1873年，利斯廷(J. B. Listing)创立"大地水准面"一词。1945年，苏联的莫洛坚斯基创立了直接研究地球自然表面形状的理论，并提出"似大地水准面"的概念。人类对地球形状的认识和测定，经过了球—椭球—大地水准面3个阶段，经历了二千五六百年的时间。17世纪之前，人们使用简单的工具，且以用于量测距离为主。17世纪初发明了望远镜，1617年荷兰的斯涅耳(W. Snell)为了进行弧度测量而首创三角测量法。约于1730年，英国的西森(Sisson)制成测角用的第一架经纬仪，大大促进了三角测量的发展，使它成为建立各种等级测量控制网的主要方法。在这一段时期里，欧洲又陆续出现小平板仪、大平板仪以及水准仪。1806年和1809年法国的勒让德(A. M. Legendre)和德国的高斯分别发表了最小二乘准则，为测量平差计算奠定了科学基础，高斯代表作是《高等大地测量学理论》。19世纪50年代初，法国洛斯达(A. Lausse-dat)首创摄影测量方法。

公元前20世纪左右，我国大禹受命治理洪水，已经会使用简单的测量工具。西汉时期，采用勾股弦和相似三角形来推算距离、测量面积，长沙马王堆一号汉墓出土的地形图，是当今世界上保存最早的古代地图。东汉初期，张衡(78—139年)发现地球是圆的并绕南北极轴旋转，黄道是太阳运行轨道，与赤道交角为24°，为天文大地测量和大范围的地图测绘提供了理论基础。西晋制图学家裴秀(224—271年)创立了"制图六体"地图制图的理论，把地图制图推进到一个前所未有的高度。所谓制图六体，就是分率、准望、道里、高下、方邪、迂直六条绘图原则。唐朝的贾耽(730—805年)参照制图六体理论，绘制了《海内华夷图》和军用的《陇右山南图》，以及从中国到朝鲜、到越南河内、到中亚南亚等地的交通图。宋朝王安石(1021—1086年)推行变法，曾开展大规模的农田水利建设，全国兴修水利十万余处，灌田三千多万亩(1 亩＝667 m^2),其间有大量的勘察与测绘工作。宋朝沈括(1031—1095 年)发现了磁偏角,这对测绘有着重大的科学价值,比哥伦布横渡大西洋时发现磁偏角要早 400 年。元代郭守敬(1231—1316 年)用自制的仪器观测天文,为兴修水利,他在黄河下游进行大规模的工程测量和地形测量,在世界历史上,郭守敬是第一位用平均海水面作为高程起始面的人。元代朱思本(1273—1337 年)从实地考察并参考古今地图和文献,绘成了一幅长、宽各七尺(1 m＝3 尺)的舆地图。明代郑和(1371—1433 年)的航海图是我国古代测绘技术的又一杰作,郑和七次下西洋,最远到达非洲的索马里、阿拉伯、红海一带。郑和第七次出海的航海图一直保存到现代,是我国最著名的古海图,也是我国最早的一幅亚非地图。

利玛窦在明万历十年(1582 年)来到中国,把经纬度制图法引入中国,摒弃中国"计里画方"的传统绘图法,改用先进的实测经纬度绘图法,并于 1602 年刊行了世界地图《坤舆万国全图》。清朝康熙领导了全国性的大地测量和地图测绘工作,统一了测量长度单位,第一次采取以经纬度分幅的方法编绘了《皇舆全览图》,这在中国地图绘制史上具有开创意义,乾隆时期修订续编为《乾隆内府舆图》(1929 年在沈阳故宫被发现,题名《清内府一统舆地秘图》,才开始为世人所知晓。亦称沈阳故宫铜版地图),是亚洲当时所有的地图中最好的一幅,而且比当时的所有欧洲地图更好、更精确。1889—1899 年,重新进行了一次全国性的经纬度及三角测量,编撰了《大清会舆》,测绘人员已由清初的外国传教士变成均为中国人。1885 年成立的天津武备学堂,在 1890 年后增设铁路科,课程设置分学、术两科教授舆地、测绘等。清末光绪二十二(1896 年)袁世凯小站练兵,测绘为重要课程。清光绪二十三(1897 年),天津创建北洋测绘学堂。清光绪三十年(1904),北京又建测绘学堂。1906 年,朝廷通令各省成立测绘学堂,广西、河南、安徽、江西、广东、山东、江苏、吉林、奉天(今辽宁)、云南、陕西、浙江、湖北等省亦相继成立陆军测绘学堂,专业分三角、地形、制图三股,学生专习一股者为寻常科,并习三股者为高等科。清代洋务运动中派出的 39 名香山籍"留美幼童"留学生中(1872—1875 年),就有测绘留学生。清末到日本陆军士官学校(从 1898 年第一批留日士官生赴日到 1937 年全面抗战爆发,前后计有 29 期、1 600 余人)、陆地测量部修技所学习测绘的留学生有近百人。晚清的测绘留学生,是中国近代测绘教育的一支骨干力量,中国的正式测绘教育逐步发展起来,建立测绘学堂十余所,培养测绘专门技术人才 1 800 多人。清末,兴测绘学堂、办学会,成为一种风气,1896 年武昌成立了舆地学会,谭嗣同在南京积极推行维新活动,最重要的成就是 1897 年在南京倡导筹建了测量会,1898 年湖南彬州成立了舆算学会。1912 年 5 月 11 日,由奉天测绘学堂学生呈请都督立案成立"测绘共进会",并在《盛京时报》上发表了《实行测绘共进会序》,章程上规定了测绘共进会是全国性测绘学术团体,是首个全国性测绘学术团体。

东北现代测绘的兴起是在晚清时期。清光绪十九年(1893 年)九月,聂士成率领武备学堂的学生赴东三省边境地区进行实地勘察,这次测绘任务主要是勘测俄国和朝鲜与我国之间的边境。光绪三十二年(1906 年),奉天(今沈阳)创办了"奉天测绘学堂"。光绪三十四年(1908 年),刘建封率领 5 名测绘生采用近代测绘手段,对奉天、吉林两省界限、中朝国界以及长白山三江(松花江、鸭绿江、图们江)源头进行了史无前例的全方位踏查,摄制了《长白山灵迹全影》,并绘制了第一张长白山天池图以及《长白山江岗全图》等画册,把长白山的地貌完整地展现在世人面前,刘建封被称为东北现代测绘的第一人。

1946 年 5 月,中国人民解放军第一所测绘专门学校——东北民主联军总司令部测绘学校在长春成立，同年8月在哈尔滨开学，不久移师黑龙江勃利县。辽沈战役结束后，测绘学校于1948年12月迁至沈阳改称东北军区测绘学校。解放战争时期，测绘学校为东北地区的解放军培养了急需的测绘人员，提供了大量地图资料。1950年东北军区测绘学校改编为中国人民解放军测绘学校，1953年迁往北京，升格为解放军测绘学院。该测绘学校在东北地区8年，培养了数百名测绘技术人才，为人民解放战争的胜利做出了重要贡献，为建立新中国的测绘教育事业奠定了基础。

自20世纪50年代起，新的科学技术尤其是电子学、信息学、电子计算机和空间科学技术等的迅速发展，使测绘仪器朝着电子化和自动化的方向发展。1947年电磁波测距仪问世，40年代自动安平水准仪问世，1957年第一颗人造地球卫星的发射成功，在测绘学中开辟了卫星大地测量学这一新领域。1990年电子水准仪的诞生，实现了水准测量的自动记录、自动传输、存储和数据处理。1968年生产出电子经纬仪，此后，电子速测仪(全站仪)、自动全站仪(测量机器人)的问世，实现了观测、记录的自动化，以及测绘内外业的一体化。20世纪80年代，全球定位系统GPS问世。GPS定位具有全球性、全天候、快速实时、高精度、自动化程度高和无须建立高标等优点。该技术的应用，使经典的测绘技术发生了重大变革，GPS定位技术正逐步取代常规的控制测量方法而成为控制测量的主要手段。当前无棱镜全站仪、全站仪和GPS组成的超站仪、三维激光扫描、无人机测绘，以及卫星遥感测绘彻底改变了传统测绘工作方式。

第二节　地面点位的确定

一、地球的形状与大小

随着对地球认识的加深，人们对地球形状与大小的认识也越来越准确。目前，通过人造卫星的观测和计算，已能较精确地获得地球形状的数据。地球表面是非常崎岖不平的，我们通常所说的地球形状是指大地水准面所圈闭的封闭曲面，地球是一个被海水包围的球体，海水占71%，海水向陆地延伸形成的封闭曲面就是水准面，其中通过平均海平面的就是大地水准面(geoid)，大地水准面包围的球体就是大地体，大地体的几何形状接近于椭球体，其中与本地区密切度最好的椭球体称为参考椭球体。这就需要有个大地原点，亦称“大地基准点”，该点的椭球的法线方向和大地水准面的垂线方向重合，且该点椭球面和大地水准面相切。我国大地原点在西安市泾阳县永乐镇。测量时，以不规则的大地水准面为基准的观测数据归化到椭球体上，就可以通过投影、保角变换等绘制到平面图纸上。

地球的整体形状十分接近于一个扁率非常小的旋转椭球体，即扁球体，其赤道半径略长、两极半径略短，极轴相当于扁球体的旋转轴。其实，地球的真实形状与上述扁球体稍有出入，其南半球略粗、短，南极向内下凹约30 m；北半球略细、长，北极向上凸出约10 m。所以夸张地说，地球的真实形状略呈梨形。地球表面上任一质点，除受地球的引力作用外，同时还因地球的自转，受到离心力的作用。如图1-1所示，地球上任一质点O，所受的力是引力$\boldsymbol{F}$与离心力$\boldsymbol{P}$的合力$\boldsymbol{G}$，这个力称为重力，重力的方向线称为铅垂线。

由于地球内部质量分布不均匀，而地球的引力与质量分布有关，所以地球表面上各点的

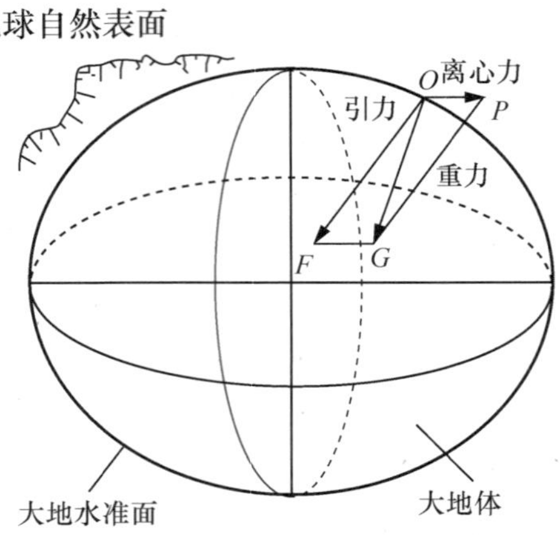

图 1-1　大地体与重力

铅垂线方向将产生不规划的变化，大地水准面实际上是一个有微小起伏的不规则曲面。为了计算方便，在测量工作中，通常取一个与大地水准面相接近，并且可以用数学公式表达的规则曲面—旋转椭球体来代替大地体，作为测量上计算、绘图的基准面。该旋转椭球面也称为参考椭球面。旋转椭球体(图 1-2)长半径为 a，短半径为 b，$\frac{a-b}{a}$称为扁率，用 f 来表示。国际大地测量与地球物理联合会 1980 年公布的地球形状和大小的主要数据如下：

赤道半径：6 378.137 km
两极半径：6 356.752 km
平均半径：6 371.012 km
扁率：1/298.257
赤道周长：40 075.7 km
子午线周长：40 008.08 km
表面积：5.101×10^{8} km^{2}
体积：$10\ 832\times10^{8}$ km^{3}

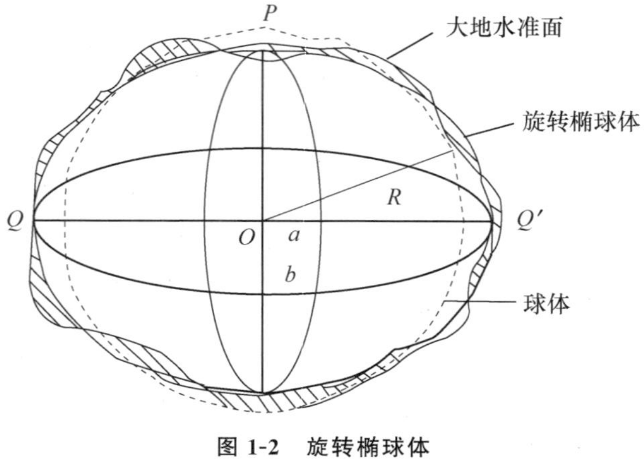

图 1-2　旋转椭球体

我国“1980 年国家大地坐标系”采用的参考椭球体数据是国际大地测量与地球物理联

合会 1975 年推荐值：

$$a = 6\ 378\ 140\ \text{m}$$
$$b = 6\ 356\ 755.3\ \text{m}$$

由于地球的扁率很小，当测量范围较小时，可以近似地认为地球是个球体，其半径为：

$$R = \frac{a + a + b}{3} = 6\ 371\ \text{km}$$

社会的进步对国家大地坐标系提出了新的要求，迫切需要采用原点位于地球质量中心的坐标系统即地心坐标系作为国家大地坐标系。地心坐标系，有利于采用现代空间技术对坐标系进行维护和快速更新，测定高精度大地控制点三维坐标，并提高测图工作效率。为此建立了 2000 国家大地坐标系，英文名称为 China Geodetic Coordinate System 2000，英文缩写为 CGCS 2000。

中华人民共和国成立后我国先后采用 1954 年北京坐标系、1980 西安坐标系，现在逐步采用 2000 国家大地坐标系。2000 国家大地坐标系参考历元为 2000.0，其定义如下。

原点：包括海洋和大气的整个地球的质量中心。

定向：初始定向由 1984.0 时 BIH（国际时间局）定向给定，是右手地心地固直角坐标系。z 轴为国际地球旋转局（IERS）参考极（IRP）方向，x 轴为 IERS 的参考子午面（IRM）与垂直于 z 轴的赤道面交线，y 轴与 z 轴和 x 轴构成右手正交坐标系。

参考椭圆球采用 2000 参考椭球，其定义常数是：

长半轴 $a = 6\ 378\ 137$ m

地心（包括大气）引力常数：$GM = 3.986\ 004\ 418 \times 10^{14}\ \text{m}^3/\text{s}^2$

地球动力形状因子：$J_2 = 0.001\ 082\ 629\ 832\ 258$

地球自转角速度：$\omega = 7.292\ 115 \times 10^{-5}$ rad/s

扁率：$f = 1/298.257\ 222\ 101$。

在 16～56°N 和 72～135°E 范围内若不考虑椭球的差异，1954 年北京坐标系下的地图转换到 2000 国家大地坐标系下，X 方向平移量为 −29～−62 m，Y 方向的平移量为 −56～+84 m。1980 西安坐标系下的 X 平移量为 −9～+43 m，Y 方向的平移量为 +76～+119 m。

二、地面点位置的表示方法

测量工作的中心任务是确定地面点的空间位置（测量工作的实质），地面点的位置通常用平面坐标和高程表示，也可用地心空间三维坐标表示。

1. 地理坐标　地面点在球面上的位置用经纬度来表示时，称为地理坐标。地理坐标按坐标所依据的基准面的不同，又可分为天文地理坐标（简称天文坐标）和大地地理坐标（简称大地坐标）两种。

（1）天文坐标。天文坐标是用天文经度 λ 和天文纬度 φ 来表示地面点在大地水准面上的位置。在图 1-3 中 O 点为地心，NS 为地球的旋转轴，又称为地轴。N 为北极，S 为南极。通过地轴的任一平面称为子午面，子午面与地面的交线称为子午线（真子午线或经线）。通过英国格林尼治天文台的子午面称为首子午面（起始子午面），通过地心 O 且与地轴相垂直的平面称为赤道面，赤道面与地面的交线称为赤道。

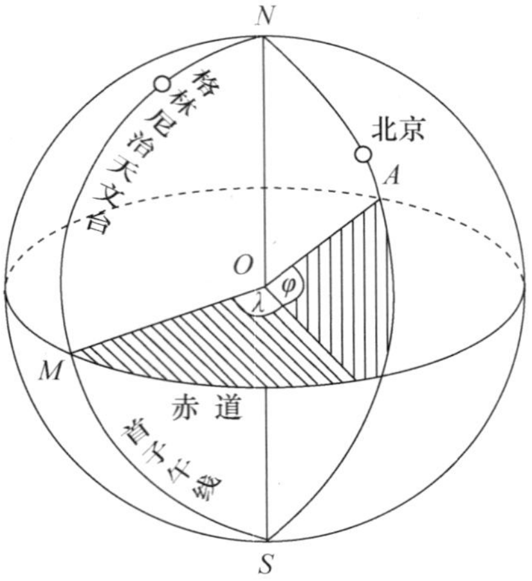

图 1-3　天文坐标

地面上任意一点 A 的经度是指通过 A 点的子午面 NAS 和首子午面的夹角，用 λ 来表示。从首子午面起算，向东分为 0°～180°，称为东经，向西分为 0°～180°，称为西经。

地面上任意一点的纬度，是指通过 A 点的铅垂线与赤道面的夹角，用 φ 来表示。从赤道向北分为 0°～90°称为北纬，向南分为 0°～90°称为南纬。

我国位于北半球和东半球，所以天文坐标为东经和北纬，如北京的天文坐标为东经 116°20′50″，北纬 39°55′37″。天文经纬度是采用天文测量的方法测定。

（2）大地坐标。用大地经度 L 和大地纬度 B 来表示地面点在旋转椭球面上的位置。地面某点 A 的大地经度是指通过 A 点子午面与首子午面所夹的角，A 点的大地纬度是指通过 A 点的法线（与旋转椭球面垂直）与赤道面的夹角。

大地经纬度是根据一个起始大地点（大地原点）的大地坐标，按大地测量的数据推算求得的。我国以西安市泾阳县永乐镇某点作为大地原点，由此建立统一的坐标系，称为 1980 年国家大地坐标系。在国家各等级的平面控制测量中，实际应用的是大地坐标系。

另外，由于卫星大地测量日益发展，常采用地心空间直角坐标系来表示空间点的位置。这种坐标系的原点在旋转椭球的球心，用相互垂直的 x、y、z 三个坐标轴来表示，x 轴为首子午面与赤道平面的交线，故也称为地心坐标系，它与大地坐标系有一定的换算关系，北斗系统和 GPS 的坐标系统即采用地心坐标系。

2. 平面直角坐标　在平面内，两条互相垂直且有公共原点的数轴组成平面直角坐标系，简称直角坐标系。在小区域进行测量工作，通常采用平面直角坐标。忽略地球曲率的影响，以水平面代替水准面，建立平面直角坐标系（图 1-4）。测量上平面直角坐标系，纵轴为 x 轴，与实地的南北方向一致；横轴为 y 轴，与实地的东西方向一致。地面上任意一点 A 的平面位置，可以用 x_A、y_A 来表示。

测量坐标系与数学坐标系的纵、横轴互换，这主要是在测量工作中，以极坐标表示点位时，其角度值是以北方为基准，按顺时针方向计算其夹角，而数学中则是以横轴为准，逆时针计算的缘故，两轴互换后，全部的三角公式可以在测量计算中应用。

3. 高斯-克吕格平面直角坐标　高斯-克吕格平面直角坐标系简称高斯平面坐标系，是根据高斯-克吕格投影，并以经投影后的中央子午线和赤道这两条相互正交的直线为坐标轴而建立的平面直角坐标系。

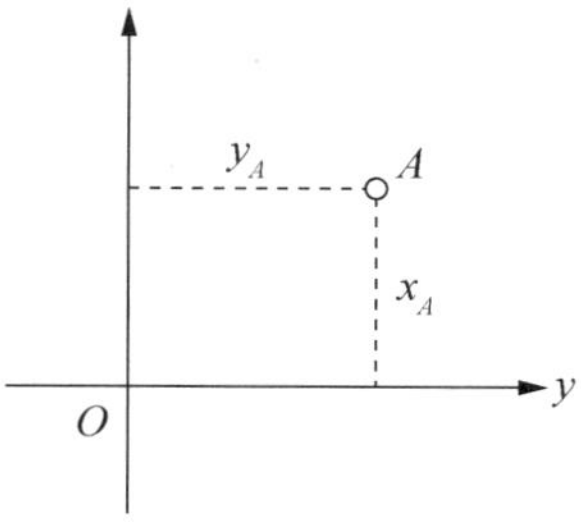

图 1-4　平面直角坐标系

此坐标系中：中央子午线是纵坐标轴，为 x 轴，并规定向北（向上）为正方向；赤道是横坐标轴，为 y 轴，并规定向东（向右）为正方向；两轴的交点为坐标原点；角度从纵坐标轴（x 轴）的正向开始按顺时针方向量取，象限也按顺时针编号。

当测量范围较大时，必须考虑地球曲率的影响，采用适当的投影方法，解决由曲面展绘成平面的变形问题。投影的方法有很多种，我国的国家基本图是采用高斯分带投影的方法将地球表面展绘成平面图形的。

(1)高斯投影。高斯-克吕格投影（简称高斯投影）是正形投影的一种，它是将地球近似地看成一个圆球体，自首子午线开始，按经差 6°划分为一带，将整个地球划分为 60 个带，自西向东分别用 1～60 来表示其带号，如图 1-5 所示。然后将 60 个带分别投影。

设想用一个空心圆柱面横套在球体的外表面，圆柱体的轴线通过圆球的中心，并将每一带的中央子午线与圆柱面的内表面相切，然后将 6°带上的点线按正形投影的方式投影到圆柱面上，投影后将圆柱面沿通过南北两极点的母线切开展平，就得到投影后的 6°带平面图形。如图 1-6 所示。高斯投影具有以下几个特性。

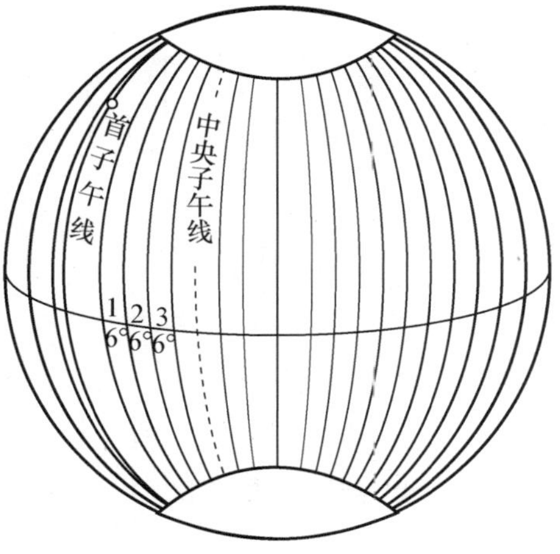

图 1-5　6°分带

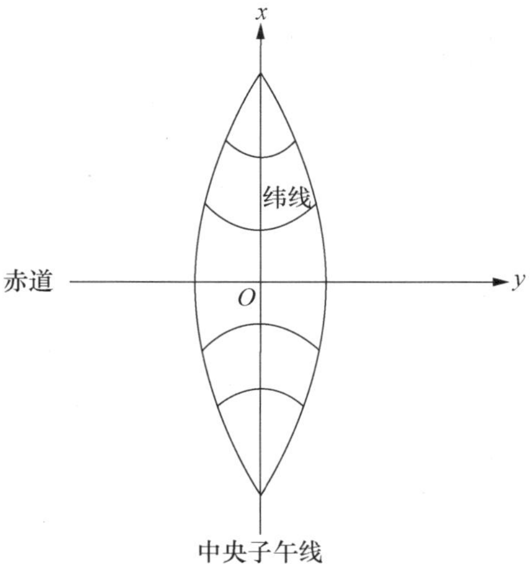

图 1-6　高斯分带投影

①中央子午线投影后是一条直线，长度不变，其余的经线投影后是凹向中央子午线的对称曲线，距中央子午线越远变形越大。

②赤道线投影后是一条直线，且与中央子午线垂直，其余的纬线是凸向赤道线的对称曲线。

③经线、纬线投影后，保持原来相互垂直的几何关系，即投影前后无角度变形。

采用高斯投影时经线距中央子午线越远变形越大。6°带投影其边缘子午线长度变形可以满足 1∶2.5 万或更小比例尺地形图的测图精度要求，当测图比例尺大于 1∶1 万，其长度变形超过了容许值，则必须采用 3°分带进行投影，3°分带是以 6°带的中央子午线和边缘子午线作为 3°带的中央子午线，将整个地球划分为 120 个带。分别用 1～120 来表示其带号。6°带中央子午线的经度分别为 3°、9°、15°、…、357°，3°带中央子午线的经度分别为 3°、6°、9°、…、360°。

6°带、3°带中央子午线的经度可按式(1-1)计算：

$$\left.\begin{aligned} L_0^6 &= 6N - 3 \\ L_0^3 &= 3K \end{aligned}\right\} \tag{1-1}$$

式中：L_0^6、L_0^3 分别为 6°和 3°带中央子午线经度；

N、K 为 6°带和 3°带的带号。

(2)高斯平面直角坐标。以高斯投影后 6°带(或 3°带)的平面图的中央子午线为 x 轴，赤道线为 y 轴，其交点为 O，就组成了高斯平面坐标系，如图 1-7(a)所示。我国位于北半球，x 值均为正值，y 则有正负之分，为避免横坐标出现负值，将坐标纵轴西移 500 km，如图 1-7(b)所示。

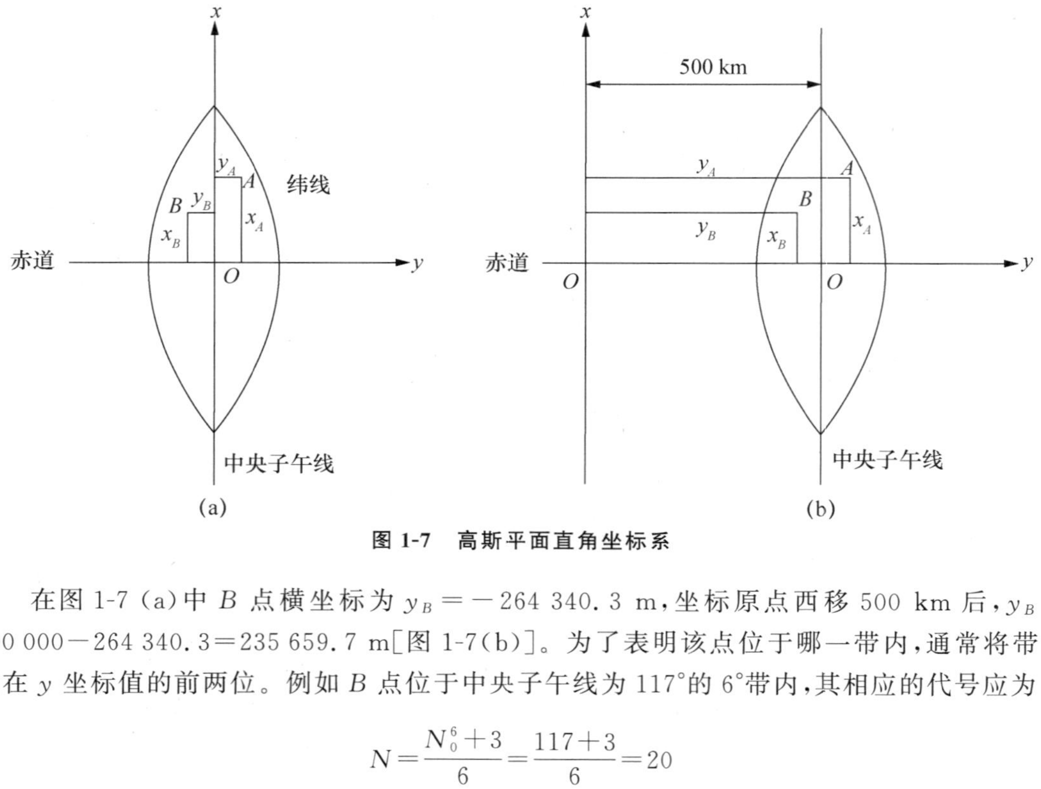

图 1-7　高斯平面直角坐标系

在图 1-7 (a)中 B 点横坐标为 $y_B = -264\ 340.3$ m，坐标原点西移 500 km 后，$y_B = 500\ 000 - 264\ 340.3 = 235\ 659.7$ m[图 1-7(b)]。为了表明该点位于哪一带内，通常将带号加在 y 坐标值的前两位。例如 B 点位于中央子午线为 117°的 6°带内，其相应的代号应为：

$$N = \frac{N_0^6 + 3}{6} = \frac{117 + 3}{6} = 20$$

则 $y_B = 20\ 235\ 659.7$ m。测绘部门提供的成果均包括了带号，y 坐标是 8 位数，前两位是带号，在我国陆地范围内带号小于等于 23 的是 6°带，大于等于 24 的是 3°带。我国的经度范围西起 73°东至 135°，可分成 6°带 11 个，带号是 13～23，各带中央经线依次为 75°、81°、

87°、…、117°、123°、129°、135°，3°带 22 个，带号是 24～45。6°带可用于中小比例尺，如 1∶25 万测图，3°带可用于大比例尺，如 1∶1 万测图，城建坐标多采用 3°带的高斯投影。

4. 地面点的高程　地面点到大地水准面的铅垂距离，称为该点的绝对高程，简称为高程，亦称海拔，用 H 来表示。如图 1-8 所示，图中 MN 为大地水准面，地面上 A、B 两点高程分别为 H_A、H_B。两点高程的差值称为高差，用 h_{AB} 表示，$h_{AB}=H_B-H_A$。

我国以黄海的平均海水面作为全国高程的起算面(即大地水准面)，并在青岛的观象山建立了国家水准原点，其高程为 72.289 m，称为“1956 年黄海高程系”，全国各地水准点的高程都是以它为基准测算出来的。1986 年国家测绘部门根据青岛海边验潮站的观测资料，推算出新的黄海平均海水面，并以此为起算面，测得水准原点高程为 72.260 4 m，称为“1985 国家高程基准”，从 1988 年 1 月 1 日开始执行。

在小地区进行测量工作，如果国家水准点的高程引测有困难，也可以采用任意水准面作为高程的起算面。地面点到任意水准面的铅垂距离称为该点的相对高程，亦称假定高程。

地面上任意一点的空间位置，可以用(λ、φ、H)或者用(x、y、H)来表示。其中(λ、φ)或(x、y)表示某点在基准面上投影位置，H 表示该点离基准面高度。

三、以水平面代替水准面的限度

普通测量学研究小区域内地形测量有关问题，可以忽略地球曲率的影响，常以水平面代替水准面，但是，以水平面代替水准面是有一定的限度的，对水平距离和高程有一定的影响，现将其影响分析如下：

1. 对水平距离的影响　图 1-9 为地表某一小区域，地面上有 A、B、C 三点，在大地水准面上投影分别为 a、b、c。过 b 点作一水平面且与大地水准面相切，地面点在水平面上的投影分别为 a'、b'、c'，地面上 B、C 两点间水平距离为 D，是指 B、C 两点投影到大地水准面 bc 的长度，在水平面上投影为 D'，则以水平面代替水准面对水平距离影响为：

$$\Delta D=D'-D=R\tan\theta-R\theta=R(\tan\theta-\theta) \tag{1-2}$$

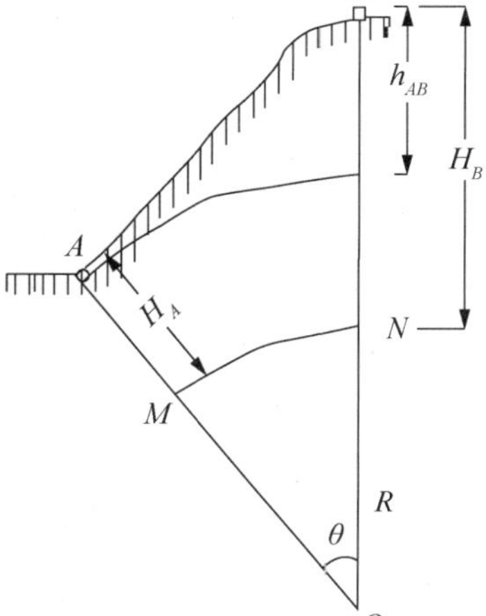

图 1-8　地面点的高程和高差

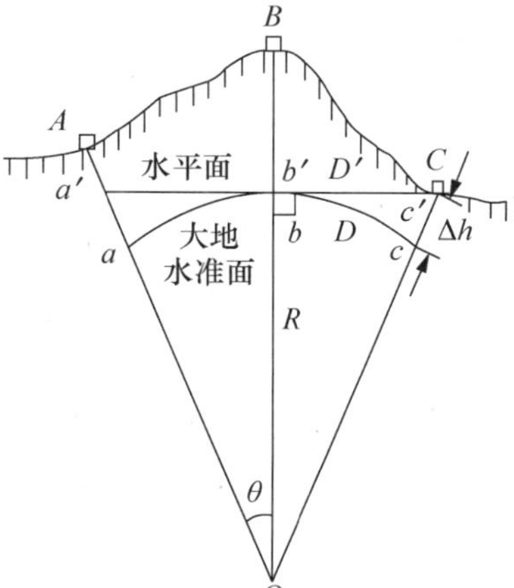

图 1-9　地理曲率对距离和高程的影响

将 $\tan\theta$ 展开为级数，得

$$\tan\theta=\theta+\frac{1}{3}\theta^3+\frac{2}{15}\theta^5+\cdots$$

由于 θ 很小，取前两项代入式(1-2)得

$$\Delta D=R\left(\theta+\frac{1}{3}\theta^3-\theta\right)=\frac{1}{3}R\theta^3$$

将 $\theta=\dfrac{D}{R}$ 代入式(1-2)，得

$$\Delta D=\frac{D^3}{3R^2} \text{ 或 } \frac{\Delta D}{D}=\frac{D^2}{3R^2} \tag{1-3}$$

取 $R=6\ 371$ km，$D=5$、10、15、25 km 代入式(1-3)，计算结果见表 1-1。

表 1-1　以水平面代替水准面对水平距离的影响

距离 D/km	距离误差 ΔD/cm	相对误差 $\Delta D/D$
5	0.10	1/487 075 6
10	0.82	1/1 217 689
15	2.77	1/541 195
25	12.83	1/194 830

由表 1-1 可知，以水平面代替水准面，对水平距离影响较小，当距离为 10 km 时，最大误差约为 1 cm。相对误差约为 1/120 万，而目前距离精密测量精度也只有 1/100 万，可见在半径为 10 km 测区内，可以忽略地球曲率的影响，以水平面代替水准面。在精度要求不高的测量中，可适当放宽到半径为 25 km。

2. 对高程的影响　在图 1-9 中，Δh 即为以水平面代替水准面对高程的误差。其大小为：

$$\begin{aligned}(R+\Delta h)^2&=R^2+D'^2\\ \Delta h&=\sqrt{R^2+D'^2}-R\end{aligned} \tag{1-4}$$

根据前面分析可知 D 与 D' 相差很小，以 D 代替 D' 代入式(1-4)得：

$$D=1\text{ km}\qquad \Delta h\approx 7.8\text{ cm}$$
$$D=10\text{ km}\qquad \Delta h\approx 784.8\text{ cm}$$

计算结果表明，地球曲率对高程影响很大，高程测量一般精度要求较高，即使是最低等级的高程控制测量，每千米允许误差也仅为 3～4 cm，所以，在进行高程测量时，即使距离不大，也必须要考虑到地球曲率的影响，不能以水平面代替水准面。

第三节　地形图成图原理

测量工作是在地球表面进行的，地球的自然表面是一个不规则的曲面。在测量工作中，我们把地面上的天然或人造的物体称为地物，如房屋、道路、河流、森林等；把地面高低起伏

变化形态称为地貌，如高山、丘陵、平原、盆地等；地物和地貌统称为地形。将地球表面错综复杂的地物和地貌沿铅垂线投影到大地水准面或水平面上，采取综合（有取有舍）的方法，按一定的比例尺缩小，采用规定的线条和符号绘制成图，这种图称为地形图。地形图是有高程的，如果在图纸上仅表示地物的平面位置、形状、大小，这种图称为平面图。

一、地物投影

地物的形状取决于外轮廓线，地物的外轮廓线一般为直线或曲线。如图 1-10 中的房屋，是由四角组成，道路、河流由直线段和曲线段组成，而曲线段又可以看成有许多短的直线段组成。这些地物在水平面上的投影位置，可以通过测量转折点位置来确定，我们把这些转折点称为地物特征点。在图 1-10 中将房屋四角点 1、2、3、4 投影到水平面上为 1′、2′、3′、4′，将其连接起来，就可以得到房屋在水平面上的投影。11～15 是道路特征点，其投影为 11′～15′，按顺序用圆滑的曲线连接，并按宽度画出来就可以得到道路的投影。

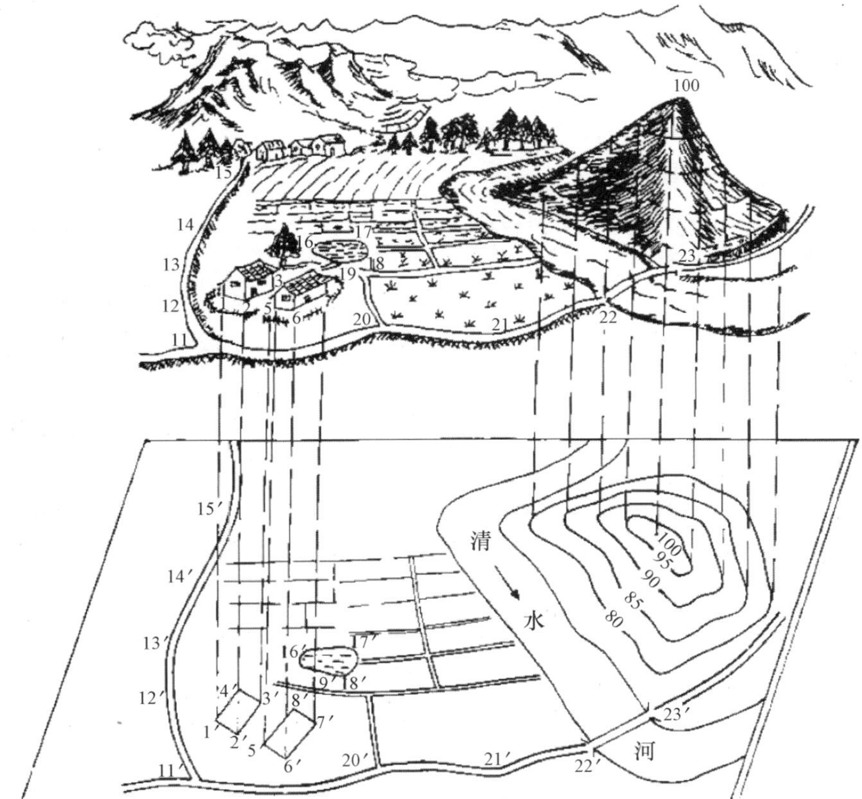

图 1-10　地物、地貌投影

二、地貌投影

地表的地貌变化是复杂的，在地形图上除特殊的地貌采用特定的符号表示外，一般均采用等高线来表示地面高低的变化。等高线是地面上高程相等的相邻点的连线。如图 1-10 所示，设想有一个水面恰好与山头相切，山头最高点（山顶）的高程假设为 100 m，当水面降低 5 m 时水面与山坡的交线就是高程为 95 m 的等高线，它是一条闭合的曲线，如果水面再降低 5 m，就得到高程为 90 m 的等高线，同样可以得到 85 m、80 m 的等高线。将山顶和各条等高线沿铅垂线投影到水面上，就可以得到一个点和一组闭合曲线，标注各条等高线的高程后，就可显示出山头的形状。

三、地形图的比例尺

将地物和地貌投影到水平面上以后，按一定的比例缩小，经过综合取舍后，按规定的符号和一定的表示方法绘制成图，即为地形图。图纸上两点间的距离和地面上相应两点间距离之比，称为图形的比例尺。

数学表达式为：

$$\frac{1}{M}=\frac{d}{D}=\frac{1}{D/d} \tag{1-5}$$

式中：d 为图上两点间距离；D 为相应实地两点间距离；M 为比例尺分母。

地形图的比例尺有数字比例尺和图示比例尺两种。

1. 数字比例尺　以分子为 1 的数字形式表示的比例尺称为数字比例尺，书写形式为 1/500、1/1 000、1/2 000 等，或者 1∶500、1∶1 000、1∶2 000。数字比例尺的大小决定于比值的大小，比值越大，比例尺也越大，反之则越小。

2. 图示比例尺　在实际工作中为了避免计算出错和防止因图纸伸缩引起测量误差，常在测图的同时，将图纸的比例尺绘制在图纸正下方，用以直接量取图上某一线段的实际距离。图 1-11 所示为一直线比例尺（是图示比例尺的一种），它是在一段直线上截取若干相等的线段，称为比例尺基本单位，一般为 1 cm 或 2 cm，将左边的一段基本单位，再分成 10 个或 20 个等分段，各段上标明所代表的实地距离。

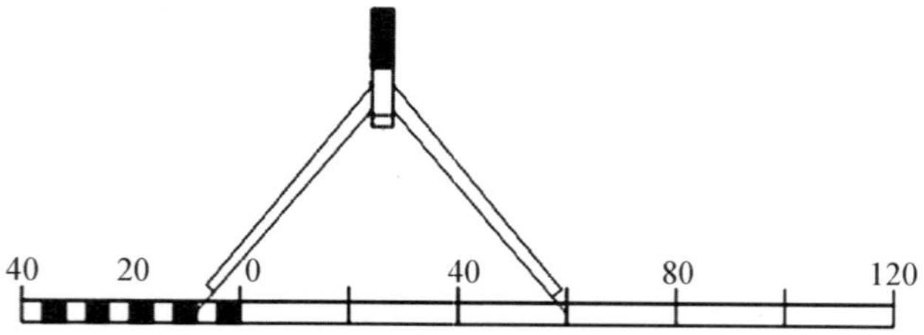

图 1-11　图示比例尺

地形图的比例尺，一般可分为大、中、小三种，通常把大于 1/1 万的各种比例尺地形图称为大比例尺地形图，如 1∶500、1∶1 000、1∶2 000、1∶5 000 等；把 1∶(1 万～10 万)的各种比例尺地形图称为中比例尺地形图，如 1∶1 万、1∶2.5 万、1∶5 万、1∶10 万等；而把小于 1∶10 万的各种比例尺地形图称为小比例尺地形图，如 1∶25 万、1∶50 万、1∶100 万等。

四、比例尺精度

正常人的眼睛最小分辨角为 1′，即可分辨出图纸上 0.1 mm 的两点间距离，因此，测量工作中把图纸上 0.1 mm 所代表的实地距离，称为比例尺精度。如果用 δ 表示比例尺精度，则比例尺越大，精度越高，图纸上表示的地物、地貌越详细，但测绘工作量却成倍增加，测图的费用也成倍增加，因此，在进行工程规划设计时，应根据用图的精度要求来选择适当的比例尺地形图，并不是比例尺越大越好。

$$\delta = 0.1M \tag{1-6}$$

式中：M 为比例尺分母。

五、测量常用单位

中国使用国际单位制，即米制，又称为公制。长度单位为米(m)、千米(km，原为公里现已取消)。土地面积单位为米^2(m^2)、千米^2(km^2)、公顷(hm^2)。

公顷(hectare)为面积的公制单位即国际单位，1 公顷＝10 000 米^2。公顷的单位符号用 hm^2 表示，其中 hm 表示百米，hm^2 的含义就是百米的平方。公顷还可以用 ha 表示，但国内不推荐使用 ha。亩是中国市制土地面积单位，来源于中国夏、商、周的井田制度，是农村民间常用的土地面积单位，一亩大约为 666.67 m^2，15 亩等于 1 公顷，应避免使用亩。海里是航海航空中度量距离的单位，没有统一符号，通常为 n mile 等，它等于地球椭圆子午线上纬度 1′所对应的弧长，我国采用约在纬度 44°14′处的 1′弧长，1 海里(n mile)长度等于 1 852 m。航海航空中航速单位为节，1 节即每小时行驶 1.852 km。

1. 长度单位换算

①1 千米(km)＝1 000 米(m)，1 米(m)＝10 分米(dm)，1(dm)＝10 厘米(cm)，1 厘米(cm)＝10 毫米(mm)；

②1 海里(n mile)＝1.852 千米(km)；

2. 面积单位换算

①1 千米^2(km^2)＝100 公顷(hm^2)＝1 500 亩；

②1 米^2(m^2)＝0.001 5 亩；

③1 公顷(hm^2)＝10 000 米^2(m^2)＝0.01 千米^2＝100 公亩(ares)＝15 亩；

④1 亩＝666.67 米^2(m^2)＝0.000 666 7 千米^2(km^2)＝0.066 666 7 公顷(hm^2)。

3. 角度换算

①$1°=60'$，$1'=60''$；

②$180°=\pi$ rad(弧度)，$1°=\pi/180$ rad；

③1 rad＝57.32°，1 rad＝3 438′，1 rad＝206 265″。

百分度(grad、gon、gradian)也是角度测量单位，定义为一个圆周角的 1/400。也有国家使用非标准化的英制单位，1 英里(mile)＝5 280 英尺(ft)＝1.609 千米(km)，1 英尺(ft)＝12 英寸(in)，1 英寸(in)＝2.54 厘米(cm)，3 英尺＝1 码(yard)，1 英亩(acre)＝6.07 亩。

第四节　测量的基本工作和程序

一、测量的基本工作

前面介绍了地形图成图原理，其实测量的基本工作就是确定特征点的空间位置。如图 1-12 所示，地面上有 A、B、C 三点，将其投影到水平面上为 a、b、c。

假设 A 点的位置已知，欲求 B 点的位置，则必须测量 AB 直线的方向(即角度 α)及 A、B 两点间的距离 D_{AB}；同样要确定 C 点，必须要测量直线 AB、BC 两方向线间的夹角 β 和 B、C 间的距离 D_{BC}。由于 A、B、C 是空间的三点，除需测定其平面位置外，还需要测定三点的高程，这样 A、B、C 三点的空间位置就可以确定了。由此可见，角度测量、距离测量和高程测量是测量的基本工作；观测、计算、绘图是测量工作的基本技能；而角度、距离和高差是确定地面点相对位置的三个基本几何要素。

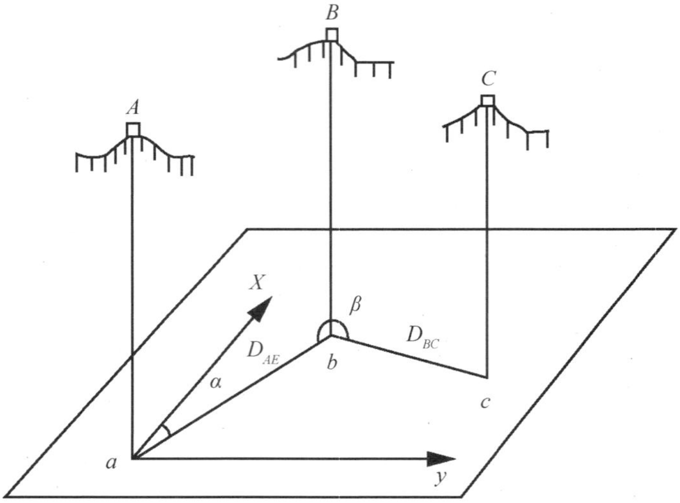

图 1-12　测定点位的基本工作

二、测量工作的原则

进行测量工作，无论是测绘地形图还是施工放样，要在某一点上测绘该地区所有的地物和地貌或测设建筑物的全部细部是不可能的。如图 1-13 所示，在 A 点只能测绘附近的房屋、道路等的平面位置和高程，对于山的另一面或较远的地物就观测不到，因此必须连续地逐个设站观测。所以测量工作必须按照一定的原则进行，这就是在布局上“由整体到局部”；在工作步骤上“先控制后碎部”，即先进行控制测量，然后进行碎部测量；在精度上“由高级到低级”。

控制测量包括平面控制测量和高程控制测量，如图 1-13 所示，先在测区内布设 A、B、C、D、E、F 等控制点连成控制网（图中为闭合多边形），用较精密的方法测定这些点的平面位置和高程，以控制整个测区，并依一定比例尺将它们缩绘到图纸上，然后以控制点为依据进行碎部测量，即在各控制点上测量附近地物（房屋、道路等）及地貌的特征点（山脊线、山谷线及坡度变化点等），对照实地情况，按一定符号，描绘成地形图。

图 1-13　平面控制测量和高程控制测量

对于建筑物的测设（放样），也必须遵循“由整体到局部”“先控制后碎部”的原则。先在施工地区布设施工控制网，控制整个建筑物的施工放样，然后利用设计图纸上的数据，计算出建筑物（如图 1-14 中虚线所示的 P、Q、R）的轮廓点（或细部点）到控制点的水平距离、水平角及高差（即放样数据），再到实地将建筑物的轮廓点和细部点的位置标定出，据此施工。从上述分析可以看出，由于控制点的位置比较正确，由它测量的碎部点都是彼此独立的，即使有差错，也只对局部有些影响（可以在现场经过校核发现并改正），不会影响全局。因此，遵循上述基本原则可以减少测量误差的传递和积累，同时，由于建立了统一的控制网，可以分区平行作业，加快测量工作的进展速度。

三、测绘工作的程序

1. 技术设计　技术设计是对项目区内测绘工作进行总体规划，选定优化实施方案，安排好实施计划和实施步骤，确保技术上可行、实践上可能和经济上合理。技术设计包括内容如下。

(1)资料收集。①作业区的地形概况、地貌特征。如居民地、道路、水洗、植被等要素的分布与主要特征以及地形类别、测图困难类别、海拔高度、相对高差等。②作业区的气候情况，如气候特征、风雨季节等。③其他需要说明的作业区情况。对于收集到的已有资料，需要说明其数量、形式、主要质量情况（包括已有资料的主要技术指标和规格等）和评价，说明已有资料利用的可能性和利用方案等。

(2)踏勘调查。①作业区的行政区划、经济水平、踏勘时间、人员组成及分工、踏勘路线

图 1-14　测图程序及测量工作原则示意图

及范围等。②作业区的自然地理情况。③作业区的交通情况等。

(3)总体设计。①概述项目来源、内容和目标、作业范围和行政隶属、任务及完成期限、项目承担单位和成果接收单位等。②作业区自然地理状况和已有资料情况。③引用文件及成果。

(4)附录。包括需要进一步说明的技术要求、有关的设计附图和附表。

2.控制测量　控制测量是以国家平面控制网和高程控制网为基础,根据测区的面积大小,确定首级控制网和图根控制网的等级和技术要求,进行平面控制点和高程控制点的布设和施测。

3.碎部测量　碎部测量是在控制测量的基础上,对控制点周围的地物和地貌的特征点进行观测、计算、绘图或将图纸上规划设计的建筑物在地面上确定下来,以便进行施工。

4.检查和验收　测量工作分内业和外业,外业工作主要是采集数据,内业工作主要是数据处理和绘图。测量工作的检查验收要对内、外业工作做全面的检查,以确保成果的可靠性和真实性,经检查验收合格后的测绘成果才能交付使用。检查验收时需检查技术设计、测量作业原始记录和测量项目技术总结报告。

技术总结报告内容包括:①概述,包括测区的自然地理状况、已有资料的分析检测情况。②作业采用的测量技术路线、具体作业方法。③作业使用的各种软硬件设备及其鉴定情况。④各工序测量实施过程有关情况及采取的指令控制情况。⑤成果精度统计、质量情况汇总、评定成果质量等级。⑥成果检查与问题处理情况。⑦上交资料清单。⑧有关经验总结及建议。

复习题

1. 什么叫测量学？普通测量学的任务有哪些？

2. 试述测量学在工程建设中的作用。

3. 解释下述各名词：水准面、大地水准面、大地体、椭球体、参考椭球体、绝对高程、相对高程、天文经纬度、大地经纬度、大地坐标、投影坐标、大地原点、水准原点、数字地球。

4. 什么叫地形图的比例尺、比例尺精度？比例尺精度在实际工作中有何意义？工程中常用比例尺是多少？

5. 地面上两点间的距离为 163.5 m，问在 1∶500、1∶2 000 比例尺地形图上分别为多少 cm？

6. 某一点坐标为(2 949 320，36 353 822)，问该点在几度带？带号是多少？在该带中央子午线的坐标(x，y)是多少？

7. 试述高斯投影的特点。

8. 水平面代替水准面对高程和距离的影响如何？

9. 测量工作应遵循的原则是什么？

Chapter 第二章

水准测量

高差是测量的三个基本观测量之一。高程是确定地面点空间位置的要素，测定地面点高程的工作称为高程测量。高程指的是空间或地面上某点沿铅垂线方向到大地水准面的距离，全称绝对高程，简称高程。某点沿铅垂线方向到某假定水准基面的距离，称为假定高程或相对高程。高程测量的目的是要获得未知点的高程，但一般只能直接测得两点间的高差，然后根据已知点的高程推算出未知点的高程。

高程测量按照所使用的仪器和施测方法的不同，主要分为水准测量和三角高程测量，水准测量是高程测量中最常用的一种方法。

本章主要介绍水准测量原理、水准仪的构造及其使用、水准测量的施测方法与成果整理以及仪器的检验与校正、自动安平水准仪等内容。

第一节　水准测量原理

水准测量无法直接测定地面点的高程，而是测出两点间的高差，再根据其中一点的已知高程推算出另一点的高程。具体操作方法是在两个点上分别竖立水准尺，利用水准测量仪器提供的一条水平视线，瞄准并在水准尺上读数，求得两点间的高差，用已知点高程加上两点间高差值求出未知点高程。

一、高差法

如图2-1所示，已知地面上 A 点的高程为 H_A，欲测定 B 点的高程为 H_B，需要先测出 A、B 两点间的高差 h_{AB}，为此在 A、B 之间安置一台水准仪，再在 A、B 两点上各竖立一根水准尺。根据仪器的水平视线，分别读取 A、B 尺上的读数 a 和 b，则 B 点对于 A 点的高差为

$$h_{AB}=H_B-H_A=a-b \tag{2-1}$$

如果水准测量是由 A 点到 B 点进行的，如图2-1中的箭头方向所示，则 A 点尺上的读数称为后视读数，记为 a，B 点为待定高程点，B 点尺上的读数称为前视读数，记为 b；两点间的高差等于后视读数减去前视读数，即 $h_{AB}=a-b$。若 a 大于 b，则高差为正，B 点高于 A

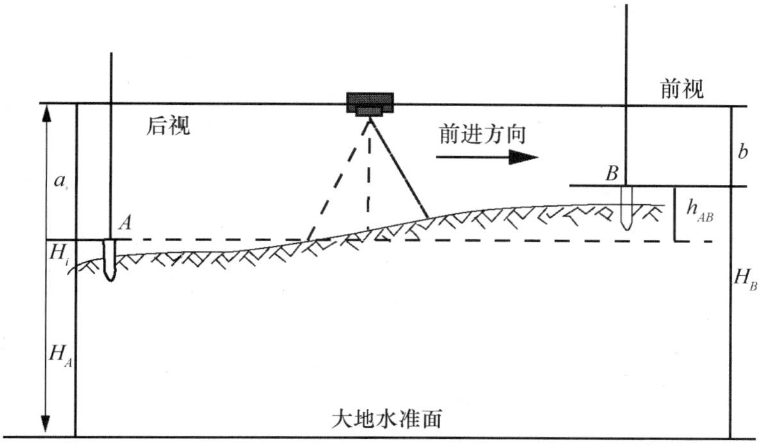

图 2-1　水准测量原理

点;反之高差为负,则 B 点低于 A 点。因为水准仪提供的水平视线可认为与大地水准面平行,由图 2-1 可知

$$H_B=H_A+h_{AB}=H_A+(a-b) \tag{2-2}$$

由式(2-2)根据高差推算待定点高程的方法称为高差法。

例 2-1　在图 2-1 中,已知 A 点高程 $H_A=452.623$ m,后视读数 $a=1.571$ m,前视读数 $b=0.685$ m,求 B 点高程。

解: B 点对于 A 点高差为

$$h_{AB}=1.571-0.685=0.886(\text{m})$$

则 B 点的高程为

$$H_B=452.623+0.886=453.509(\text{m})$$

例 2-2　在图 2-2 中,已知 A 点桩顶标高为 $+0.000$,后视 A 点读数 $a=1.217$ m,前视 B 点读数 $b=2.426$ m,求 B 点标高。

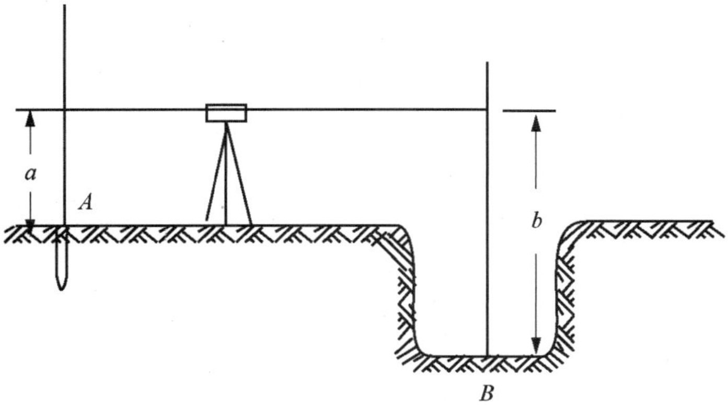

图 2-2　高差法测量点的高程

解:B 点对于 A 点高差

$$h_{AB}=a-b=1.217-2.426=-1.209(\mathrm{m})$$

则 B 点高程为

$$H_B=H_A+h_{AB}=0+(-1.209)=-1.209(\mathrm{m})$$

二、视线高法

如图 2-1 所示,B 点高程也可以通过仪器视线高程 H_i 求得,其中视线高程

$$H_i=H_A+a \tag{2-3}$$

待定点高程

$$H_B=H_i-b \tag{2-4}$$

由式(2-4)通过视线高程来推算待定点高程的方法称为视线高法。

例 2-3 在图 2-3 中,已知 A 点高程 $H_A=423.518\ \mathrm{m}$,要测相邻 1、2、3 点的高程。测得 A 点后视读数 $a=1.563\ \mathrm{m}$。在各待定点上立尺,分别测得各点尺上读数 $b_1=0.953\ \mathrm{m}$,$b_2=1.152\ \mathrm{m}$,$b_3=1.328\ \mathrm{m}$。

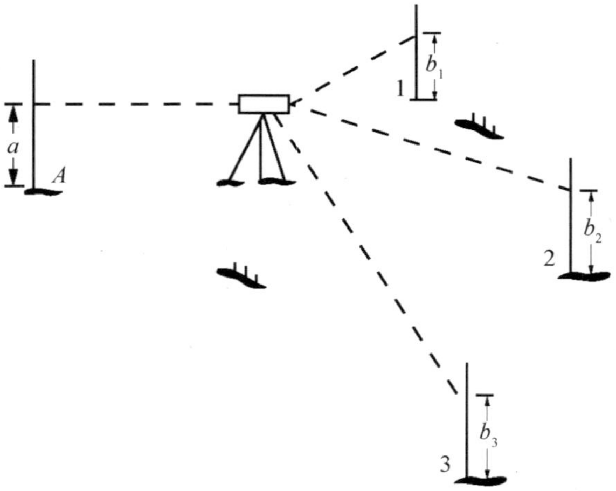

图 2-3 视线高法测量点的高程

解:先计算出视线高程

$$H_i=H_A+a=423.518+1.563=425.081(\mathrm{m})$$

各待定点高程分别为

$$H_1=H_i-b_1=425.081-0.953=424.128(\mathrm{m})$$
$$H_2=H_i-b_2=425.081-1.152=423.929(\mathrm{m})$$
$$H_3=H_i-b_3=425.081-1.328=423.753(\mathrm{m})$$

高差法和视线高法的测量原理是相同的，区别在于计算高程时次序上的不同。在安置一次仪器来确定几个点的高程时，视线高法比高差法方便，因而视线高法在建筑施工中被广泛采用。

第二节　水准测量的仪器及工具

水准测量时通过仪器提供水平视线并读数，需要使用仪器和工具来进行。所使用的仪器是水准仪，工具主要有水准尺和尺垫。

水准仪按精度高低可分为普通水准仪和精密水准仪，普通水准仪的型号为 DS_3、DS_{10}，精密水准仪为 DS_{05} 和 DS_1，D、S 分别为“大地测量”和“水准仪”的汉语拼音第一个字母，数字表示该仪器精度，即每千米往返测量高差的中误差(单位：mm)，如 DS_3 水准仪的测量精度为每千米往返测量高差的中误差为±3 mm。本章重点介绍 DS_3 型微倾式水准仪。

一、DS_3 水准仪的构造

水准仪主要由望远镜、水准器和基座 3 部分构成，DS_3 水准仪的外形和各部件名称如图 2-4 所示。

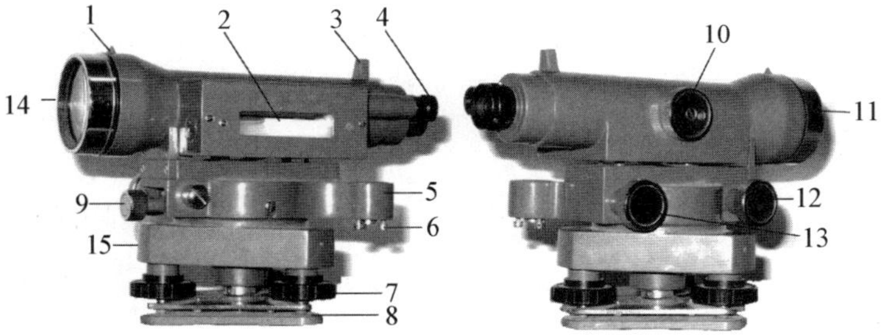

1. 准星　2. 水准管　3. 缺口　4. 目镜　5. 圆水准器　6. 圆水准器矫正螺丝　7. 脚螺旋　8. 三角底板　9. 水平制动螺旋　10. 调焦螺旋　11. 物镜　12. 水平微动螺旋　13. 微倾螺旋　14. 物镜　15. 轴座

图 2-4　DS_3 水准仪的外形和各部件名称

1. 望远镜　望远镜是用来精确瞄准远处水准尺和提供视线放大并进行读数的设备。如图 2-5 所示，它主要由物镜、目镜、十字丝分划板、调焦透镜等组成。十字丝分划板是一块刻有分划线的玻璃薄片，是用来准确瞄准目标并读数用的，中间一根长横丝称为中丝，与之垂直的一根长丝称为竖丝，在中丝上、下对称的两根与中丝平行的短横丝分别称为上丝、下丝，亦称视距丝。在水准测量时，用中丝在水准尺上进行前、后视读数，用以计算高差；用上、下丝在水准尺上读数，来计算水准仪至水准尺的距离，这就是视距测量。

数字资源 2-1 DS_3 水准仪的外形和各部件名称　彩图

物镜装在望远镜筒前端，其作用是和调焦透镜一起将远处的目标成像在十字丝分划板上，形成缩小的实像；目镜装在望远镜筒的后端，其作用是将物镜所成的像和十字丝一起放大，以便让观测者肉眼能够观测得到。

物镜和目镜采用多块透镜组合而成，调焦透镜由单块透镜或多块透镜组合而成。望远镜成像原理如图 2-6 所示，望远镜所瞄准的目标 AB 经过物镜的作用形成一个倒立而缩小的实像 ab。调节物镜对光螺旋即可带动调焦透镜在望远镜筒内前后移动，从而将不同距离的目标清晰地成像在十字丝平面上。调节目镜对光螺旋可使十字丝像清晰，再通过目镜，便可看到同时放大了的十字丝和目标影像 $a'b'$。

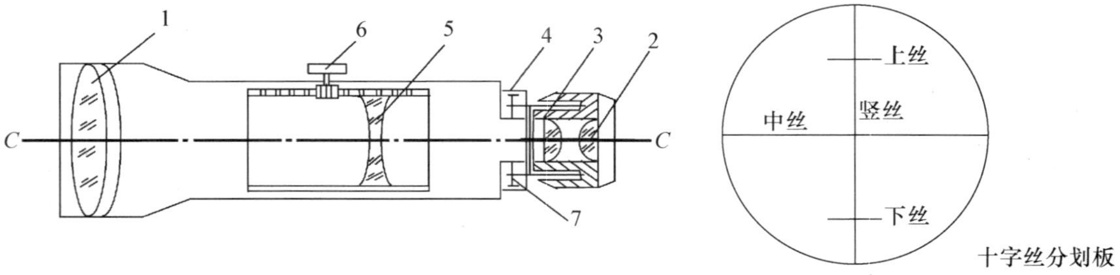

1. 物镜　2. 目镜　3. 十字丝分划板　4. 分划板护罩　5. 调焦凹透镜
6. 物镜对光螺旋　7. 分划板固定螺丝　CC. 视准轴

图 2-5　望远镜的构造

通过物镜光心与十字丝交点的连线 CC 称为望远镜视准轴，视准轴的延长线即为视线，它是瞄准目标的依据。

从望远镜内所看到目标影像的视角与观测者直接用眼睛观察该目标的视角之比称为望远镜的放大率（放大倍数）。如图 2-6 所示，从望远镜内所看到的远处物体 AB 的影像 $a'b'$ 的视角为 β，肉眼直接观测原目标 AB 的视角可近似地认为是 α，故放大率 $V=\beta/\alpha$。DS_3 型水准仪望远镜放大率一般不小于 28 倍。

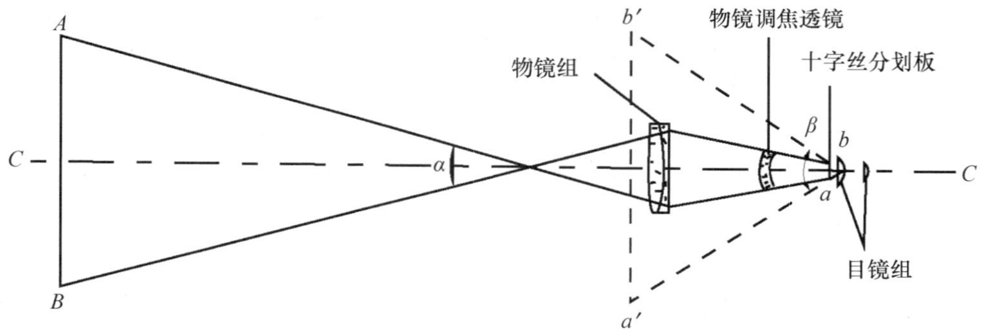

图 2-6　望远镜成像原理

由于物镜调焦螺旋调焦不完善，可能使目标形成的实像 ab 与十字丝分划板平面不完全重合，此时当观测者眼睛在目镜端略做上、下少量移动时，就会发现目标的实像 ab 与十字丝平面之间有相对移动，这种现象称为视差，如图 2-7 所示。测量作业中不允许存在视差，因为它不利于精确地瞄准目标与读数，所以在观测中必须消除视差。消除视差的方法：首先应按操作程序依次调焦，先进行目镜调焦，使十字丝清晰；再瞄准目标进行物镜调焦，使目标清晰，当观测者眼睛在目镜端做上、下少量移动时，发现目标与十字丝平面之间没有相对移动，则表示视差不存在；否则应重新进行物镜调焦，直至无相对移动为止。在检查视差是否存在时，观测者眼睛应处于松弛状态，不宜紧张，且眼睛在目镜端上下移动量不宜大，仅做很少量移动，否则会引起错觉而误认为视差存在。

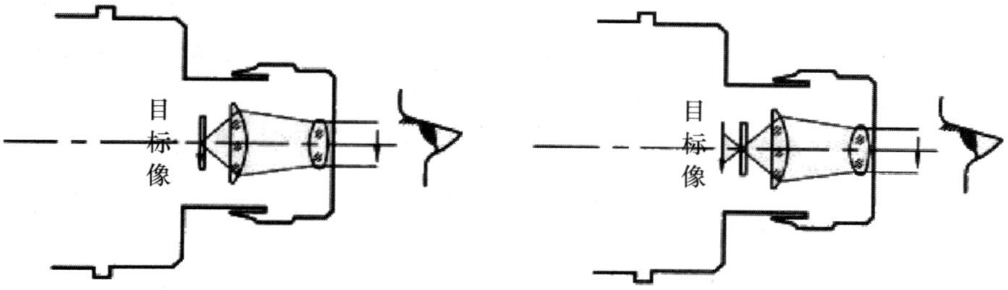

(a) 没有视差　　(b) 有视差

图 2-7　视差现象

2. 水准器　水准器是水准仪上的重要部件。它是利用液体受重力作用后使气泡居于最高处的特性，指示水准器的水准轴位于水平或竖直位置，从而使水准仪获得一条水平视线的一种装置。水准器分圆水准器和水准管两种。

(1)圆水准器。圆水准器安装在仪器的基座上，用来对水准仪进行粗略整平。如图 2-8 所示，圆水准器内有一个气泡，它是将加热的酒精和乙醚的混合液注满后密封，液体冷却后收缩形成一空间，亦即形成了气泡。圆水准器的内表面是一个球面，其中央有一个圆圈，圆圈的圆心叫作水准器的零点，连接零点与球心的直线称为圆水准器轴，当圆水准器气泡中心与零点重合时，表示气泡居中，此时圆水准器轴处于铅垂位置。圆水准器的气泡每移动 2 mm，圆水准器轴相应倾斜的角度，称为圆水准器分划值，一般在 $8'\sim10'$，由于它的精度低，故圆水准器一般作粗略整平之用。

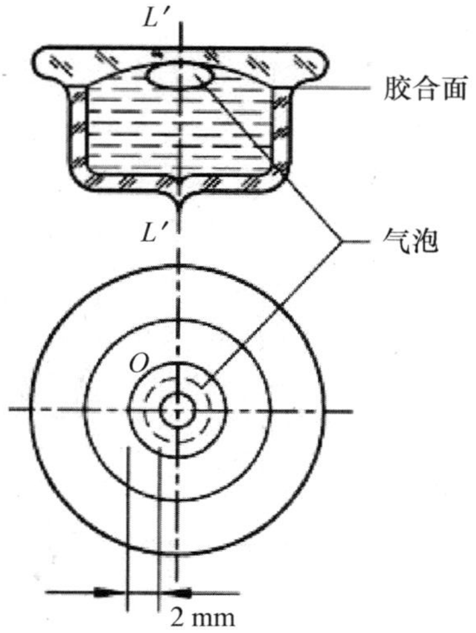

图 2-8　圆水准器

(2)水准管。水准管由玻璃管制成，其纵向内壁研磨成具有一定半径的圆弧(圆弧半径一般为 7～20 m)，内装酒精和乙醚的混合液，加热密封冷却后形成一个小长气泡，因气泡较轻，故处于管内最高处。

水准管圆弧中点 O 称为水准管零点，通过零点 O 的圆弧切线 LL 称为水准管轴，如图 2-9 所示。水准管表面刻有 2 mm 间隔的分划线，并与零点 O 相对称。当气泡的中点与水准管的零点重合时，称为气泡居中，表示水准管轴水平。若保持视准轴与水准管轴平行，则当气泡居中时，视准轴也应位于水平位置。通常根据水准气泡两端距水准管两端刻划的格数相等的方法来判断水准气泡精确居中。

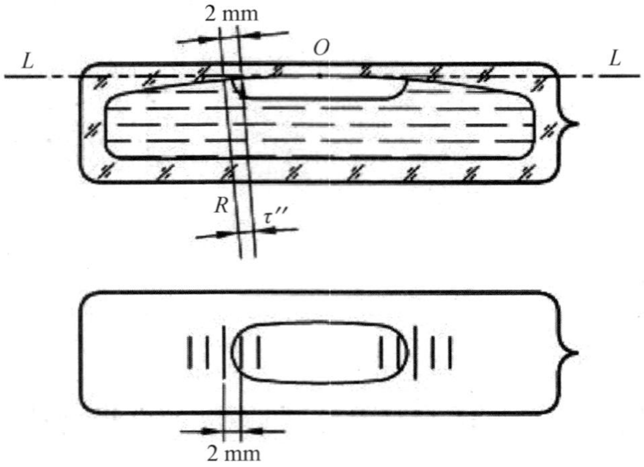

图 2-9　水准管分划值及圆心角

水准管上两相邻分划线间的圆弧（弧长为 2 mm）所对的圆心角，称为水准管分划值 τ（或灵敏度）。

$$\tau=\frac{2}{R}\rho'' \tag{2-5}$$

式中：$\rho''=206\ 265''$ 为角度单位弧度与秒的单位换算分数；R 为水准管圆弧半径，单位为 mm。

式(2-5)说明分划值 τ 与水准管圆弧半径 R 成反比，R 越大，τ 越小，水准管灵敏度越高，则仪器的精度也越高；反之仪器精度就低。DS_3 型水准仪水准管的分划值一般为 $20''/2$ mm，说明气泡移动一格（2 mm），水准管轴倾斜 $20''$。

为了提高水准管气泡居中精度，DS_3 型水准仪的水准管上方安装有一组符合棱镜，如图 2-10 所示。通过符合棱镜的反射作用，把水准管气泡两端的影像反映在望远镜旁的水准管气泡观察窗内。当气泡两端的两个半像符合成一个圆弧时，就表示水准管气泡居中，若两个半像错开，则表示水准管气泡不居中，如图 2-10 所示。当水准管气泡不居中时可转动位于目镜下方的微倾螺旋，使气泡两端的半像严密吻合（即居中），达到仪器的精确置平。这种配有符合棱镜的水准器，称为符合水准器，它不仅便于观察，同时可以使气泡居中精度提高 1 倍。

3. 基座　基座主要由轴座、脚螺旋、三角底板构成（图 2-4）。基座的作用是支撑仪器上部，即将仪器的竖轴插入轴座内旋转。基座上有 3 个脚螺旋，用来调节圆水准器使其气泡居中，从而使竖轴处于竖直位置，将仪器粗略整平。底板通过连接螺旋与下部三脚架连接。

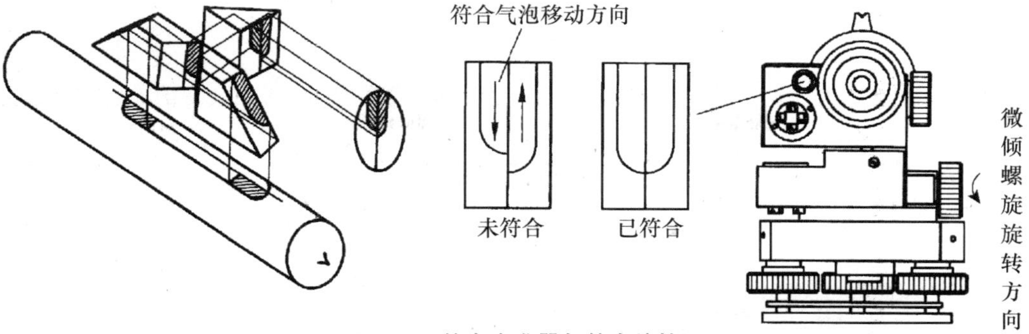

图 2-10　符合水准器与符合棱镜

二、水准尺和尺垫

1. 水准尺　水准尺是水准测量的重要工具，其质量好坏直接影响水准测量的成果。常用的水准尺有双面水准尺和塔尺两类。水准尺的分划刻度标记方式很多，如图 2-11 所示。

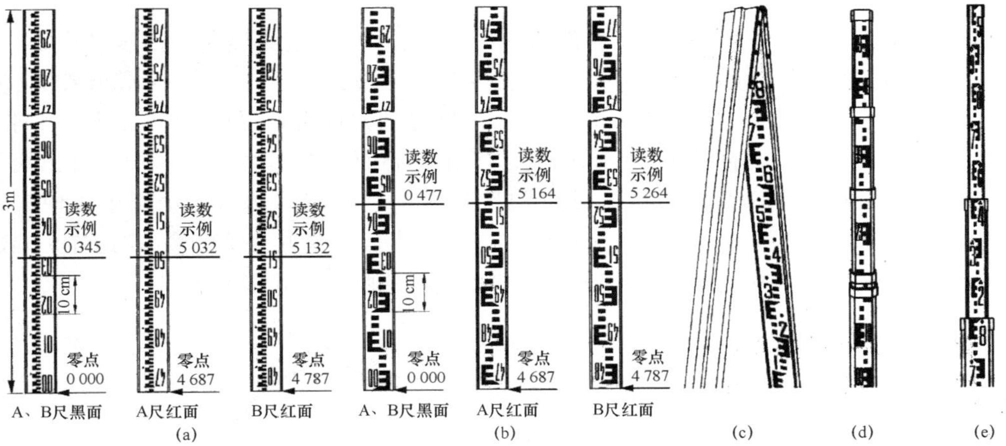

(a)0.5 cm 分划直尺　(b)1 cm 分划直尺　(c)折尺　(d)铝合金塔尺　(e)木质塔尺

图 2-11　水准尺

双面水准尺一般由铝合金或优质木材制成。两面都有刻画，一面为黑、白格相间，称为黑面尺(主尺)，另一面为红、白格相间，称为红面尺(副尺)。黑面尺分划的起始数字为零，而红面尺起始数字则为 4.687 m 或 4.787 m。在一根尺上的同一高度，红、黑两面的刻画之差为一常数，即 4.687 m 或 4.787 m。

塔尺通常制成 3～5 m 长，以铝合金或玻璃钢材料为多。塔尺可以伸缩，携带方便，但接头处容易损坏，用旧后会影响尺的长度。水准尺上的分划一般是区格式，即 1 cm 一格，黑白或红白相间，每 0.1 m 注一数字注记。因望远镜有正像和倒像两种，所以水准尺注记也有正写和倒写两种。立尺时应注意将尺的零点接触立尺点。

2. 尺垫　如图 2-12 所示，尺垫一般由生铁铸成，下部有三个尖足点，可以踩入土中固定尺垫；中部有突出的半球体，作为临时转点的点位标志供竖立水准尺用。尺垫是水准测量的另一重要工具，在水准测量中，尺垫踩实后再将水准尺放在尺垫顶面的半球体上，可防止水准尺下沉。

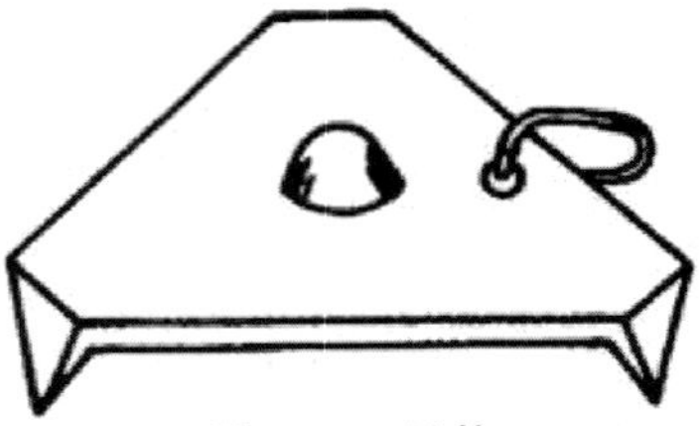

图 2-12　尺垫

第三节　水准仪的使用

使用水准仪进行测量时，需要按照一定的操作步骤来进行，其基本操作步骤大体可以分为安置水准仪、粗略整平（简称粗平）、瞄准、精确整平（精平）和读数 5 个步骤，下面依次做详细介绍。

一、安置水准仪和粗平

先选好平坦、坚固的地面作为水准仪的安置点，然后张开三脚架使之高度适中，架头大致水平，再用连接螺旋将水准仪固定在三脚架头上，将脚架踩实。调整 3 个脚螺旋，使圆水准器内气泡居中，这个过程称为粗平。粗平后，仪器竖轴大致铅垂，视准轴也已大致水平。

圆水准器整平方法如图 2-13 所示，当气泡不在中心而偏在图 2-13(a)处时，可先用双手按箭头指示的方向转动脚螺旋 1 和 2，使气泡移到图 2-13(b)处，然后转动螺旋 3 使气泡从图 2-13(b)处移动到圆圈的中心。气泡移动方向的规律是与左手大拇指移动的方向一致，也称左手法则。实际操作中可能需要多次调整圆水准器的脚螺旋才能整平。

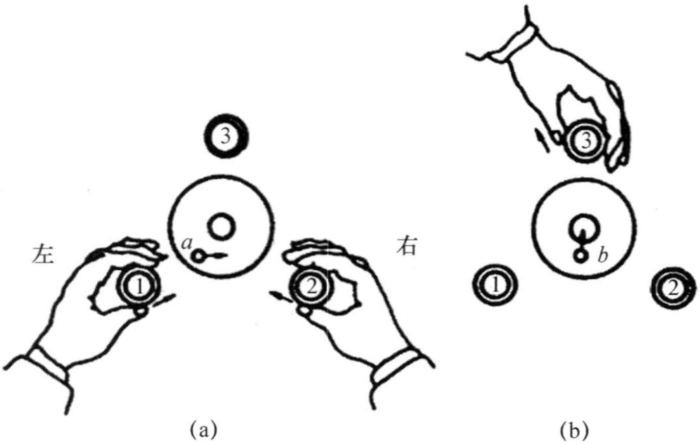

图 2-13　圆水准器整平示意图

二、瞄准

水准仪整平后，先将望远镜对向白色目标或对向天空，转动目镜调焦螺旋，使十字丝清晰，再用望远镜上的准星瞄准水准尺，随即制动螺旋固定望远镜。然后从望远镜中观察，转动物镜调焦螺旋，使目标成像清晰，最后转动水平微动螺旋，使十字丝竖丝对准水准尺。

瞄准目标后，眼睛可在目镜处上、下移动，如发现十字丝与目标影像有相对移动，读数随眼睛的移动而改变，即出现了视差，如前面图 2-7 所示。产生视差的原因是目标影像与十字丝分划板不重合。视差需要消除，先调目镜调焦螺旋看清十字丝，再继续认真地进行物镜调焦以消除视差。

三、精确整平

瞄准目标并确保没有视差后，进行水准仪的精确整平。水准仪的精确整平需要通过调整微倾水准管的符合气泡来完成，如图 2-14 所示。转动微倾螺旋，同时察看水准管气泡观察窗。当符合水准器气泡成像完全吻合时，表明气泡已精确整平，此时与水准管轴平行的视准轴处于水平状态。

四、读数

视准轴精确整平后，用十字丝中丝在水准尺上读数，亦即读出水准尺零点到十字丝中丝的高度。不论使用的水准仪是正像或是倒像，读数总是由注记小的一端向大的一端读出。通常读数应保持四位数字，米、分米、厘米可由尺上刻画直接读出，毫米数则由估计而读得。如图 2-15 所示读数为 1.464，以米为单位。读数后再检查一下气泡是否移动了，否则需重新用微倾螺旋调整气泡使之符合后再次读数。

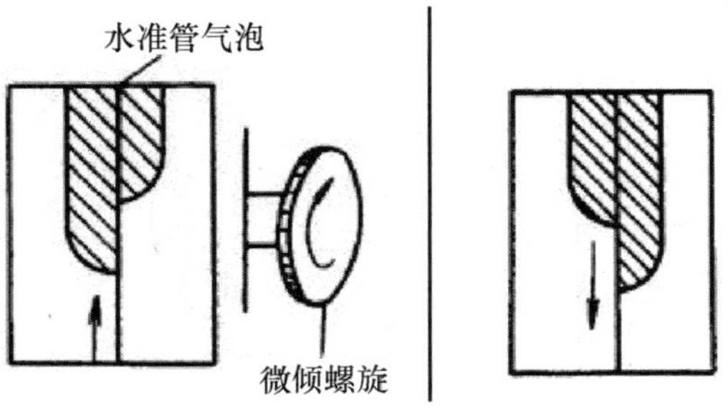

图 2-14　调整符合气泡

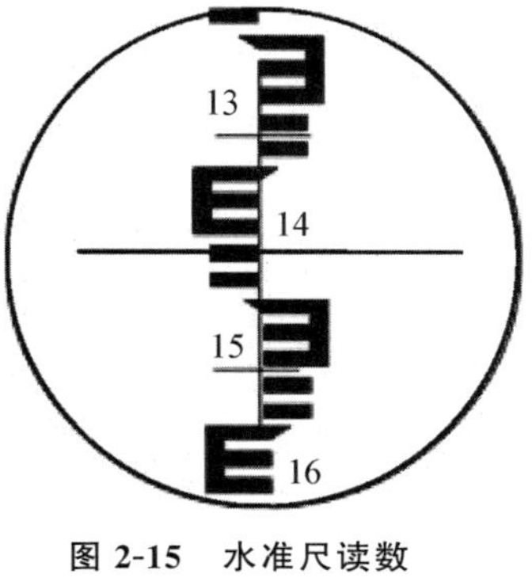

图 2-15　水准尺读数

第四节　水准测量方法

一、水准点

为了统一全国高程系统以满足科研、测图、国家建设等需要，测绘部门按一定的标准在全国各地埋设了许多固定的测量标志，并用水准测量的方法测定了它们的高程，这些标志称为水准点(bench mark),常用 BM 表示。

依据测量需要和保留时间长短,水准点可以分为永久点和临时点两种,永久水准点一般由国家测绘局和各省市测绘主管部门统一制定标准,一般用石料或混凝土制成,深埋在地面冻土线以下,如图 2-16 所示,其顶面嵌入一个金属或瓷质的水准标志,标志中央半球形的顶点表示水准点的高程位置。有的永久点埋设在稳固路面基石上或建筑物的墙脚上,形式多样,如图 2-17 所示。

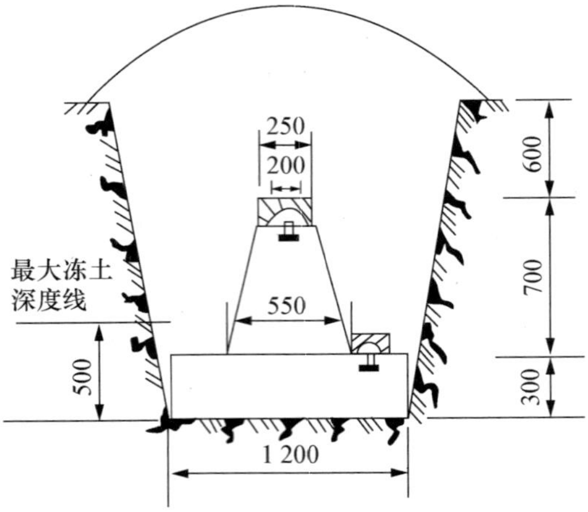

图 2-16　永久水准点(单位:mm)

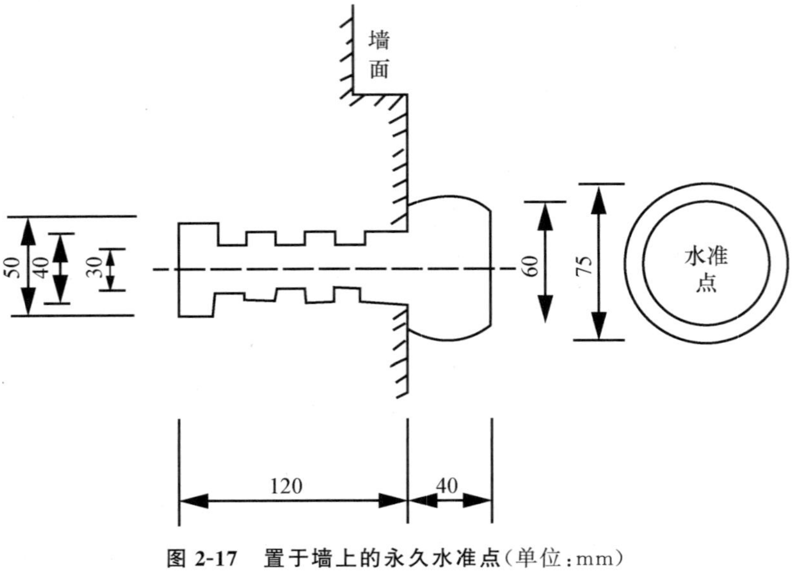

图 2-17　置于墙上的永久水准点(单位:mm)

建筑工地上的永久水准点一般用混凝土制成,临时点常用大木桩打入地下,桩顶钉入一半球状头部的铁钉,以示高程位置,如图 2-18 所示。

为了便于以后的寻找和使用,每一水准点都应做好明确的标记,并注明点号、等级、高程等情况,并做测量点之记存档。

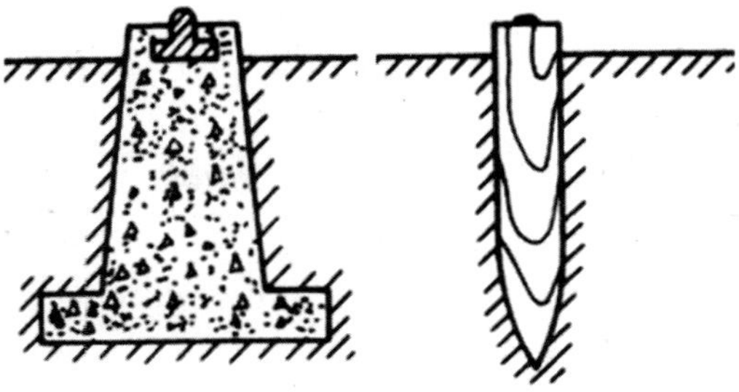

图 2-18　建筑工地上的水准点

二、水准测量的作业方法

当高程待定点离开已知点较远或高差较大时，仅安置一次仪器进行一个测站的工作并不能测出两点之间的高差。这时需要在两点间加设若干个临时立尺点，分段连续多次安置仪器来求得两点间的高差。这些临时加设的立尺点高程不必求得，只是作为传递高程用的，称为转点(turning point)，一般用符号 TP 表示。

如图 2-19 所示，水准点 A 的高程为 29.053 m，要测定 B 点的高程。观测时临时加设了 4 个转点，共进行了 5 个测站的观测，每个测站观测时的程序相同，其观测步骤、记录、计算说明如下：

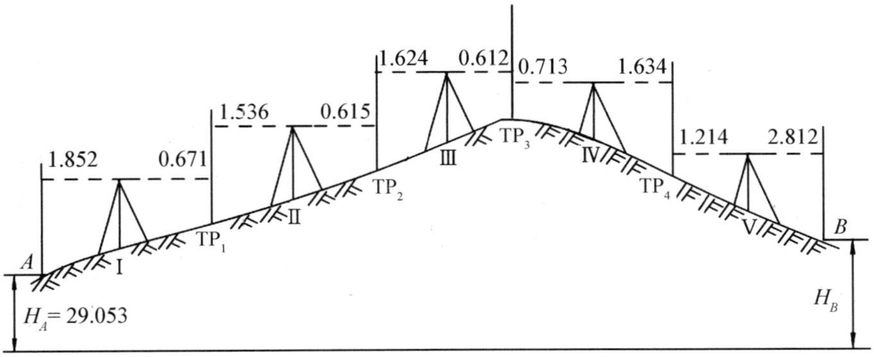

图 2-19　水准测站的观测(单位：m)

作业时先在水准点 A 立尺，作为后视尺，再沿着水准路线方向，选择一测站点安置仪器，同时选择适当位置踩实尺垫，作为转点 TP_1，然后在尺垫上立前视尺，接着进行观测。选择转点时应注意水准仪至前、后视水准尺的距离即前、后距应尽可能相等，视线长度最长不应超过 100 m。

在第一测站上的观测程序为：

①安置水准仪，调节脚螺旋，使圆水准器气泡居中。

②转动水准仪望远镜，照准后视(A 点)尺，并转动微倾螺旋使水准管气泡精确居中，用中丝读后视尺读数 $a_1=1.852$ m，记录员记入手簿，并进行复诵确认，见表 2-1。

③照准前视(即转点 TP_1)尺，精确整平，读前视尺读数 $b_1=0.671$，记录员记入手簿，复诵确认，并计算出 A 点与转点 TP_1 之间的高差，即

$$h_1 = 1.852 - 0.671 = +1.181$$

填入表 2-1 中高差栏。

表 2-1 水准测量记录手簿

日期 2014 年 4 月 8 日　仪器型号______　仪器编号______　天气______℃
作业区______　作业组______　观测者______　记录者______

点号	水准尺读数/m		高差 h/m		高程 H/m	备注
	后视(a)	前视(b)	+	−		
A	1.852		1.181		29.053	已知高程
TP_1	1.536	0.671	0.921		30.234	
TP_2	1.624	0.615	1.012		31.155	
TP_3	0.713	0.612		0.921	32.167	
TP_4	1.214	1.634		1.598	31.246	
B		2.812			29.648	测得高程
$\sum$	6.939	6.344	3.114	2.519		

第一个测站观测完后转点 TP_1 处的尺垫和水准尺保持不动，将仪器移到第二站处安置，选择转点 TP_2 将 A 点处水推尺转移到 TP_2 尺垫上，继续进行第二站的观测、记录、计算，同样的工作方法一直到达 B 点。

显然，每安置一次仪器，就测得一个高差，即

$$h_1 = a_1 - b_1$$
$$h_2 = a_2 - b_2$$
$$\vdots$$
$$h_5 = a_5 - b_5$$

各式相加，得

$$h_{AB} = \sum_{i=1}^{n} h_i = \sum_{i=1}^{n} a_i - \sum_{i=1}^{n} b_i \tag{2-6}$$

B 点的高程为

$$H_B = H_A + h_{AB} = H_A + \sum h \tag{2-7}$$

式(2-6)表达了后视读数总和 $\sum a$、前视读数总和 $\sum b$ 与高差总和 $\sum h$ 之间的关系，式(2-7)表达了待求点 B 的高程 H_B、已知点 A 的高程 H_A 和高差总和 $\sum h$ 间的关系。利用这些相互关系可对表 2-1 中的计算作校核，如表 2-1 所示，说明表中整个计算是正确的。以上校核计算只能检查计算是否正确，并不能发现观测、记录过程中有无差错。

三、水准测量注意事项

在测量工作中，误差是不可避免的，无法完全消除其影响。但是可采取一定的措施降低其影响，以提高测量成果的精度。同时应绝对避免在测量成果中存在错误的操作，因此在进

行水准测量时，应注意以下几点：

(1)观测前对所用仪器和工具，必须认真进行检验和校正。

(2)在野外测量过程中，水准仪及水准尺应尽量安置在坚实的地面上，三脚架和尺垫要踩实，以防仪器和尺子下沉。

(3)每个测站前、后视距离应尽量相等，以消除视准轴不平行水准管轴的误差和地球曲率与大气折光的影响。

(4)前、后视距离不宜太长，一般不要超过 100 m，视线高度适中，应使上、中、下三丝都能在水准尺上读数，以减少大气折光影响。

(5)在立水准尺时，必须保持尺身竖直，不得前后或左右倾斜，使用过程中，要经常检查和清除尺底泥土。塔尺衔接处要卡住，防止二、三节塔尺下滑。

(6)读数前必须使符合水准器气泡精确吻合，并消除视差；读数时一定要从小数向大数读，并要估读到毫米；读完数后应再次检查气泡是否仍然吻合，否则应重新读数。

(7)记录员要复诵读数，以便核对，记录要整洁、清楚、端正，如果有错，不能用橡皮擦去，而应在改正处画一横线，在旁边注上改正后的数字。

(8)在烈日下作业要撑伞遮住阳光，避免气泡因受热不均而影响其稳定性等。

四、水准测量的检核方法

为了保证水准测量成果的正确可靠，对水准测量的成果必须进行检核。检核方法有测站检核和水准路线检核两种。

1. 测站检核　由式(2-6)可以看出，待定点 B 的高程是根据 A 点和沿线各测站所测的高差计算出来的，为了确保观测高差正确无误，须对各测站的观测高差进行检核，这种检核称为测站检核。常用的检核方法有双面尺法和变仪高法两种。

(1)双面尺法。双面尺法是在一测站上，仪器高度不变，分别用双面水准尺的黑面和红面两次测定高差。若两次测得高差之差未超过 5 mm，则取其平均值作为该测站的高差，否则需要重测。

(2)变仪高法。变仪高法是在同一测站上用 2 次不同的仪器高度，2 次测定高差。即测得第一次高差后，改变仪器高度约 10 cm 以上，再次测定高差。若 2 次测得的高差之差未超过 5 mm，则取其平均值作为该测站的观测高差，否则需重测。

2. 水准路线检核　虽然每一测站都进行了检核，但整条水准路线是否存在错误还无法确定。例如，在前、后视某一转点时，水准尺未放在同一点上，利用该转点计算的相邻两站的高差虽然精度符合要求，但这一条水准路线却含有错误，因此必须进行路线检核。水准路线检核方法一般分为附合水准路线、闭合水准路线和支水准路线，有时两条或多条水准路线可能交汇于某点，分别如图 2-20(a)至图 2-20(d)所示。

(1)闭合水准路线。闭合水准路线如图 2-20(a)所示，由 BM_1 出发，沿环线进行水准测量，最后回到原水准点 BM_1 上。显然，式(2-7)中的 $H_{终}-H_{始}=0$，则路线上各点之间高差的代数和应等于零，即：

$$\sum h_{理}=0 \tag{2-8}$$

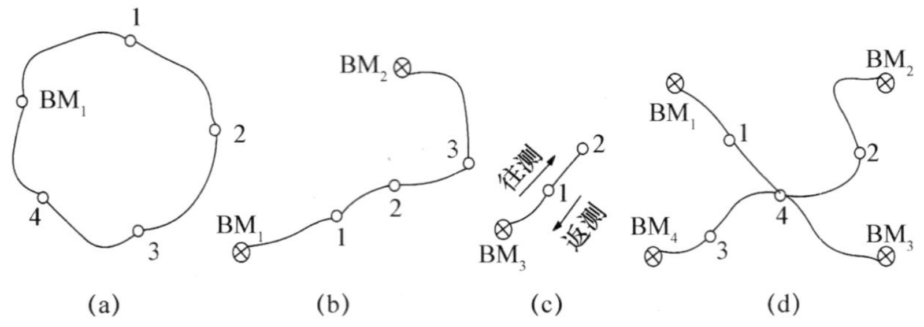

(a)闭合水准路线 (b)附合水准路线 (c)支水准路线 (d)水准路线网

图 2-20 水准路线

如果不等于零，则高差闭合差为：

$$f_h = \sum h_{测} \tag{2-9}$$

由于观测误差不可避免，实测的高差与已知高差一般不可能完全相等，两者差值称为高差闭合差，一般用 f_h 表示，f_h 的表达式为：

$$f_h = \sum h_{测} - (H_{终} - H_{始}) \tag{2-10}$$

(2)附合水准路线。附合水准路线如图 2-20(b)所示，附近有 BM_1、BM_2 两个已知水准点，现需求得 1、2、3 三个点的高程。水准路线从已知水准点 BM_1(起始点)出发，沿着待定点 1、2、3 进行水准测量，最后从 3 点测到已知水准点 BM_2，即终点，这样的水准路线称为附合水准路线。路线中各段高差的代数和，理论上应等于两个水准点之间的高差，即

$$\sum h_{理} = H_{终} - H_{始} \tag{2-11}$$

(3)支水准路线。支水准路线如图 2-20(c)所示，图中的 1 和 2 两点。由一水准点 BM_3 出发，既不附合到其他水准点上，也不自行闭合，称为支水准路线。支水准路线要进行往返观测，往测高差与返测高差观测值的代数和，即 $\sum h_{往} + \sum h_{返}$，理论上应为零。如不等于零，则高差闭合差为

$$f_h = \sum h_{往} + \sum h_{返} \tag{2-12}$$

(4)水准网。由若干条单一水准路线相互连接构成网形，称为水准网，图 2-20(d)为单一结点的水准网。单一水准路线相互连接的点称为结点，如图 2-20(d)中的 4 点。

为了确保测量精度，各种路线形式的水准测量，其高差闭合差均不应超过容许值，否则即认为观测结果不符合要求。根据偶然误差特性“在一定的观测条件下，偶然误差的绝对值不会超过一定的界限”，可以根据高差闭合差的大小检核观测高差中是否存在错误。

以上 4 种水准路线校核方式中，附合水准路线方式校核最可靠，它除了可检核观测结果有无差错外，还可以发现已知点是否有抄错结果、用错点位等问题。支水准路线仅靠往返观测校核，若起始点的高程抄录错误和该点的位置出现错误，是无法发现的。因此，应用此法应注意检查。

第五节　水准测量的成果计算

一、水准测量的精度要求

在测量工作中，由于种种原因，如仪器不够完善，观测、读数带有误差，以及受外界条件的影响，如大气折光、温度变化等，观测结果总是存在误差。虽然测量误差是不可避免的，但经过实践检验和科学分析，人们找出了有关测量误差的规律，从而规定了一定观测条件下观测误差的容许范围，作为区分误差和错误的界限。当观测误差小于容许误差时，认为测量成果合格，可供使用；若大于容许误差，一般说明发生了差错，应该查明原因，予以重测。

《城市测量规范》规定：图根水准测量各路线高差闭合差的容许值，在平坦地区和山地分别为

$$\text{平地}\quad f_{h容}=\pm 40\sqrt{L}\ \text{mm} \tag{2-13}$$

$$\text{山地}\quad f_{h容}=\pm 12\sqrt{n}\ \text{mm} \tag{2-14}$$

式中：$f_{h容}$为高差闭合差的容许值，单位 mm；L 为水准路线长度，单位 km；n 为水准路线测站数。

当地形起伏较大时，每 1 km 水准路线超过 16 个测站时按山地计算容许闭合差。另外规定高级点间附合路线或闭合环线长度不得大于 8 km，节点间路线长度不得大于 6 km，支线长度不得大于 4 km。

二、水准测量成果计算

1. 附合水准路线成果计算　如图 2-21 所示，A、B 为两个已知水准点，A 点高程为 421.326 m，B 点高程为 425.061 m，计算 1、2、3 各点的高程。

将图 2-21 中各数据按高程计算顺序列入表 2-2 进行计算。

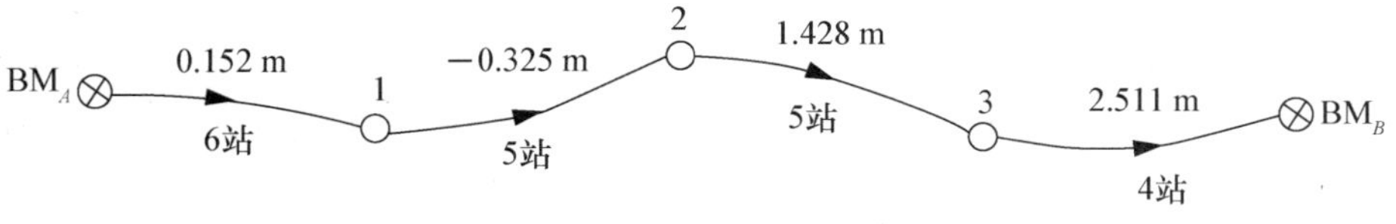

图 2-21　附合水准路线观测成果

计算步骤如下：

(1) 计算实测高差 $\sum h_{测}=3.766(\text{m})$；

(2) 计算已知高差 $H_B-H_A=425.061-421.326=3.735(\text{m})$；

(3) 计算高差闭合差 $f_h=\sum h_{测}-(H_B-H_A)=31(\text{mm})$；

(4) 计算容许闭合差 $f_{h容}=\pm 12\sqrt{n}=\pm 12\sqrt{20}=\pm 54(\text{mm})$；

因为 $|f_h|\leqslant|f_{h容}|$，故其精度符合要求，可以进行下一步计算。

表 2-2　附合水准测量成果计算

点号	路线测站数 n_i/站	实测高差 h_i/m	高差改正数 v_i/m	改正后高差 h_i/m	高程 H /m	备注
BM_A					421.326	已知点
	6	0.152	−0.009	0.143		
1					421.469	
	5	−0.325	−0.008	−0.333		
2					421.136	
	5	1.428	−0.008	1.420		
3					422.556	
	4	2.511	−0.006	2.505		
BM_B					425.061	已知点
$\sum$	20	3.766	−0.031	3.735		

(5)计算高差改正数。在同一条水准路线上，使用相同的仪器工具和相同的测量方法，可以认为各测站产生误差的机会是相等的，因此，高差闭合差可按与测段的测站数 n_i(或按距离 L_i)反符号成正比例分配到各测段的高差中，即

$$v_i = -\frac{f_h}{\sum n} n_i \text{ 或 } v_i = -\frac{f_h}{\sum L} L_i$$

本例题各测段改正数 v_i 计算如下：

$$v_1 = -\frac{f_h}{\sum n} n_1 = -\frac{30}{20} \times 6 = -9(\text{mm})$$

$$v_2 = -\frac{f_h}{\sum n} n_2 = -\frac{30}{20} \times 5 = -8(\text{mm})$$

$$\vdots$$

改正数计算后一般会出现小数到毫米以后，通常凑整到毫米，但凑整后的改正数总和必须与闭合差绝对值相等，符号相反。这是计算中的一个检核条件，即

$$\sum v = -f_h = -0.031 \text{ m}$$

若 $\sum v \neq -f_h$，存在凑整后的余数，且计算中无错误，则可在测站数最多或测段长度最长的路线上多(或少)改正 1 mm。

(6)计算改正后高差。各测段观测高差 h_i 分别加上相应的改正数 v_i，即得改正后高差。

$$h_{1改} = h_1 + v_1 = 0.152 - 0.009 = 0.143(\text{m})$$
$$h_{2改} = h_2 + v_2 = -0.325 - 0.008 = -0.333(\text{m})$$
$$\vdots$$

改正后的高差代数和应等于高差的理论值($H_B - H_A$)，即

$$\sum h_{改} = H_B - H_A = 3.735(\text{m})$$

如不相等，说明计算中有错误存在，需重新计算。

(7)高程计算。每个测段起点的高程与测段改正后高差之和，即得测段终点高程，以此类推。最后推出的终点高程应与已知的高程相等。即

$$H_1 = H_A + h_{1改} = 421.326 + 0.143 = 421.469(\text{m})$$
$$H_2 = H_1 + h_{2改} = 421.469 - 0.333 = 421.136(\text{m})$$
$$\vdots$$
$$H_{B(算)} = H_{B(已知)} = 425.061(\text{m})$$

计算中应注意各项检核的正确性。

2.闭合水准路线成果计算　闭合水推路线的计算步骤与符合水准路线基本相同，计算时应当注意高差闭合差的公式为

$$f_h = \sum h_{测} \tag{2-15}$$

在山地间进行水准测量，如图 2-22 所示，A 为已知水准点，其高程为 51.732 m，其观测成果如图 2-22 中所示，计算 1、2、3 各点的高程，并将图中各数据按高程计算顺序列入表 2-3 中进行计算。

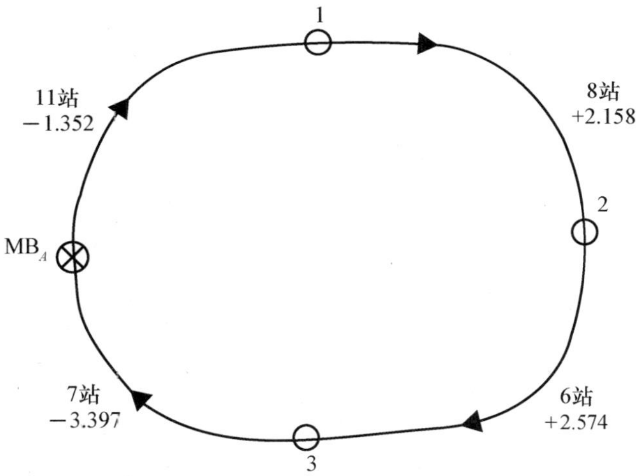

图 2-22　闭合水准路线观测成果

表 2-3　闭合水准测量成果计算

点号	测站数 n_i/站	实测高差 h_i/m	高差改正数 v_i/m	改正后高差 h_i/m	高程 H /m	备注
BM_A					51.732	已知点
	11	−1.352	0.006	−1.346		
1					50.386	
	8	2.158	0.004	2.162		
2					52.548	
	6	2.574	0.003	2.577		
3					55.125	
	7	−3.397	0.004	−3.393		
BM_A					51.732	已知点
$\sum$	32	−0.017	0.017	0		

计算步骤如下。

(1)计算实测高差之和。$\sum h_{测}=-0.017\ \text{m}=-17\ \text{mm}$

(2)计算高差闭合差。$f_h=\sum h_{测}=-0.017\ \text{m}=-17\ \text{mm}$

(3)计算容许闭合差。$f_{h容}=\pm 12\sqrt{n}=\pm 12\sqrt{32}=\pm 68\ \text{mm}$

因为$|f_h|\leqslant|f_{h容}|$,故其精度符合要求,可以进行下一步计算。

(4)计算高差改正数。高差闭合差的调整方法和原则与附合水准路线的方法一样。本例各测段改正数、计算如下,即

$$\upsilon_1=-\frac{f_h}{\sum n}n_1=-\frac{-17}{32}\times 11=+6\ (\text{mm})$$

$$\upsilon_2=-\frac{f_h}{\sum n}n_2=-\frac{-17}{32}\times 8=+4(\text{mm})$$

$$\vdots$$

(5)计算改正后高差。各测段观测高差 h_i 分别加上相应的改正数后 υ_i 即得改正后高差,即

$$h_{1改}=h_1+\upsilon_1=-1.352+0.006=-1.346(\text{m})$$
$$h_{2改}=h_2+\upsilon_2=2.158+0.004=2.162(\text{m})$$
$$h_{3改}=h_3+\upsilon_3=2.574+0.003=2.577(\text{m})$$
$$h_{4改}=h_4+\upsilon_4=-3.397+0.004=-3.393(\text{m})$$

闭合水准路线改正后的高差代数和应等于高差的理论值 0,即 $\sum h_{改}=0$。如不相等,说明计算中有错误存在。

(6)高程计算。测段起点高程加测段改正后高差,即得测段终点高程,以此类推。最后推出的终点高程应与已知的高程相等。即

$$H_1=H_A+h_{1改}=51.732-1.346=50.386(\text{m})$$
$$H_2=H_1+h_{2改}=50.386+2.162=52.548(\text{m})$$
$$H_3=H_2+h_{3改}=52.548+2.577=55.125(\text{m})$$
$$H_4=H_3+h_{4改}=55.125-3.393=51.732(\text{m})$$

计算中应注意各项检核的正确性。

3. 支水准路线成果计算　支水准路线测量时应进行往、返观测,以确保测量结果的正确性。图 2-23 为支水准路线观测结果,已知水准点 A 的高程为 68.254 m,往、返测站共 16 站,计算待测点 1 的高程。

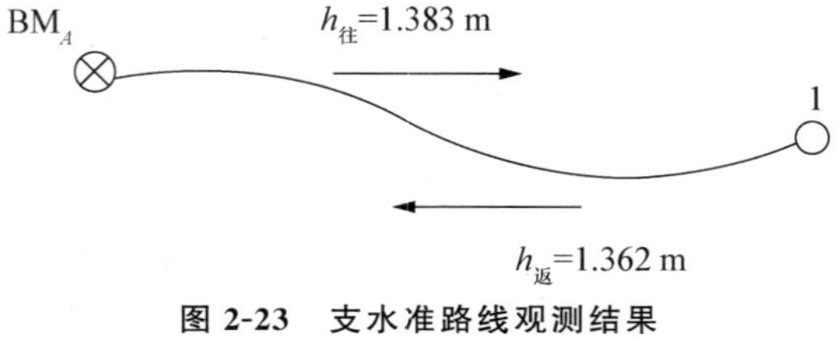

图 2-23　支水准路线观测结果

计算步骤如下：

(1)计算高差闭合差。$f_h=|h_{往}|-|h_{返}|=|-1.383\ m|-|1.362\ m|=0.021\ m$

$$f_h=h_{往}+h_{返}=1.383+(-1.362)=0.021(m)$$

(2)计算容许闭合差。$f_{h容}=\pm12\sqrt{n}=\pm12\sqrt{16}=\pm48(mm)$

因为$|f_h|\leqslant|f_{h容}|$，故其精度符合要求，可以进行下一步计算。

(3)计算改正后高差。支水准路线往、返测量高差的平均值即为改正后高差，其符号以往测为准，即

$$h_{A1改}=(h_{往}-h_{返})/2=\frac{1.383-(-1.362)}{2}=1.372(m)$$

(4)计算1点高程。起点高程加改正后高差，即得1点高程，即

$$H_1=H_A+h_{A1改}=68.254+1.372=69.626(m)$$

必须指出的是，若起点的高程抄录错误，其计算出的高程也是错误的，因此，应用此法应注意检查。

第六节 水准仪的检验和校正

水准仪在使用前应进行检验，查明仪器各轴线是否满足应有的几何条件。只有水准仪各轴线间满足一定的几何条件，水准仪在测量时才能真正提供一条水平视线，正确地测定两点间的高差。如果不满足几何条件，超出规定的范围，则应进行仪器校正，所以校正的目的是使仪器各轴线满足应有的几何条件。

一、水准仪的轴线及其应满足的几何条件

如图2-24所示，水准仪的轴线主要有望远镜视准轴CC、水准管轴LL、圆水准器轴$L'L'$和仪器竖轴VV。根据水准测量原理，水准仪必须提供一条水平视线(即视准轴水平)，而视线是否水平是根据水准管气泡是否居中来判断的，如果水准管气泡居中，而视线不水平，则不符合水准测量原理。因此水准仪在轴线构造上应满足水准管轴平行于视准轴这个主要的几何条件。

此外，为了便于迅速有效地用微倾螺旋使符合气泡精确置平，应先用脚螺旋使圆水准器气泡居中，使仪器粗略整平，仪器竖轴基本处于铅垂位置，故水准仪还应满足圆水准轴平行于仪器竖轴的几何条件；为了准确地用中丝(横丝)进行读数，当水准仪的竖轴铅垂时，中丝应当水平。

综上所述，水准仪轴线应满足的几何条件为：

①圆水准器轴$L'L'$应平行于竖轴VV；

②水准管轴LL应平行于视准轴CC；

③十字丝横丝应垂直于仪器竖轴VV。

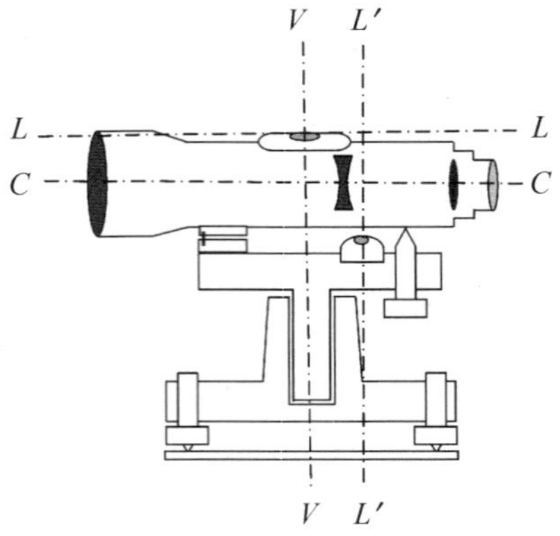

图 2-24　水准仪各轴线示意图

仪器出厂前一般都经过严格检查，均能满足条件，但经过长期使用或某些振动，轴线间的关系会受到破坏。为此，测量之前必须对仪器进行检验，如检验不合格则需要校正。

二、水准仪的检验和校正

1. 圆水准器轴与竖轴平行的检验和校正

(1)检验方法。安置水准仪后，转动脚螺旋使圆水准气泡居中，如图 2-25(a)所示，然后将仪器绕竖轴旋转 180°，如果圆气泡仍旧居中，则表示该几何条件满足，不必校正。如果圆气泡偏离中心，如图 2-25 (b)所示，则表示该几何条件不满足，需要进行校正。

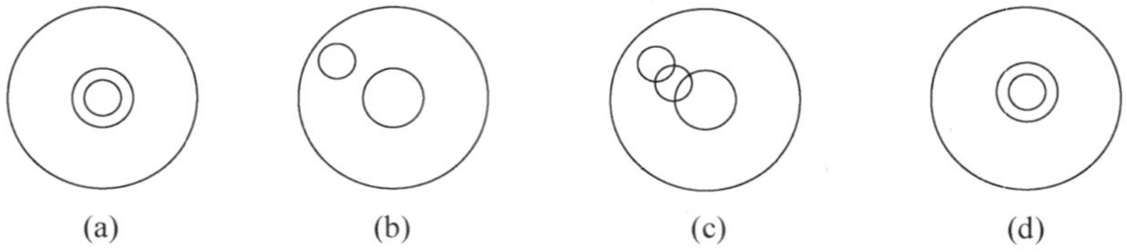

图 2-25　圆水准器的检验和校正

(2)校正方法。圆水准器轴与竖轴是否平行，其检验和校正步骤如下：

①转动脚螺旋，使圆水准气泡居中。

②将仪器绕竖轴旋转 180°，若圆水准气泡不居中，转动脚螺旋使气泡退回偏离值的一半，如图 2-25(c)所示。

③松开圆水雅器背面中心固定螺丝，按照圆水准器粗平的方法，用校正针拨动相邻两个校正螺丝，再拨动另一个校正螺丝，使气泡居中，如图 2-25(d)所示。

④按此法反复检校，直到转到任何方向气泡始终居中，校正即可结束，最后，将中心固定螺丝拧紧，如图 2-26 所示。

(3)检校原理。如图 2-27(a)所示，设圆水准器轴 $L'L'$ 不平行于竖轴 VV，两者的夹角为 δ，转动脚螺旋使圆气泡居中，则圆水准器轴 $L'L'$ 处于铅垂方向，但竖轴 VV 倾斜了一个 δ 角。当仪器绕竖轴旋转 180°后，竖轴仍处于倾斜 δ 角的位置，气泡恒处于最高处，而圆水准器轴

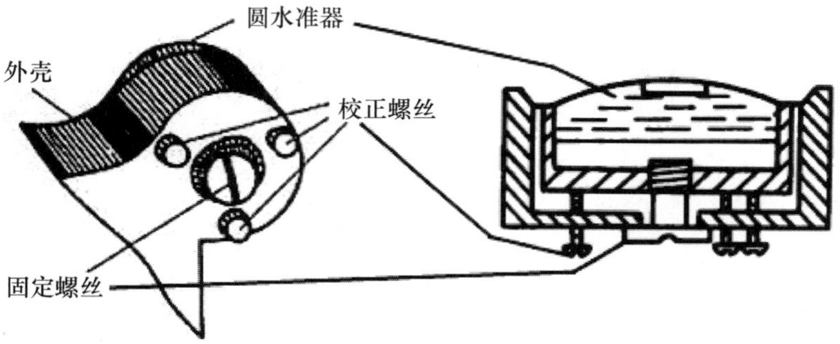

图 2-26　圆水准器的校正

转到竖轴的另一侧，但与竖轴 VV 的夹角不变，这样圆水准器轴 $L'L'$ 相对于铅垂方向就倾斜了 2 倍的 δ 角度，如图 2-27 (b)所示。此时圆气泡偏离圆心(零点)的弧长所对的圆心角为 2δ。因为仪器竖轴相对于铅垂方向仅倾斜 δ 角，所以用脚螺旋调整使圆气泡向中心移动距离只能是偏离值的一半，此时竖轴即处于铅垂位置，如图 2-27(c)所示。然后再拨动圆水准器校正螺丝校正另一半偏离值，使气泡居中，从而使圆水准器轴也处于铅垂位置，达到圆水准器轴 $L'L'$ 平行于竖轴 VV 的目的，如图 2-27 (d)。校正一般需要反复进行几次，直至仪器旋转到任何位置圆水准气泡都居中为止。

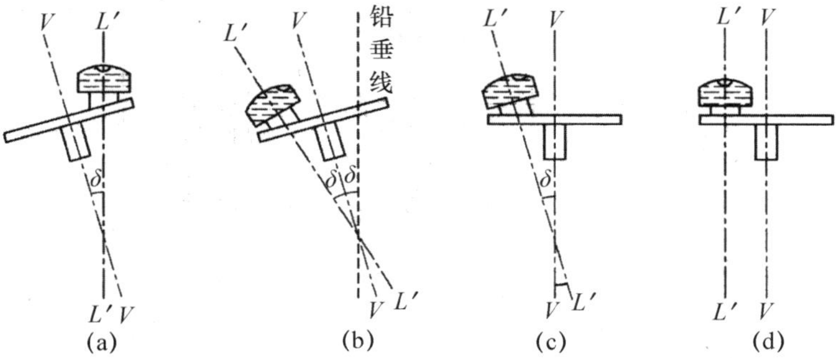

图 2-27　圆水准器检校原理

2. 十字丝横丝垂直于竖轴的检验和校正　十字丝横丝垂直于竖轴的检验和校正的目的是使十字丝横丝垂直于竖轴。当竖轴铅直时，横丝处于水平横丝上任何位置读数均相同。

(1)检验。

①用十字丝横丝一端对准远处一明显点状标志 P 点，如图 2-28(a)所示拧紧制动螺旋；

②旋转微动螺旋，使望远镜视准轴绕竖轴转动，从望远镜中观测 P 点在左右移动时是否始终沿着中丝移动，如果始终沿着中丝移动，如图 2-28(b)所示，则表示中丝是水平的，不需校正。如图 2-28(c)和图 2-28(d)所示，中丝不水平，则应需要校正。

(2)校正方法。校正方法因十字丝装置的形式不同而异。如图 2-29 所示的形式，需旋下目镜端的十字丝环外罩，用螺丝刀松开十字丝环的四个固定螺丝，按中丝倾斜的反方向小心地转动十字丝环，直至中丝水平，再重复检验，最后固紧十字丝环的固定螺丝，旋紧十字丝环外罩。

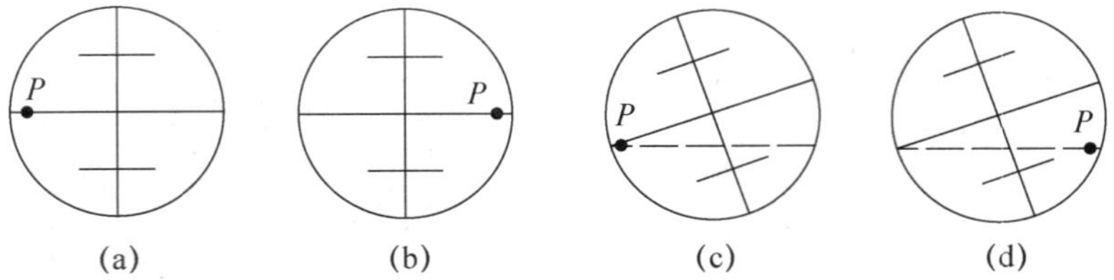

图 2-28 十字丝横丝垂直于竖轴的检验

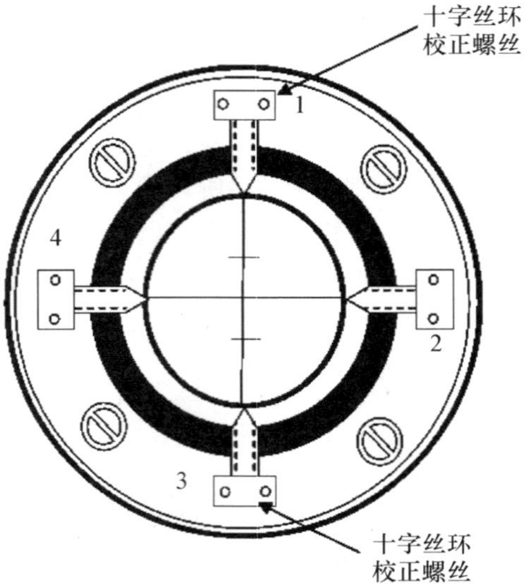

图 2-29 十字丝横丝垂直于竖轴的校正

3. 水准管轴平行于视准轴的检验与校正

(1)检验原理与方法。设水准管轴不平行于视准轴，它们在竖直面内投影之夹角为 i，因此也称为 i 角检验，如图 2-30 所示。

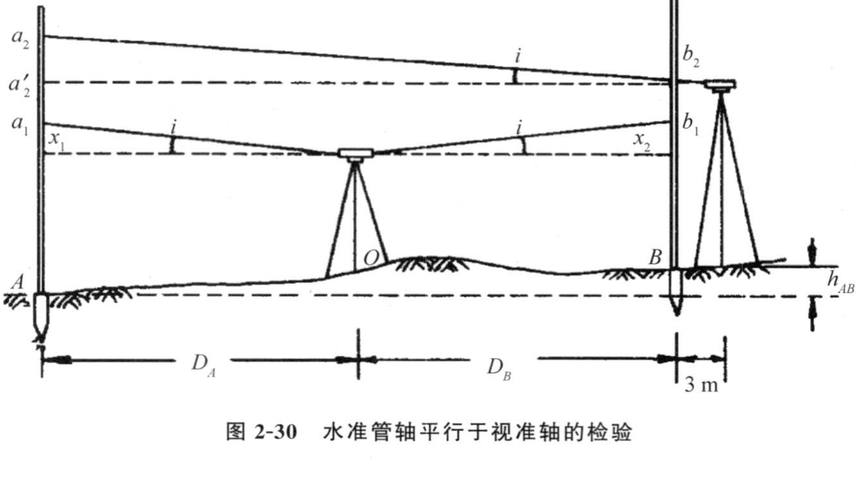

图 2-30 水准管轴平行于视准轴的检验

当水准管气泡居中时，视准轴相对于水平线方向向上或向下倾斜了 i 角，则视线（视准轴）在尺上读数偏差 x，随着水准尺离开水准仪越远，由此引起的读数误差也越大。当水准仪至水准尺的前后视距相等时，即使存在 i 角误差，因在两根水准尺上读数的偏差 x 相等，后前视读数相减所求高差也不受影响。后前视距的差距增大，则 i 角误差对高差的影响也会随之增大。基于以上情况，可以采用以下的方法来检验水准管轴是否平行于视准轴：

①在平坦地区选择相距约 80 m 的 A、B 两点（可打下木桩或安放尺垫），并在 A、B 两点中间选择一点 O，且使 $D_A=D_B$。

②将水准仪安置于 O 点处，分别在 A、B 两点上竖立水准尺，读数为 a_1 和 b_1，则 A、B 两点间高差为

$$h_{AB}=(a_1-x)-(b_1-x)=a_1-b_1 \tag{2-16}$$

为了确保观测的正确性也可用两次仪器高法测定高差 h_{AB}，若两次测得高差之差不超过 5 mm，则取平均值作为最后结果。

③将水准仪搬到靠近 B 点处（约距 B 点 3 m），整平仪器后，瞄准 B 点水准尺，读数为 b_2，再瞄准 A 点水准尺，读数为 a_2，则 A、B 间高差 h'_{AB} 为

$$h'_{AB}=a_2-b_2 \tag{2-17}$$

若 $h'_{AB}=h_{AB}$ 则表明水准管轴平行于视准轴，满足仪器轴线的几何条件，若 $h'_{AB}\neq h_{AB}$ 且差值大于±5 mm 则需要进行校正。

（2）校正方法。水准仪不动，先计算视线水平时 A 尺（远尺）上应有的正确读数 a'_2：

$$a'_2=b_2+h_{AB}=b_2+(a_1-b_1) \tag{2-18}$$

当 $a_2<a'_2$，说明视线向下倾斜；反之向上倾斜。瞄准 A 尺，旋转微倾螺旋，使十字丝中丝对准 A 尺上的正确读数 a'_2，此时符合水准气泡就不再居中了，但视线已处于水平位置。用校正针拨动位于目镜端的水准管上、下两个校正螺丝，如图 2-31 所示，使符合水准气泡严密居中。此时，水准管轴也处于水平位置，达到了水准管轴平行于视准轴的要求。

校正时，应先稍松动左、右两个校正螺丝，再根据气泡偏离情况，遵循“先松后紧”规则，拨动上、下两个校正螺丝，使符合气泡居中，校正完毕后，再重新固紧左右两个校正螺丝。

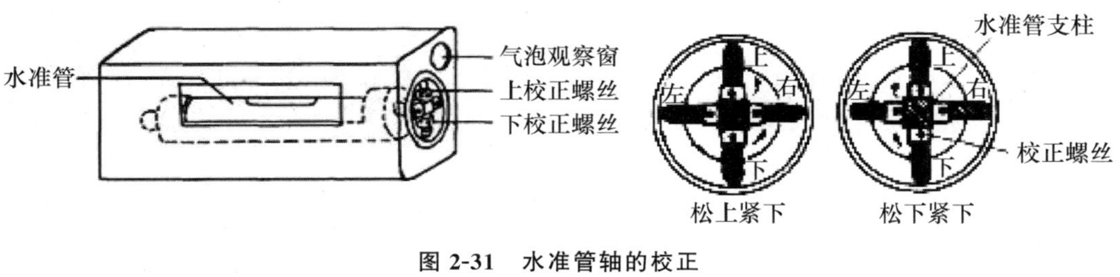

图 2-31　水准管轴的校正

第七节　水准测量误差分析及注意事项

水准测量要求在进行测量时能够得到准确的观测数据，但由于使用的水准仪不可能完

美无缺，观测人员的感官也有一定的局限，再加上野外观测必定要受到外界环境的影响，使水准测量不可避免地存在着误差。为了保证应有的观测精度，测量人员应对水准测量误差产生的原因及如何最大限度降低误差有所了解，尤其是要避免读尺时读错数、错记读数、碰动脚架或尺垫等。

水准测量误差按其来源可分为仪器误差、观测误差以及外界环境影响三个方面，下面分别进行介绍。

一、仪器误差

水准仪使用前，应按规定进行水准仪的检验与校正，以保证各轴线满足条件。但由于仪器检验与校正不甚完善以及其他方面的影响，使仪器尚存在一些残余误差，其中最主要的是水准管轴不平行于视准轴的误差（又称为 i 角残余误差）。这个 i 角残余误差对高差的影响为 Δh，即

$$\Delta h = x_1 - x_2 = \frac{i}{\rho''}D_A - \frac{i}{\rho''}D_B = \frac{i}{\rho}(D_A - D_B) \tag{2-19}$$

式中：$D_A - D_B$ 为前、后视距之差。

若保持一测站上前、后视距相等（即 $D_A = D_B$），即可消除 i 角残余误差对高差的影响。对于一条水准路线而言，也应保持前视视距总和与后视视距总和之差满足规范限差的要求，同样可消减 i 角残余误差对路线高差总和的影响。

水准尺是水准测量的重要工具，它的误差（分划误差及尺长误差等）也影响着水准尺的读数及高差的精度。因此，水准尺尺面应分划准确、清晰，有的水准尺上安装有圆水准器，便于尺子竖直，还应注意水准尺零点差。所以对于精度要求较高的水准测量，水准尺也应进行检定。

二、观测误差

1. 水准尺读数误差　此项误差主要由观测者瞄准误差、符合水准气泡居中误差以及估读误差等综合影响所致，这是一项不可避免的偶然误差。对于 DS_3 型水准仪，望远镜放大率 V 一般为 28 倍，水准管分划值 $\tau = 20''/2$ mm，当视距 $D = 100$ m 时，其照准误差 m_1 和符合水准气泡居中误差 m_2 可由下式计算：

$$m_1 = \pm\frac{60''}{V}\times\frac{D}{\rho''} = \pm\frac{60''}{28}\times\frac{100\times10^3}{206\ 265} = \pm1.04(\text{mm})$$

$$m_2 = \pm\frac{0.15\tau}{2\rho''}D = \pm\frac{0.15\times20''}{2\times206\ 265}\times100\times10^3 = \pm0.73(\text{mm})$$

若取估读误差 $m_3 = \pm1.5$(mm)

则水准尺上读数误差为 $m = \sqrt{m_1^2 + m_2^2 + m_3^2} = \pm2$(mm)

因此，观测者应认真读数与操作，以尽力能减少此项误差的影响。

2. 水准尺倾斜误差　根据水准测量的原理，水准尺必须竖直立在点上，否则会使水准尺

上读数增大。这种影响随着视线的升高(即读数增大)而增大。例如,当水准尺竖立不直,倾斜了 α 角度,读数为 2 m 时,对读数影响为 $\delta=2\ \mathrm{m}\times(1-\cos\alpha)$。

因此,一般在水准尺上安装有圆水准器,扶尺者操作时应注意使尺上圆水准气泡居中,表明尺子竖直。如果水准尺上没有安装圆水准器,则使水准尺缓缓地向前、后倾斜,当观测者读取到最小读数时,即为尺子竖直时的读数,尺子左、右倾斜可由仪器观测者指挥司尺员纠正。

3. 水准仪与尺垫下沉误差　水准仪或尺垫处地面土质松软,以至水准仪或尺垫由于自重随安置时间的增加而下沉(也可能回弹上升)。为了减少此类误差影响,观测者和司尺员应选择坚实地面安置水准仪和尺垫,踩实三脚架和尺垫并采取"后—前—前—后"的观测次序,可以减弱水准仪下沉误差对高差的影响。采取往测与返测观测并取其高差平均值,可以减弱尺垫下沉误差对高差的影响。

三、外界环境的影响

外界环境对水准测量产生的影响同样不可忽视,该项影响主要包括地球曲率、大气折光、温度(日光)和风力的影响等方面。

1. 地球曲率和大气折光的影响　根据研究,地球曲率和大气折光对水准尺读数的影响 f 可用式(2-20)表示

$$f\approx 0.43\frac{D^2}{R} \tag{2-20}$$

式中:D 为水准仪至水准尺的距离;R 为地球的半径。

若 $D=100$ m,$R=6\ 371$ km,则 $f=0.7$ mm,这说明在水准测量中,即使视距很短,也应当考虑地球曲率和大气折光对读数的影响。

由式(2-20)推得,地球曲率和大气折光对两点间高差的影响 δ_f 为

$$\delta_f=f_A-f_B=0.43\frac{(D_A-D_B)^2}{R} \tag{2-21}$$

式中:D_A-D_B 为水准仪至 A、B 两点视距之差,显然当 $D_A=D_B$ 时,则 $\delta_f=0$。表明保持前后视距相等可以消除地球曲率和大气折光对水准测量高差的影响。

2. 温度(日光)和风力的影响　当大气温度变化或日光直射水准仪时,由于仪器受热不均匀,会影响仪器轴线间的正常几何关系,如水准仪气泡偏离中心或三脚架扭转等现象。所以在水准测量时,水准仪在阳光下应打伞防晒,风力较大时应暂停水准测量。

第八节　自动安平水准仪

一、自动安平水准仪介绍

目前,自动安平水准仪已广泛应用于测绘和工程建设中。它的构造特点是没有水准管和微倾螺旋,而只有一个圆水准器进行粗略整平,如图 2-32 所示。当圆水准气泡居中后,尽

管仪器视线仍有微小的倾斜，但借助仪器内补偿器的作用，视准轴在数秒钟内自动成水平状态，从而读出视线水平时的水准尺读数值。不限定在某个方向上，在任何方向上均可读出视线水平时的读数。因此，自动安平水准仪不仅能缩短观测时间，简化操作，而且对于施工场地地面的微小震动、松软土地的仪器下沉以及大风吹刮时的视线微小倾斜等不利状况，能迅速自动地安平，有效地减弱外界影响，有利于提高观测精度。

1. 目镜对光螺旋　2. 目镜　3. 光学瞄准器　4. 物镜
5. 自动螺旋　6. 微动螺旋　7. 物镜对光螺旋

图 2-32　自动安平水准仪

数字资源 2-2　自动安平水准仪　彩图

二、自动安平水准仪原理

1. 视线自动安平原理　如图 2-33 所示，视准轴水平时(实线)在水准尺上读数为 a，没有完全精平时，视准轴倾斜一个小角 α(虚线)，此时视线读数为 a'(a'不是水平视线读数)。为了使十字丝中丝读数仍为水平视线的读数 a，在望远镜的光路上增设一个补偿装置，使通过物镜光心的水平视线经过补偿装置的光学元件后偏转一个 β 角，水平时在水准尺上读数 a，仍能成像于十字丝中心。由于 α 和 β 都是很小的角度，当下式成立时，即

$$f \cdot \alpha = d \cdot \beta \tag{2-22}$$

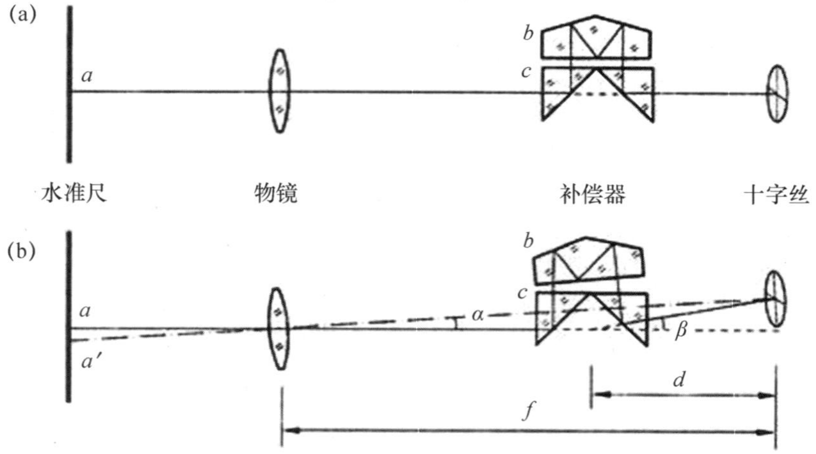

图 2-33　视线自动安平原理

成立时，达到自动补偿的目的。式中 f 为物镜到十字丝分划板的距离，d 为补偿装置到十字丝分划板的距离。

2. 有补偿器的自动安平水准仪结构　补偿器是利用地球引力进行工作的，它将一组透镜用吊丝悬挂，在地球引力的作用下，悬挂的透镜组始终垂直于地面。当仪器没有完全整平时，即望远镜轴与水平线有一夹角 α，经过悬挂的透镜组折射作用，补偿器透镜组会与望远镜轴产生夹角 β，视线得到改正，得到水平视线时的正确读数，有补偿器的自动安平水准仪结构如图 2-34 所示。

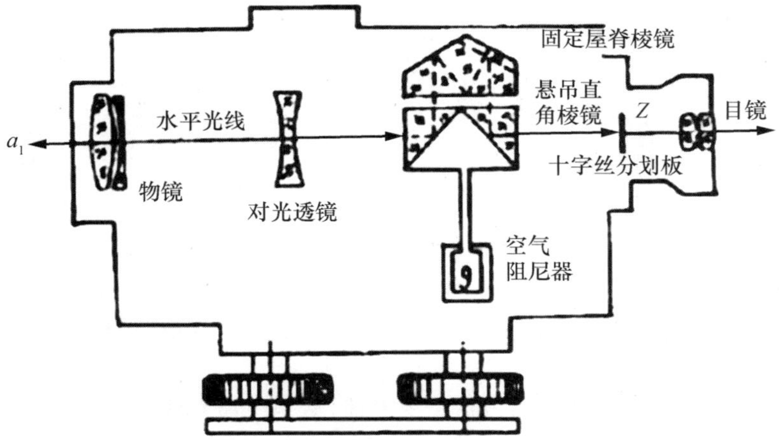

图 2-34　有补偿器的自动安平水准仪结构

三、自动安平水准仪的使用

自动安平水准仪依靠圆水准器气泡进行粗略调平，这项工作的目的是让水准仪的望远镜视准轴粗略地处于水平状态，圆水准气泡居中后，即可瞄准水准尺进行读数。一般圆水准器的分划值为 5′/2 mm，补偿器作用范围约为±5′，所以只要使圆水准气泡居中并不越出圆水准器中央小黑圆圈范围，补偿器就会产生自动安平的作用。但使用自动安平水准仪仍应认真进行粗略整平。另外，由于补偿器相当于一个重力摆，不管是使用空气阻尼器还是磁性阻尼器(空气阻尼器如图 2-35 所示)，重力摆静止稳定需 2～4 s，故瞄准水准尺过几秒钟后再读数为好。

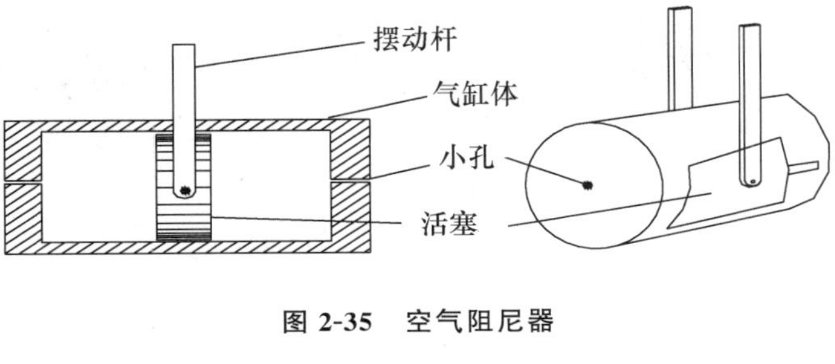

图 2-35　空气阻尼器

有的自动安平水准仪配有一个键或自动安平钮，每次读数前应按一下键或按一下钮才能读数，否则补偿器不会起作用，使用前应仔细阅读仪器说明书。

自动安平水准仪与微倾水准仪的最大不同在于它的补偿器，我们知道微倾水准仪是依靠符合水准器的气泡来使望远镜视准轴精确处于水平位置，而自动安平的仪器则依靠补偿器来使视线处于水平。通过补偿器的原理我们可以知道自动安平水准仪可以在不完全整平的情况下正常工作，但由于悬挂物的空间和精度限制，自动安平是有范围的，一般的补偿器有效工作范围是$\pm 5'$。水准仪圆水准器中间都有个黑圈，气泡只要在黑圈内就能进行测量，不用精平。

复习题

1. 试绘图说明水准测量的基本原理。

2. 什么叫高差法、视线高法？

3. 简述望远镜的主要部件及各部件的作用。何谓视准轴？

4. 什么叫视差？产生视差的原因是什么？怎样消除视差？

5. 什么叫圆水准器轴和水准管轴？圆水准器和水准管在水准测量中各起什么作用？何谓水准管分划值？

6. 什么叫水准点？水准测量时，为什么要求前、后视距离大致相等？

7. 何谓转点？转点在水准测量中起什么作用？

8. 简述水准测量一个测站的操作步骤。

9. 水准测量的检核方法有哪些？如何进行检核？

10. 水准仪应满足的几何条件有哪些？其中哪个是主要条件？

11. 设 A 点为后视点，B 点为前视点，A 点高程为 56.215 m。当后视读数为 1.158 m，前视读数为 1.762 m 时，A、B 两点的高差是多少？并绘图说明。

12. 已知 BM_1、BM_2 点高程分别为 138.952 m 和 142.110 m，将图 2-36 中水准测量观测数据，填入水准测量手簿（表 2-4），进行计算，求出各点的高程，并做计算校核。

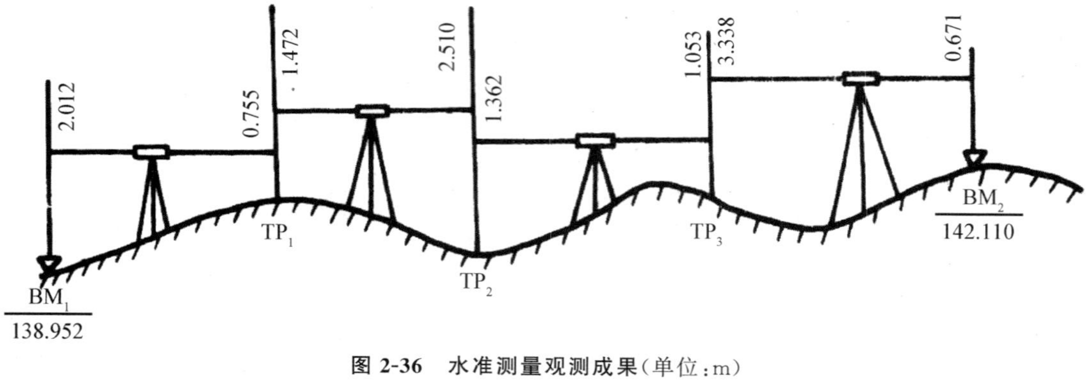

图 2-36　水准测量观测成果（单位：m）

表 2-4　水准测量记录手簿表

点号	水准尺读数/m		高差 h/m		高程 H/m	备注
	后视(a)	前视(b)	实测高差	改正后高差		
BM_1	2.012				138.952	已知高程
TP_1	1.472	0.755				
TP_2	1.362	2.510				
TP_3	3.338	1.053				
BM_2		0.671			142.110	已知高程
$\sum$	8.184	4.989				
校核：						

13. 图 2-37 为一附合水准路线观测成果，在水准点 BM_A 和 BM_B 之间进行水准测量，所测得的各测段的高差和水准路线长如图 2-37 所示。已知 $BM_A=5.612$ m，$BM_B=5.400$ m 试将有关数据填在水准测量高差调整表中(可参照表 2-4)，最后计算水准点 1 和 2 的高程。

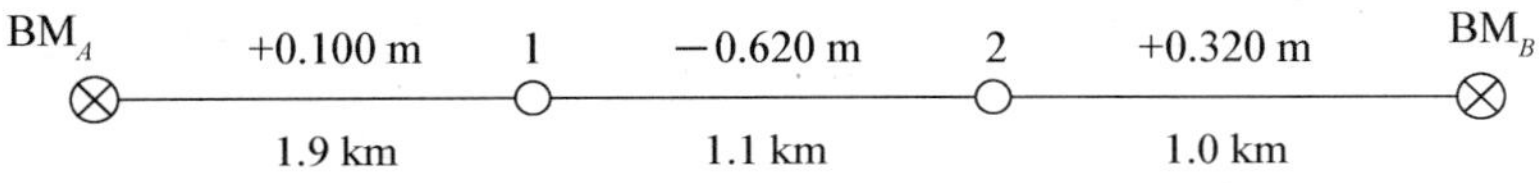

图 2-37　附合水准测量观测成果

14. 图 2-38 为一闭合水准路线观测成果，已知 $H_A=45.215$ m，求各点高程。

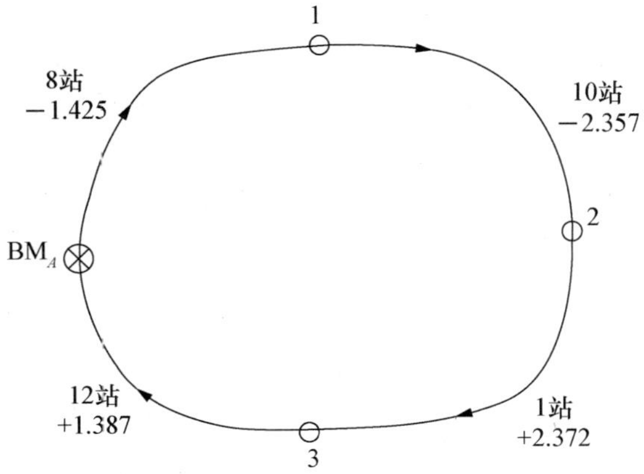

图 2-38　闭合水准测量观测成果(单位：m)

15. 已知一支水准路线的起始点为水准点 A，$H_A=423.658$ m，由 A 点的往测高差为 -3.256 m，返测高差为 $+3.278$ m，支线单程长度为 1.7 km，求终点 B 的高程。

16. 设 A、B 两点相距 80 m，水准仪安置在中点 C，用变仪高法测得 $h_{AB}=+0.347$ m，仪器搬至 B 点附近处，得到 $b_2=1.456$ m，A 尺读数 $a_2=1.752$ m。求仪器的 i 角。

Chapter 第三章

角度测量

角度是测量的 3 个基本观测量之一，分为水平角和竖直角。测水平角是为了确定地面点的平面位置，测竖直角是为了确定点的高程或将倾斜距离换算为水平距离。常用的测角仪器是经纬仪。本章主要介绍水平角和竖直角测量原理，光学经纬仪的构造、使用和检校，角度测量中产生误差的原因及消减措施等内容。

第一节 角度测量原理

一、水平角测量原理

水平角指的是地面上一点到两目标的方向线投影到同一水平面形成的二面角，或地面上一点到两目标方向线的夹角在水平面上的投影。水平角一般用 β 表示。

如图 3-1 所示，A、O、B 为地面上任意 3 点。O 点为测站点，A、B 为两目标点。OA、OB 方向线在水平面上的投影 O_1A_1、O_1B_1 的夹角，即为 OA、OB 两目标方向线间的水平角。由此可知水平角 β 就是过 OA、OB 两方向所作铅垂面形成的二面角。该二面角可以在两铅垂面交线任意高度的水平面上进行量度，且角度值均等于水平角 β。

为了测定水平角度值，可在过角顶点铅垂线上任意位置水平地安置一个顺时针注记的刻画盘，并使其圆心位于过角顶点的铅垂线上。设两铅垂面在刻度盘上截出的读数分别为 a 和 b，则

$$\text{水平角}(\beta)=\text{终点目标读数}(b)-\text{起始目标读数}(a)$$

即

$$\beta=b-a \tag{3-1}$$

水平角没有负值，其值域为 $0\sim360°$，因此，若 $b<a$，则应在 b 上加 $360°$。

由以上原理可得，测量水平角的仪器必须有：刻度盘和读数设备；能将刻度盘中心安置在过测站点铅垂线上且使刻度盘水平的设备；能水平方向转动和竖直方向转动的照准设备。

二、竖直角测量原理

竖直角是指在同一竖直平面内视线与水平线的夹角，竖直角一般用 α 表示。视线在水平线上方的称为仰角，角度值为正；视线在水平线下方的称为俯角，角度值为负。竖直角仰

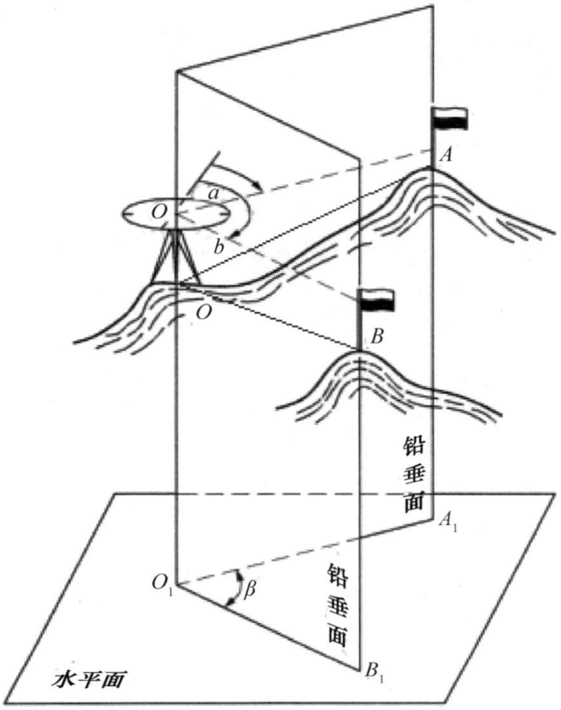

图 3-1　水平角测量原理

角为 0°～+90°，俯角为 0°～-90°。

图 3-2 所示，为了测量竖直角，可在铅垂面内安置一个刻度盘，竖直角也是两个方向在刻度盘的读数之差。与水平角不同的是，其中有一个方向一定为水平方向。在设计制造仪器时，将刻度盘的位置设置为对应水平方向的读数是 0°或 90°的倍数，称为始读数，这样，测量竖直角时，只要瞄准目标，读出对应的度盘读数，则读数与始读数的差值，即为竖直角。

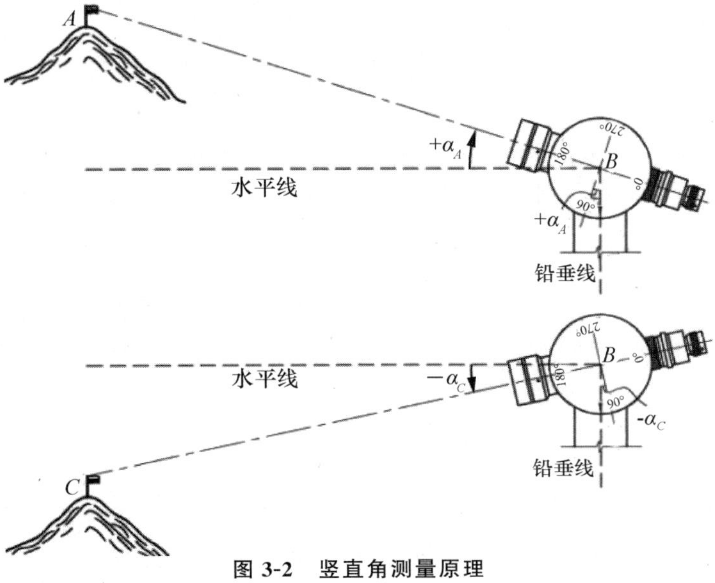

图 3-2　竖直角测量原理

第二节　经纬仪的构造与使用

一、经纬仪概述

经纬仪是测量角度的仪器。经纬仪按其读数系统可分为光学经纬仪和电子经纬仪。经纬仪按其精度指标编制了系列标准。国产光学经纬仪的系列分为 DJ_{07}、DJ_1、DJ_2、DJ_6 等型号，其中“D”“J”分别为“大地测量”和“经纬仪”的汉语拼音首字母，07、1、2、6 等下标数字，表示仪器所能达到的精度指标，如 DJ_6 表示一测回(盘左半测回和盘右半测回)方向值的中误差不超过 $\pm 6''$ 的光学经纬仪。电子经纬仪的精度也有高低之分，有 $0.5''$级、$1''$级、$2''$级、$5''$级等。

二、DJ_6 型光学经纬仪的构造

不同品牌和型号的仪器，其外观各部件的形状不完全一样，但其基本构造大致相同，主要由照准部、水平度盘、基座三部分组成。图 3-3 是 DJ_6 型光学经纬仪的外形及各部件名称。

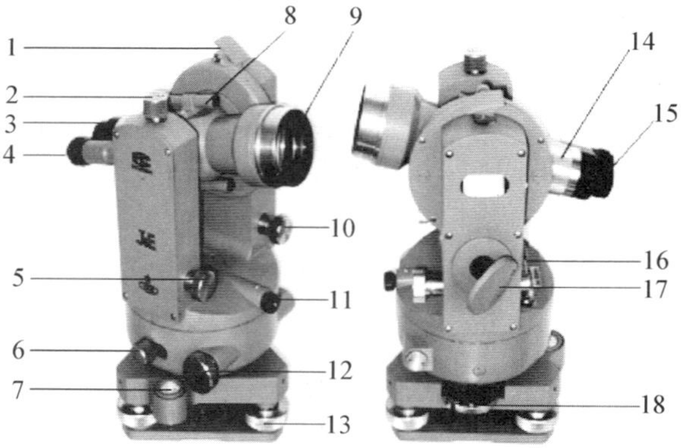

1. 竖盘指标水准器反光镜　2. 望远镜制动螺旋　3. 目镜　4. 读数显微镜　5. 望远镜微动螺旋
6. 水平制动螺旋　7. 圆水准器　8. 瞄准器　9. 物镜　10. 竖盘指标水准器微动螺旋
11. 光学对中器　12. 水平微动螺旋　13. 脚螺旋　14. 物镜对光螺旋
15. 目镜对光螺旋　16. 照准部水准管　17. 反光镜　18. 度盘变换手轮

图 3-3　DJ_6 型光学经纬仪的外形及各部件名称

1. 照准部　绕竖轴水平旋转部分称为照准部。照准部由望远镜、读数显微镜、竖盘装置、水准器、竖轴等组成。

望远镜是用于精确瞄准目标的设备，它与横轴垂直固连在一起，安置在支架上，可绕横轴在竖直面内作俯仰转动。为控制望远镜的俯仰，在一侧的支架上装有望远镜的制动螺旋和微动螺旋。

数字资源 3-1
DJ_6 型光学经纬仪的外形　彩图

竖盘装置是用来测定竖直角的，它包括竖盘、竖盘指标水准器和竖盘指

标水准器微动螺旋。竖盘固连在横轴的一端，与望远镜同步转动，竖盘指标水准器和竖盘指标水准器微动螺旋安装在该侧的支架上。

读数显微镜是用于读取水平度盘和竖直度盘的读数设备，安装在望远镜旁，在支架的一侧有进光孔和反光镜，用于照亮读数窗。

水准器是判断仪器是否安置水平的部件，仪器照准部上的水准器一般是管状水准器。

竖轴又称为仪器旋转轴，装在支架的下部。竖轴插入竖轴轴套内，可使照准部绕竖轴作水平方向转动。

2. 水平度盘　水平度盘由度盘和度盘变换手轮或复测装置组成。

度盘是用光学玻璃制成的圆环，其上刻有格值为1°或30′的刻线，从0°～360°，按顺时针方向注记度数，用来测量水平角。

水平度盘一般是不转动的，使用水平度盘位置变换手轮，可以将水平度盘读数配置到所需位置。

为避免无意中碰动此手轮，设有护盖或保险装置。有的仪器是采用复测装置来解决度盘位置配置问题的。如图3-4所示，复测盘和水平度盘一同固定在度盘轴套上，当复测器扳手扳下时，照准部带动水平度盘一起转动，这时水平度盘读数不变；当复测器扳手扳上时，水平度盘与照准部分离，照准部转动时，水平度盘不动。

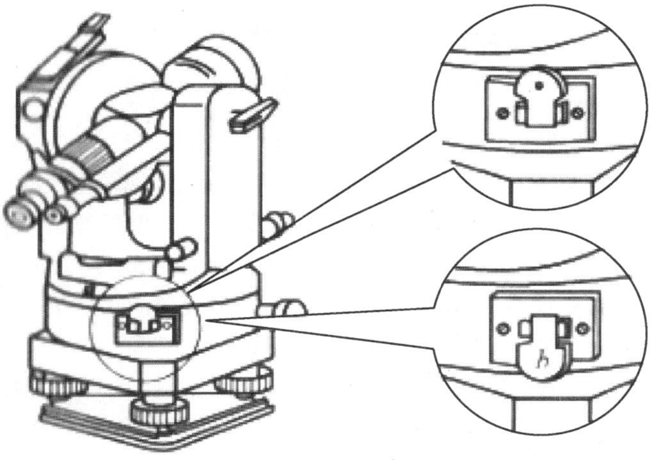

图3-4　水平度盘复测器装置

3. 基座　基座是支撑仪器的底座，利用轴座锁紧螺旋将仪器固定在基座上。转动脚螺旋可使照准部上的水准器气泡居中，从而使水平度盘水平、仪器竖轴铅直。有的仪器除了在照准部上有水准管外，在基座上也装有圆水准器，这样可先利用圆水准器使仪器粗平，再利用水准管进一步整平。将三脚架上的连接螺旋旋入仪器的连接板中，可将仪器稳固地安置在三脚架上。

三、DJ_6型光学经纬仪的读数

光学经纬仪读数设备主要包括度盘和指标。为了提高读数精度，在光学经纬仪的读数设备中都设置了显微镜、测微器装置。如图3-5所示，显微镜装置是由仪器支架上的反光镜

和内部一系列棱镜与透镜组成的显微物镜组成，能将度盘刻画照亮、转向、放大、成像在读数窗上，通过显微目镜读取读数窗上的读数，测微器装置是在读数窗上测定小于度盘格值的读数装置。

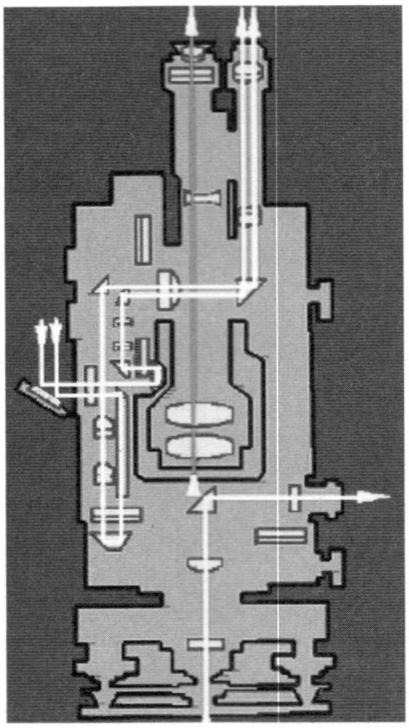

图 3-5　DJ_6 型光学经纬仪光路示意图

根据测微器装置的不同，DJ_6 型光学经纬仪的读数设备和读数方法分为以下两种。

1. 分微尺测微器装置及其读数方法　分微尺测微装置，是在读数窗里安装一块带有刻画的分微尺，其总长恰好等于放大后度盘格值的宽度。当度盘影像呈现在读数窗时，分微尺细分度盘相邻刻线的格值，如图 3-6 在读数窗显微镜内看到的度盘和分微尺的影像。注有“H”(或“水平”)的为水平度盘读数窗，注有“V”(或“竖直”)的为竖直度盘读数窗，度盘格值为 1°，分微尺刻画注记为整 10′。分微尺等分为 60 小格，每小格格值为 1′，可估读到 0.1′(即 6″)。读数时，以分微尺上的零刻画线为指标，“度”数由夹在分微尺上的度盘刻画线注记读出，“分”和“秒”即分微尺上零刻画线至度盘刻画线间的值，由度盘刻画线在分微尺上读出，二者之和即为度盘读数。

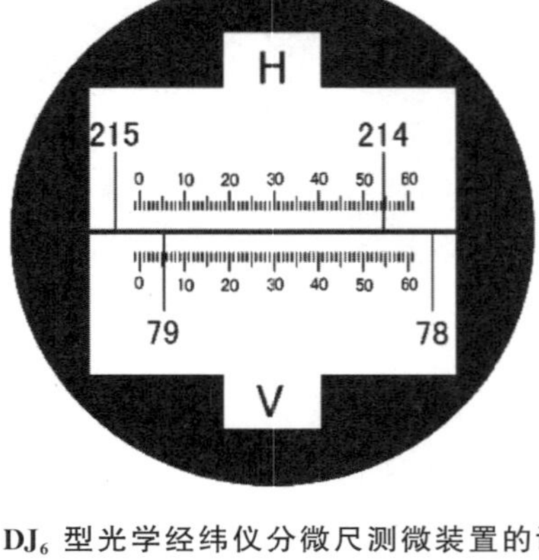

图 3-6　DJ_6 型光学经纬仪分微尺测微装置的读数方法

如图 3-6 所示，在分微尺上读出水平度盘刻画线注记为 214°，该刻画线在测微尺读数为 54.7′，即 54′42″，取二者之和得水平度盘读数为 214°54′42″。同理，可读出竖盘读数为 79°05′30″。由于不足 1′的值估读到 0.1′，所以这种读数装置读数中，估读“秒”只能是 6″的倍数。

2.单玻璃平板测微器装置及其读数方法　单玻璃平板测微器装置，主要由玻璃平板、测微轮、测微分划尺和传动装置组成。测微轮、平板玻璃和测微分划尺由传动装置连接在一起。转动测微轮，可使平板玻璃和测微分划尺同轴旋转。图 3-7 为测微器装置原理图，当测微分划尺读数为零时，平板玻璃的底面水平，光线垂直通过平板玻璃，度盘分划线的影像不改变原来位置，这时在读数窗上的双指标线读数为 92°+α，如图 3-7(a)。当转动测微轮，平板玻璃转动一个角度后，如果度盘刻画线的影像正好平行移动一个 α 值，使 92°刻画线的影像夹在双指标线的中间，这个移动量 α 即可由同轴转动的测微分划尺上读出，为 18′20″，如图 3-7(b)，取二者之和为 92°18′20″。

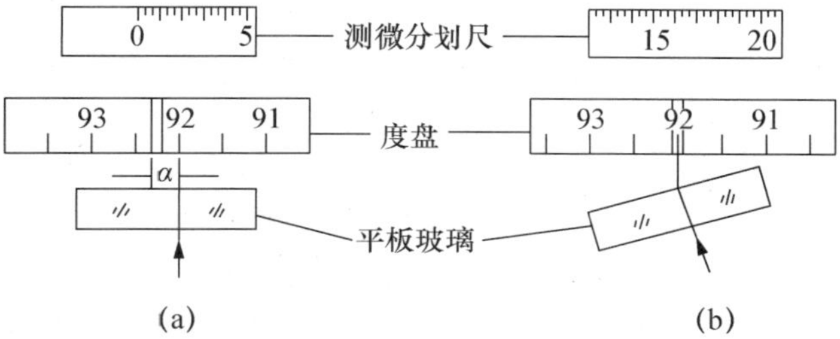

图 3-7　单玻璃平板测微器装置原理图

图 3-8 是从读数显微镜目镜中看到的上、中、下 3 个读数影像，上部是测微分划尺影像，中部是竖直度盘影像，下部是水平度盘影像。度盘刻画线每度有一注记，从 0～360°，每度又分为两格，则度盘格值为 30′。测微分划尺等分 30 大格，每 5 个大格有一注记，从 0～30′；每一大格又分为 3 个小格，每小格为 20″，可估读到 0.1 小格（即 2″）。读数时，应先转动测微轮，使度盘某刻画线精确夹在双指标线的中间，先读取度盘上该刻画线的读数，再由单指标线在测微分划尺上，读取小于度盘格值的“分”“秒”数，取二者之和即为度盘读数。例如在图 3-8(a)中，水平度盘读数为 49°30′+22′40″=49°52′40″；在图 3-8(b)中，竖直度盘读数为 107°+01′46″=107°01′46″，这种读数装置读数时，估读“秒”数只能是 2 的倍数。

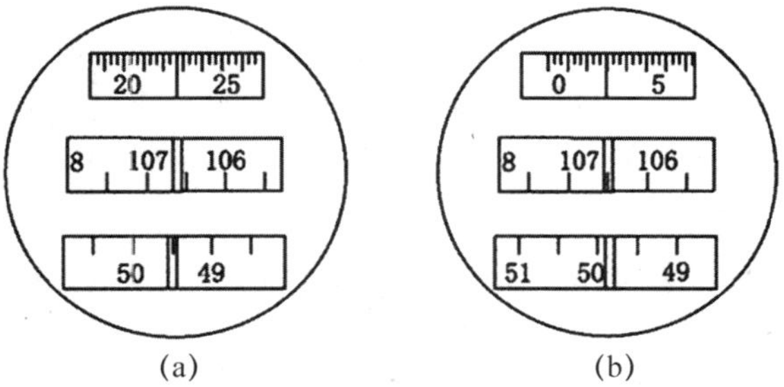

图 3-8　单玻璃平板测微器装置读数方法

四、经纬仪的使用

经纬仪的使用，包括安置仪器、照准目标和读数等操作。

1. 安置仪器　待测角顶点称为测站点，将经纬仪安置在测站点上，包括仪器的对中和整平两项内容。

(1)对中。对中的目的是将仪器的中心安置在测站点标志中心的铅垂线上。对中可借助于垂球，也可以利用光学对中器。

使用垂球对中方法。打开三脚架，置于测站点上，使其高度适中，架头水平(目估)，架头中心大致对准测站点标志。在连接螺旋下方悬挂垂球，使连接螺旋位于架头中心。观察垂球尖是否指向测站点标志，若偏差较大，可移动脚架使垂球尖对准测站点，踩紧脚架。装上仪器，稍紧连接螺旋，在架头上移动仪器基座，直至垂球尖准确地对准测站点标志中心后，拧紧连接螺旋。垂球对中的误差一般应小于 3 mm。

若在有风或对中精度要求较高情况下架设仪器，使用光学对中器进行对中。光学对中器安装在仪器的照准部或基座上。对中器目镜刻画圈中心与其物镜光心的连线为光学对中器的视准轴。当照准部水平时，对中器的视准轴经棱镜转向 90°后的光学垂线与仪器竖轴中心重合。因此，用光学对中器进行对中时，应与仪器整平交替进行。具体操作方法是，将三脚架安置于测站点上，目估水平、对中，装上仪器。调节对中器的目镜，使分划圈清晰，再进行物镜调焦(有的仪器是将对中器拉出或推进，也有仪器是旋转对中器)，使其能看清地面。此时，如果刻画圈中心与测站点标志偏差较大，可平移三脚架，若偏差不多，可在架头上移动基座或通过调脚螺旋使其准确对中。伸缩脚架腿，使圆水准器的气泡居中。在对中器中检查对中情况，若还有少量偏差，在架头上平移基座，再利用脚螺旋整平仪器，再检查对中情况。

(2)整平。整平目的是使仪器的水平度盘置于水平、竖轴处于铅直位置。整平借助于圆水准器和水准管。关于圆水准器的气泡居中方法，前一章已经介绍，下面介绍利用水准管进行整平的方法。转动照准部，使照准部水准管平行于任意两脚螺旋的连线，如图 3-9(a)所示，两手以相对方向旋转这两个脚螺旋，使水准管气泡居中。注意：气泡移动的方向与左手大拇指运动方向一致。转动照准部，使水准管垂直于上述两脚螺旋的连线，如图 3-9(b)所示，旋转第三个脚螺旋，使气泡居中。如此反复进行，直至在任何位置气泡都居中为止。整平完成后，水准管在任何位置，气泡偏离零点均不应超过一格。

2. 照准目标　将望远镜对向明亮处，调目镜对光螺旋使十字丝清晰。照准目标时，先利用望远镜上的准星或照准器寻找目标，旋紧水平制动螺旋和望远镜制动螺旋，调物镜对光螺旋使目标像清晰并消除视差，再利用水平微动螺旋和望远镜微动螺旋精确照准目标。注意：测量水平角，精确照准目标是指利用十字丝纵丝的双丝夹准目标或单丝平分目标，如图 3-10(a)所示；测量竖直角，精确照准目标是指利用十字丝横丝切准目标的特定位置(如目标顶部)，如图 3-10(b)所示。

3. 读数　打开反光镜并调节反光镜的位置，使读数窗中亮度适中。调节读数显微镜目镜，使度盘和测微尺刻画影像清晰，按测微装置类型和前述读数方法读取经纬仪度盘的读数。

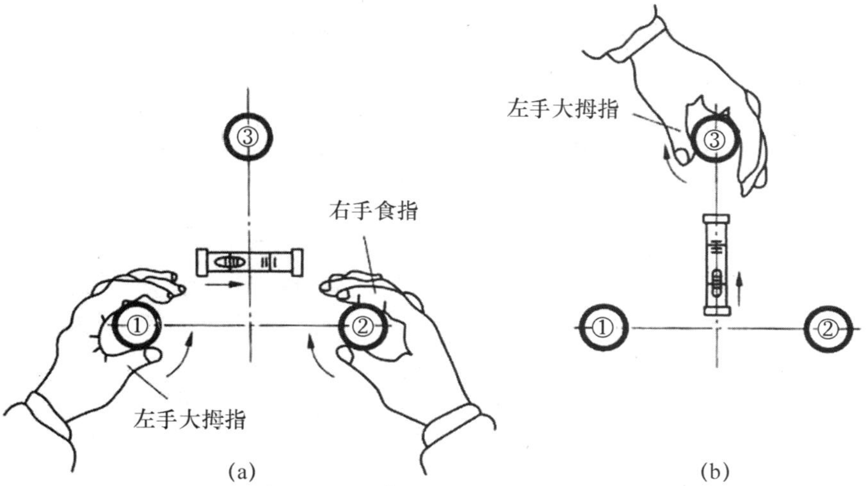

(a) (b)

图 3-9 经纬仪整平方法示意图

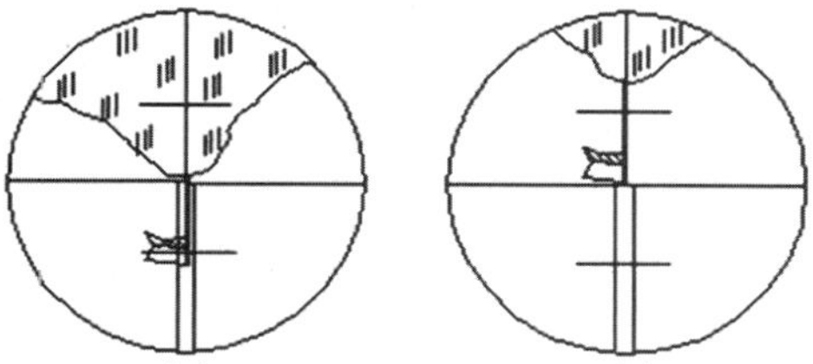

(a) (b)

图 3-10 目镜成像示意图

第三节 水平角测量

水平角观测应根据观测目标的多少而采用不同的方法，两个方向一般采用测回法，3 个或 3 个以上方向一般采用方向观测法（又称全圆测回法）。在观测中，会采用盘左和盘右两个位置进行观测，即一测回由盘左半测回和盘右半测回组成。所谓盘左即观测者面对望远镜的目镜时，竖盘在望远镜的左边，也称正镜；盘右即观测者面对望远镜的目镜时，竖盘在望远镜的右边，也称倒镜。下面分别介绍测回法和全圆测回法观测水平角的方法。

一、测回法测量水平角

如图 3-11 所示，在测站点 O 安置经纬仪，对中、整平。测量 OA、OB 两方向间的水平角 β，步骤如下：

1. 盘左观测　瞄准 A 点目标，配置水平度盘读数为略大于 0°，读取具体读数，读数为 30°28′48″，记入表 3-1。顺时针转动照准部，瞄准 B 点目标，读取水平度盘读数为 88°23′36″，记入表 3-1。计算上半测回角值＝B 目标读数－A 目标读数，即

$$88°23'36''-30°28'48''=57°54'48''$$

图 3-11　测回法测量水平角

2. 盘右观测　先瞄准点 B 目标，读取水平度盘读数为 268°23′12″，记入表 3-1。逆时针转动照准部，瞄准 A 点目标，读取水平度盘读数为 210°28′36″，记入表 3-1。计算下半测回角值＝B 目标读数－A 目标读数，即

$$268°23'12''-210°28'36''=57°54'36''$$

表 3-1　水平角观测手簿(测回法)

测站	目标	竖盘位置	水平度盘读数 /(°　′　″)	半测回角值 /(°　′　″)	一测回角值 /(°　′　″)	平均值 /(°　′　″)	备注
(1)	(2)	(3)	(4)	(5)	(6)	(7)	(8)
O	A	左	30　28　48	57　54　48	57　54　42		
	B		88　23　36				
	A	右	210　28　36	57　54　36			
	B		268　23　12				

3. 检查两个半测回角值之差是否超限，DJ_6 型经纬仪为 36″，差值符合要求，取平均得一测回角值，即

$$(57°54'48''+57°54'36'')/2=57°54'42''$$

为了提高测角精度，消减度盘刻画和度盘偏心误差的影响，往往要观测几个测回，各测回间根据测回数 n，按逐测回累加 $180°/n$ 的规则，变换水平度盘的位置。例如，观测 2 个测回(即 $n=2$)，则两测回盘左瞄准起始目标，配置水平度盘位置分别为 0°和 90°。又如，观测 3 个测回(即 $n=3$)，则各测回盘左瞄准起始目标，配置水平度盘位置分别为 0°、60°、120°。若符合要求，取各测回平均角值。

二、方向观测法测量水平角

如图 3-12 所示，O 点为测站点，A、B、C、D 为 4 个目标点，在测站点安置经纬仪。

1. 盘左观测　瞄准起始方向目标 A，配置水平度盘读数为略大于 0°，读取具体读数为 00°01′18″，记入表 3-2，然后顺时针转动照准部，依次瞄准其他目标 B、C、D，读取水平度盘读数，分别为 76°43′24″、151°36′03″、223°15′37″，记入表 3-2，最后仍然瞄准起始方向目标(归零观测)，读取水平度盘读数为 0°01′12″，记入表 3-2，检查半测回归零差是否超限，DJ_6

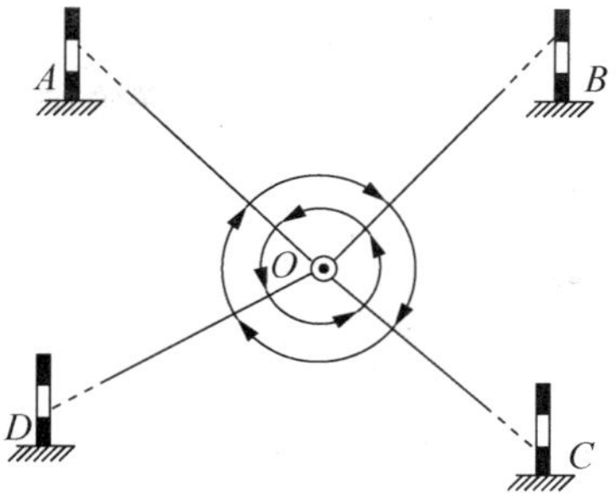

图 3-12　方向观测法测量水平角

型经纬仪限差为 18″。

2. 盘右观测　瞄准起始方向目标，读取水平度盘读数为 180°01′06″，记入表 3-2，逆时针转动照准部，依次瞄准目标 D、C、B，读取水平度盘读数，分别为 43°15′26″、331°36′0C″、256°43′15″，记入表 3-2，最后再瞄准起始方向目标（归零观测），读取水平度盘读数为 180°01′02″，记入表 3-2，检查半测回归零差是否超限。

表 3-2　水平角观测手簿（全圆测回法）

测站	测回数	目标	水平度盘读数 盘左(L) /(°　′　″)	盘右(R) /(°　′　″)	$2C=L-R\pm180°$/(″)	$(L+R\pm180°)/2$ /(°　′　″)	归零后方向值 /(°　′　″)	各测回归零平均方向值 /(°　′　″)	水平角 /(°　′　″)
O	1					(01 10)			
		A	00 01 18	180 01 06	+12	00 01 12	00 00 00	00 00 00	
		B	76 43 24	256 43 15	+09	76 43 20	76 42 10	76 42 07	76 42 07
		C	151 36 03	331 36 00	+03	151 36 02	151 34 10	151 34 48	74 52 41
		D	223 15 37	43 15 26	+11	223 15 32	223 14 22	223 14 21	71 39 33
		A	00 01 12	180 01 02	+10	00 01 07			
	2					(02 26)			
		A	90 02 30	270 02 26	+04	90 02 28	00 00 00		
		B	166 44 31	346 44 28	+03	166 44 30	76 42 04		
		C	241 37 10	61 37 08	+02	241 37 09	151 34 43		
		D	313 16 49	133 16 42	+07	313 16 46	223 14 20		
		A	90 02 26	270 02 24	+02	90 02 25			

3. 计算

(1)同一方向两倍视准差 $2C$＝盘左读数 L－（盘右读数 $R\pm180°$）

(2)各方向的平均读数＝[盘左读数 L＋（盘右读数 $R\pm180°$）]/ 2

(3)起始方向两个平均读数再平均，即(0°01′12″＋0°01′07″)/ 2＝0°01′10″

(4)各方向归零后的方向值＝各方向平均读数－起始方向平均读数(0°01′10″)

第二测回观测。方法同第一测回，但瞄准起始目标时，配置水平度盘读数为约等于 9C°。

检查各测回同一方向归零后的方向值之差是否超限（对 DJ_6 型经纬仪，限差为 24″），差值符合要求，取平均得各测回的平均方向值。

水平角观测技术要求如表 3-3 所示。

表 3-3　水平角观测技术要求

项目	DJ_2 型	DJ_6 型
半测回归零差	12″	24″
一测回中 $2C$ 值互差	18″	
各测回同一归零方向值互差	12″	24″

第四节　竖直角测量

一、经纬仪的竖盘系统

经纬仪的竖盘装置包括竖直度盘、竖盘指标、竖盘指标水准器和竖盘指标水准器微动螺旋，如图 3-13 所示。竖直度盘垂直安装在望远镜横轴的一端，随望远镜一起在垂直面内转动。由于竖盘与望远镜是固连在一起转动，要使不同倾斜的视线对应不同的竖盘读数，则读数的指标线必须是固定的，这个指标线即图 3-13 所示的光具组的光轴。光具组与竖盘指标水准器固连在一个支架上，当调节竖盘指标水准器微动螺旋使水准器气泡居中时，指标线即处于铅垂位置。也有仪器没有竖盘指标水准器，而是安装了自动补偿装置，当仪器有少量倾斜时，会自动调整光路，其原理与自动安平水准仪相似。

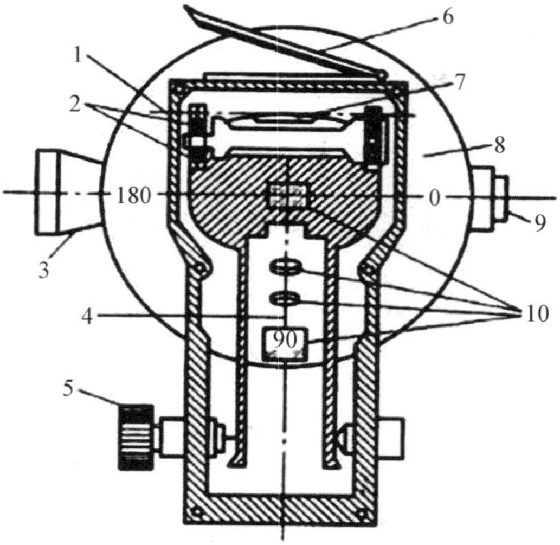

1. 竖盘指标水准器轴　2. 竖盘指标水准器校正螺丝　3. 望远镜　4. 光具组光轴
5. 竖盘指标水准器微动螺旋　6. 竖盘指标水准器反光镜　7. 竖盘指标水准器
8. 竖盘　9. 目镜　10. 光具组透镜棱镜

图 3-13　经纬仪竖盘系统

二、竖直角计算公式

由竖直角测量原理可知，竖直角是倾斜视线与水平方向线的竖盘读数之差。水平方向线的读数为一个固定值，称为始读数，盘左记为 $L_{始}$，盘右记为 $R_{始}$。用 $L_{读}$、$R_{读}$ 分别表示盘左、盘右时照准目标的竖盘读数。

首先要识别竖盘的注记形式。将经纬仪望远镜缓慢上倾，从读数显微镜中观察竖盘读数的变化，若发现盘左位置读数逐渐减小，盘右位置读数逐渐增大，则竖盘为顺时针注记，如图 3-14(a)所示；反之，若发现盘左位置读数逐渐增大，盘右位置读数逐渐减小，则竖盘为逆时针注记，如图 3-14(b)所示。

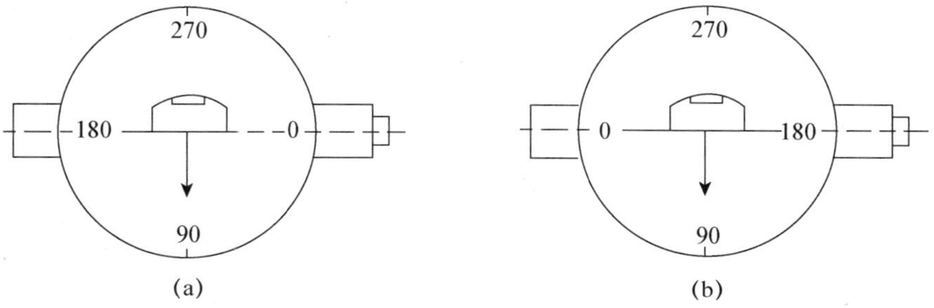

图 3-14 经纬仪竖盘注记形式

对于竖盘是顺时针注记的情况，如图 3-15，盘左位置，当望远镜仰起，读数比始读数小，当望远镜俯下，读数比始读数大，因为仰角为正，俯角为负，所以竖直角的计算公式为：

$$\alpha_{左}=L_{始}-L_{读} \tag{3-2}$$

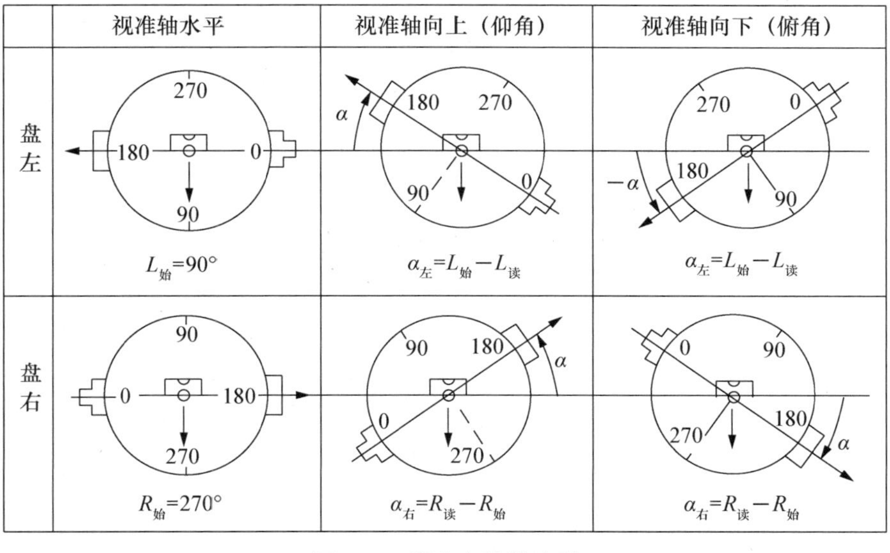

图 3-15 竖直角计算法则

盘右位置，当望远镜仰起，读数比始读数大，当望远镜俯下，读数比始读数小。同样因为仰角为正，俯角为负，所以竖直角的计算公式为

$$\alpha_{右}=R_{读}-R_{始} \tag{3-3}$$

对于竖盘是逆时针注记的情况，按上述方法可得竖直角的计算公式为

$$\alpha_{左}=L_{读}-L_{始} \tag{3-4}$$

$$\alpha_{右}=R_{始}-R_{读} \tag{3-5}$$

观测时，取盘左、盘右的平均值作为竖直角的结果，即

$$\alpha=\frac{1}{2}(\alpha_{左}+\alpha_{右}) \tag{3-6}$$

三、竖盘指标差

经纬仪竖盘系统，理想情况是竖盘指标水准器气泡居中，竖盘指标应处于铅直位置，此时，若视线水平，竖盘读数恰为始读数。实际上，由于仪器制造安装及使用和运输等原因，当竖盘指标水准器气泡居中，竖盘指标可能偏离正确位置，这个偏离值称为竖盘指标差，用 x 表示，如图 3-16 所示。指标差 x 有正、负之分，若指标偏离正确位置的方向与竖盘注记方向一致，指标差 x 为正；反之，指标差 x 为负。

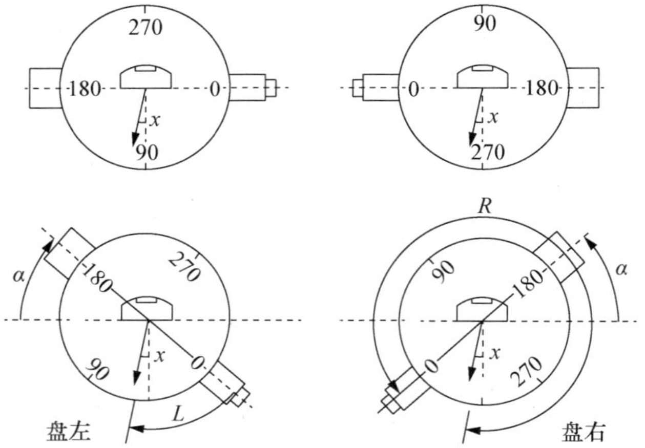

图 3-16　竖盘指标差

由图 3-16 可见，由于存在竖盘指标差 x，倾斜视线的盘左、盘右读数应分别为 $(L-x)$ 和 $(R-x)$，根据式(3-2)和式(3-3)，正确的竖直角

$$\alpha=90°-(L-x)=(90°-L)+x=\alpha_{左}+x \tag{3-7}$$

$$\alpha=(R-x)-270°=(R-270°)-x=\alpha_{右}-x \tag{3-8}$$

由式(3-7)和式(3-8)可得

$$\alpha=\frac{1}{2}(\alpha_{左}+\alpha_{右}) \tag{3-9}$$

$$x=\frac{1}{2}(L+R-360°)=\frac{1}{2}(\alpha_{右}-\alpha_{左}) \tag{3-10}$$

由式(3-9)可见,盘左、盘右观测竖直角取平均值后,可以消除指标差的影响。

同一台仪器,指标差是固定的,因此利用指标差可以对观测质量进行检核,同一测站观测不同目标或同一目标的不同测回,指标差的互差变动范围对 DJ_6 型经纬仪应不超过 25″。

四、竖直角的观测

设 O 为测站点,A、B 分别为仰角和俯角的目标,观测、记录、计算竖直角的步骤如下:

1. 在测站点安置经纬仪,进行对中、整平。若使用的经纬仪具有竖盘指标自动补偿装置,仪器整平后将自动补偿器打开,即把自动补偿器开关旋钮由 off 旋到 on 位置,并轻轻转动望远镜。

2. 俯仰望远镜,观察读数窗内竖盘读数的变化规律,写出竖直角的计算公式,同时写出竖盘指标差的计算公式。

3. 仰角观测

(1)盘左观测。瞄准 A 目标,用十字丝横丝切于目标的确定部位,转动竖盘指标水准器微动螺旋,使竖盘指标水准器气泡居中,读取竖盘读数为 88°25′18″,记入表格(表 3-4),根据盘左竖直角计算公式计算上半测回角值,即

$$\alpha_{左}=90°00'00''-88°25'18''=+1°34'42''$$

表 3-4 竖直角测量记录表格

测站	目标	竖盘位置	竖盘读数 /(° ′ ″)	半测回角值 /(° ′ ″)	指标差 /(″)	一测回角值 /(° ′ ″)	备注
O	A	左	88 25 18	+1 34 42	−21	+1 34 21	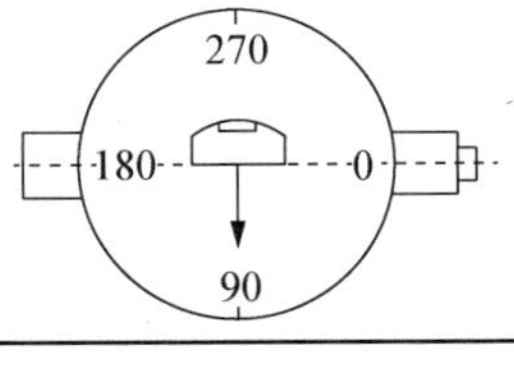
		右	271 34 00	+1 34 00			
	B	左	92 03 12	−2 03 12	−12	−2 03 24	
		右	267 56 24	−2 03 36			

(2)盘右观测。瞄准目标,转动竖盘指标水准器微动螺旋,使竖盘指标水准器气泡居中,读取竖盘读数为 271°34′00″,记入表格,根据盘右竖直角计算公式计算下半测回角值,即

$$\alpha_{右}=271°34'00''-270°00'00''=+1°34'00''$$

(3)利用指标差计算公式计算竖盘指标差,即

$$x=\frac{1}{2}(88°25'18''+271°34'00''-360°)=\frac{1}{2}(1°34'00''-1°34'42'')=-21''$$

(4)计算一测回角值，即

$$\alpha=\frac{1}{2}(1°34'42''+1°34'00'')=+1°34'21''$$

4. 俯角观测。方法同仰角观测，观测目标为 B 目标。

5. 利用指标差对观测质量进行检核，指标差之互差为 9″，小于 25″。

第五节　光学经纬仪的检验与校正

一、经纬仪的主要轴系及其应满足的条件

如图 3-17 所示，经纬仪的主要轴系有：仪器旋转轴（又称竖轴）VV、望远镜旋转轴（又称横轴）HH、望远镜视准轴 CC、照准部水准管轴 LL。

由角度测量原理得知，要准确地观测水平角和竖直角，经纬仪的水平度盘必须水平，竖直度盘必须竖直，望远镜上、下转动视准轴应形成一个铅垂面。所以，经纬仪的轴系之间应满足以下的几何关系。

(1)照准部水准管轴应垂直于竖轴($LL\perp VV$)。

(2)视准轴应垂直于横轴($CC\perp HH$)。

(3)横轴应垂直于竖轴($HH\perp VV$)。

除了应满足以上主要条件外，还应满足十字丝竖丝垂直于横轴、竖盘指标应处于正确位置、光学对中器视准轴与仪器竖轴重合等要求。

按道理，经纬仪在设计制造时，应能够满足以上的条件或要求，但仪器的使用和运输难免会使仪器内外的有关部件位置产生变化，所以在测量作业前，应对仪器进行检验和校正。

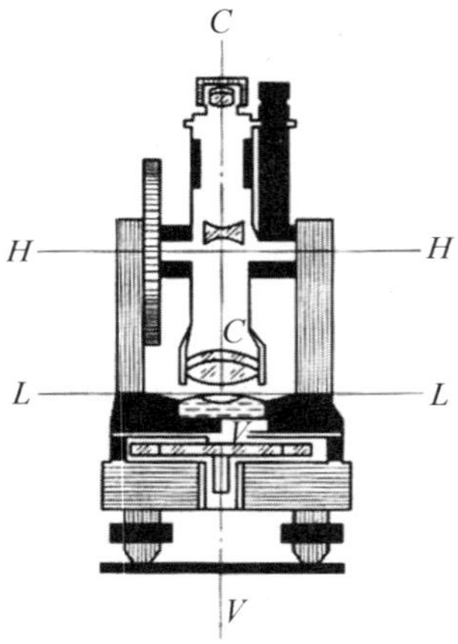

图 3-17　经纬仪主要轴系关系

二、各项几何关系的检验与校正

1. 照准部水准管轴垂直于竖轴($LL\perp VV$)的检验与校正　$LL\perp VV$，则仪器整平后，竖轴铅直，水平度盘处于水平状态。

(1)检验。将仪器大致整平，转动照准部，使水准管平行于一对脚螺旋连线方向，调整这两个脚螺旋，使水准管气泡居中。然后将照准部旋转 180°后，若气泡仍居中，说明照准部水准管轴垂直于仪器竖轴，否则需要校正。

(2)校正。转动与水准管平行的两个脚螺旋，使气泡返回偏移量的一半，然后拨动水准管的校正螺钉，使气泡完全居中。如此反复检校，直至照准部水准管在任何方向气泡都居中

为止。

上述检校的原理，如图 3-18(a)所示，水准管气泡居中时，水准管轴处于水平位置，由于水准管轴与仪器竖轴不垂直的角差为 α，则竖轴倾斜 α 角。当仪器绕竖轴旋转时，竖轴方向不变，如图 3-18(b)所示，此时，水准管轴与水平线的夹角为 2α，其大小由气泡偏离零点的格数反映出来。转动脚螺旋，使气泡返回偏移量的一半，则竖轴已处于铅直位置，但水准管轴仍倾斜 α 角，如图 3-18(c)所示。拨动水准管的校正螺钉，使气泡完全居中，此时已满足条件 $LL \perp VV$，如图 3-18(d)所示。

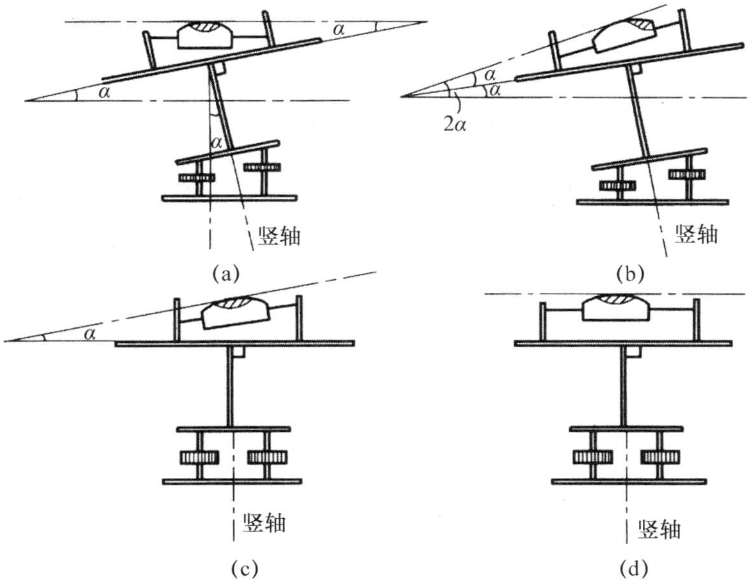

图 3-18　照准部水准管轴的检验与校正

2. 十字丝竖丝垂直于横轴的检验与校正　十字丝竖丝垂直于横轴，则十字丝竖丝在竖直面内铅直，在水平角测量中，便于精确照准目标。

(1)检验。以十字丝交点精确瞄准一明细点，转动望远镜微动螺旋，若明细点始终不离开十字丝竖丝，说明十字丝竖丝垂直于仪器横轴，否则需要校正。

(2)校正。旋下十字丝分划板护罩，用螺丝刀松开十字丝分划板固定螺钉(压环螺钉)，如图 3-19 所示，微微转动十字丝分划板座，再进行检验，至误差不明显为止，最后拧紧固定螺丝并旋上十字丝分划板护罩。

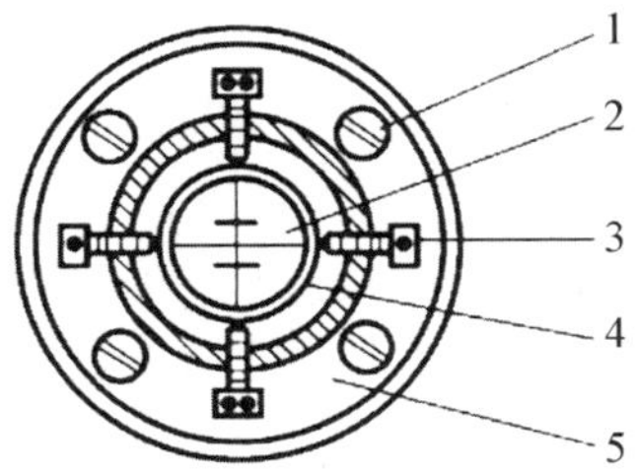

1. 压环螺丝　2. 十字丝分划板
3. 校正螺钉　4. 分划板座
5. 压环

图 3-19　十字丝竖丝的检验与校正

3. 视准轴垂直于横轴($CC \perp HH$)的检验与校正　视准轴不垂直于横轴所偏离的角度 C，称为视准差。若仪器存在视准差，望远镜绕横轴旋转时，其视准面不是平面，而是一个锥面，用这样的仪器观测同一锥面内不同高度的目标时，水平度盘上读数不相同，从而产生测角误差。

(1)检验。

方法一：盘左瞄准远处与仪器大致同高的目标点 M，

读取水平度盘读数 m_1，盘右再瞄准 M 点，读取水平度盘读数 m_2，若 $m_1 = m_2 \pm 180°$，则 $CC \perp HH$，否则说明条件不满足，即存在视准差 C，其值为 $C = \frac{1}{2}(m_1 - m_2 \pm 180°)$，需要校正。

方法二：在平坦场地，选定相距约 60 m 的 A、B 两点，在 A、B 两点之间 O 点安置仪器。在 A 点设置与仪器同高的照准标志，在 B 点与仪器同高处横置一把有毫米分划的尺子。盘左瞄准 A 点标志，固定照准部，纵转望远镜，在 B 点尺上读得读数 m，如图 3-20(a)所示。盘右再瞄准 A 点标志，固定照准部，纵转望远镜，在 B 点尺上读得读数 n，如图 3-20(b)所示。若 m、n 相同，则条件满足，否则需要校正。

(2)校正。

①方法一的校正。先计算盘右时水平度盘的正确读数 $m'_2 = \frac{1}{2}(m_1 + m_2 \pm 180°)$，转动照准部水平微动螺旋，使水平度盘读数变为 m'_2，此时十字丝交点偏移 M 点，旋下十字丝分划板护罩，拨动十字丝环左、右校正螺钉，使十字丝交点对准 M 点。如此反复检校(对于 DJ_6 型经纬仪，视准差 C 应不超过 $1'$)，最后旋上十字丝分划板护罩。

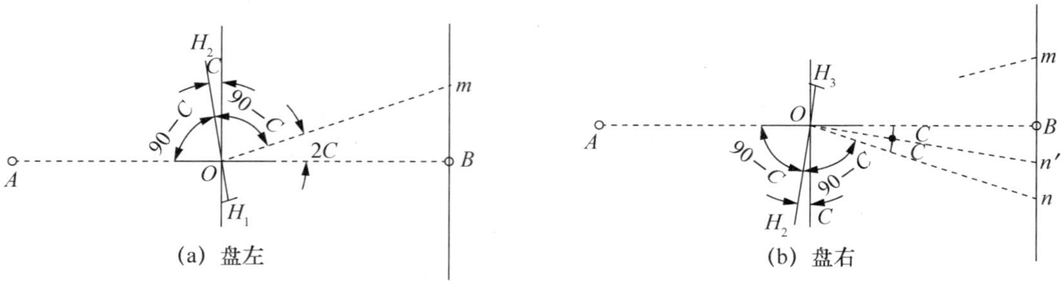

图 3-20　视准轴的检验与校正

②方法二的校正。在 m、n 之间定出 n' 点，使 $nn' = \frac{1}{4}mn$，旋下十字丝分划板护罩，拨动十字丝环左、右校正螺钉，使十字丝交点与 n' 重合，最后旋上十字丝分划板护罩。

4. 横轴垂直于竖轴($HH \perp VV$)的检验与校正　横轴垂直于竖轴，望远镜俯仰旋转时，视准面是铅垂面，否则视准轴旋转的轨迹是一个斜面，此时，用仪器观测同一铅垂面内不同高度的目标时，水平度盘上读数也不相同，从而产生测角误差。

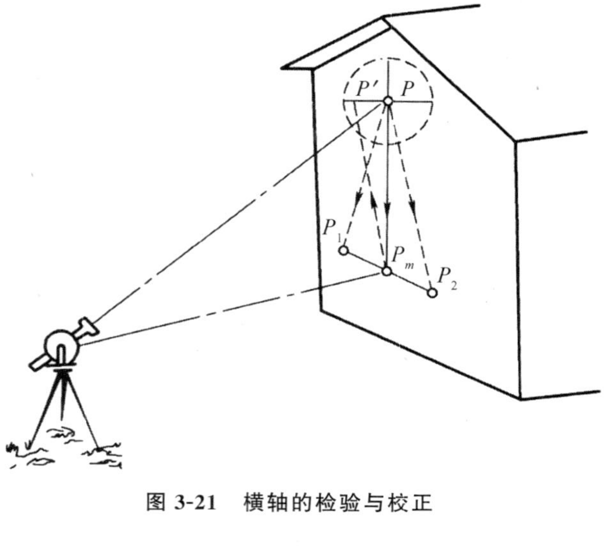

图 3-21　横轴的检验与校正

(1)检验。如图 3-21 所示，在距墙面 10～20 m 处安置仪器并整平，盘左瞄准墙上高处的目标点 P（竖直角大于 30°），将水平制动螺旋制动，下转望远镜使其大致水平，标出十字丝交点位置 P_1，然后利用盘右位置，重复上述操作得交点 P_2，若 P_1、P_2 点重合或位于同一铅垂线上，说明仪器满足横轴垂直于竖轴的条件，否则需要校正。

(2)校正。在 P_1、P_2 中间定出 P_m 点，用十字丝交点瞄准 P_m 点，然后抬高望远镜，十字丝交点在 P'点。启开仪器支架盖板，松开压紧螺丝，旋转水平轴的偏心环，如图 3-22 所示，升高或降低水平轴一端，使十字丝交点与 P 点重合，旋紧压紧螺丝，盖上支架盖板，旋紧固定螺丝。此项校正较为复杂，一般由专业人员进行。

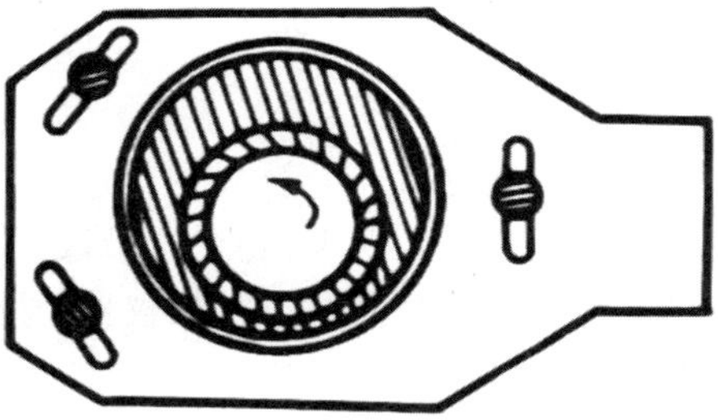

图 3-22　横轴端的偏心环

5. 竖盘指标差的检验与校正

(1)检验。将仪器整平，盘左、盘右瞄准同一高处目标 P 点，读取竖盘读数 L、R（方法同竖直角测量），计算竖盘指标差 $x=\frac{1}{2}(L+R-360°)$，当 $|x|>1'$，需要校正。

(2)校正。计算盘右时竖直度盘的正确读数 $R'=(R-x)$，转动竖盘指标水准器微动螺旋，使竖盘读数变为 R'，此时竖盘指标水准器气泡不再居中，拨动竖盘指标水准器的校正螺钉，使气泡居中。如此反复检校，直至满足要求为止。

6. 光学对中器的检验与校正

(1)检验。仪器整平后，取一张白纸，在纸上点一个明细点 O，将白纸放在三脚架中央。然后，一人观察光学对中器，一人移动白纸，使纸上的 O 点位于光学对中器分划圈中心。将仪器照准部旋转 180°，若 O 点偏出光学对中器分划圈中心（设偏到 O'处），则需要校正。

(2)校正。先定出 O 与 O'的中心 P 点，然后启开对中器护盖，拨动对中器校正装置，使对中器分划圈中心对准 P 点。此项校正较为复杂，一般由专业人员进行。

第六节　水平角测量误差及消减措施

同水准测量类似，水平角测量误差产生的原因也是来源于仪器误差、人为操作误差和外界环境的影响几个方面。下面分析这些误差，找出消减误差的措施，从而提高观测精度。

一、仪器误差

仪器误差，包括仪器检验校正后的残余误差和仪器零部件加工不完善所引起的误差。

仪器检验校正后的残余误差有视准轴不垂直于横轴、横轴不垂直于竖轴、竖盘指标差等。这些因素对测角的影响，可采用盘左、盘右观测取平均值的方法消减。

仪器零部件加工不完善主要指度盘偏心差和度盘刻画误差。其中度盘偏心差可以采用盘左、盘右观测取平均值的方法消减。消减度盘刻划误差可以采取测回间变换度盘位置的方法。

二、观测误差

观测误差包括对中误差、目标偏心误差、照准误差、读数误差等。

1. 对中误差　所谓对中误差，即在测站上安置仪器，仪器中心不在测站点的铅垂线上的偏差。对中误差对水平角的影响与测站偏心距、边长及观测方向与偏心方向的夹角有关。如图 3-23 所示，O 为测站，O'为仪器中心，偏心距为 e，边长为 S，观测方向与偏心方向的夹角为 θ，观测角值 β'与正确角值 β 间的关系为

$$\beta = \beta' + (\delta_1 + \delta_2) = \beta' + \Delta\beta$$

由于 δ_1、δ_2 很小，可以写成 $\delta_1 = \frac{e}{S_1}\rho'' \cdot \sin\theta$，$\delta_2 = \frac{e}{S_2}\rho'' \cdot \sin(\beta' - \theta)$，式中，$\rho''$为弧度制中 1 弧度所对应的以度分秒制为单位的秒值，1 弧度为 206 265 秒，即 $\rho'' = 206\ 265''$，因此，仪器对中误差对水平角的影响

$$\Delta\beta = \delta_1 + \delta_2 = \rho'' \cdot e\left(\frac{\sin\theta}{S_1} + \frac{\sin(\beta' - \theta)}{S_2}\right) \tag{3-11}$$

由式(3-11)可知，对中误差对角度的影响与偏心距成正比，与观测边长成反比。因此，测角时，对于短边要特别注意对中。

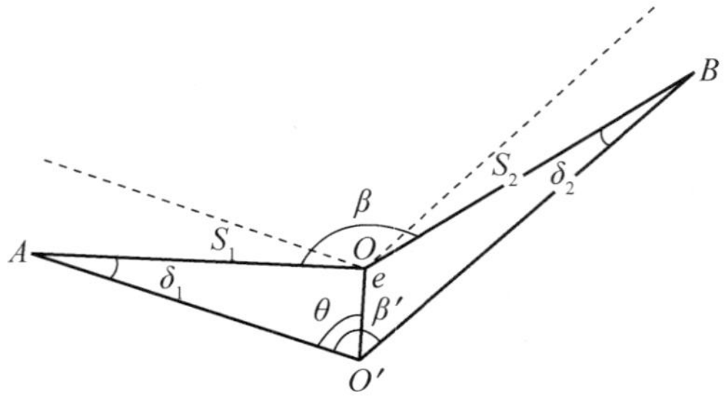

图 3-23　对中误差

2. 目标偏心误差　角度观测，通常是在目标点上竖立标杆作为照准标志，若标杆倾斜而又照准标杆上部，则照准点与角度的目标点不在同一铅垂线上，其差值即目标偏心误差。

如图 3-24 所示，设 A 为测站，B 为目标，照准点 B 至标杆顶部的长为 l，标杆与铅垂线

的夹角为 α，则目标偏心误差 $e'=l\cdot\sin\alpha$，它对观测方向值的影响为

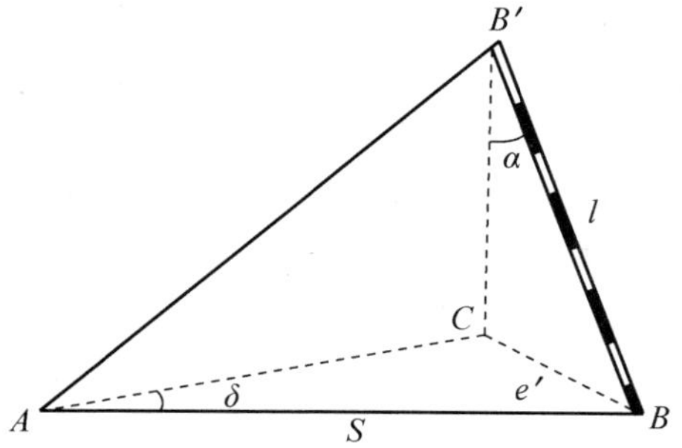

图 3-24　目标倾斜误差

$$\delta=\frac{l\cdot\sin\alpha}{S}\cdot\rho'' \tag{3-12}$$

由式(3-12)可知，目标偏心误差对观测方向值的影响与偏心差成正比，与观测边长成反比。因此，为了减少目标偏心差对测量水平角的影响，除了尽量将标杆立直外，观测时要尽量照准标杆的底部，观测边长较短时，尤其要注意。

3. 照准误差　影响照准精度的因素很多，如望远镜的放大倍率、十字丝的粗细、目标的形状和大小、目标影像的亮度和清晰度以及人眼的判别能力等。观测时，应注意消除视差，仔细判别目标位置，尽可能地减小照准误差。

4. 读数误差　读数误差与读数设备(测微装置)、照明情况以及观测者的判别能力有关，其中仪器读数设备的影响是最主要的。对于用分微尺测微器读数的仪器，一般认为可估读的极限误差为测微尺最小分划值的 1/10。

三、外界条件的影响

外界条件的影响很多，也比较复杂，如大风会影响仪器和照准目标的稳定、温度变化可能改变视准轴位置、大气折光会导致光线改变方向、雾霾会导致目标模糊、烈日下会使仪器变形、地面土质松软会影响仪器稳定、地面辐射会加剧大气折光等。为了削弱环境条件的影响，应选择有利的观测条件，尽量避开不利的因素，在晴天观测，给仪器打伞遮挡阳光，防止暴晒仪器。

复习题

1. 什么是水平角？用经纬仪如何测水平角？

2. 安置经纬仪观测水平角，对中的目的是什么？整平的目的是什么？如何完成对中、整平？

3. 什么是竖直角？从定义、角值范围、角度符号等方面比较竖直角与水平角的异同。

4. 经纬仪主要由哪几部分组成？有哪些轴线？轴线之间应满足哪些关系？

5. 经纬仪盘左、盘右观测同一目标，盘左、盘右的水平度盘读数有何关系？

6. 经纬仪望远镜瞄准同一竖直面内不同高度的两个点，相应的水平度盘读数是否相同？相应的竖直度盘读数是否相同？

7. 若测量水平角几个测回，为什么要变换各测回起始读数？按什么规则变换？

8. 设在测站点的东南西北分别有 A、B、C、D 4 个观测方向，用全圆测回法观测水平角，以 B 为零方向，则盘左的观测顺序是怎样的？盘右的观测顺序又是怎样的？

9. 用经纬仪盘左、盘右两个盘位观测水平角，取其平均值可以消除哪些误差的影响？

10. 用 DJ_6 型经纬仪测量水平角，测回法观测有哪些限差要求？全圆测回法观测有哪些限差要求？

11. 竖直角观测时，在读取竖盘读数之前，为什么要调节竖盘指标水准管微动螺旋使竖盘指标水准管气泡居中？

12. 什么是竖盘指标差？如何消除竖盘指标差？

13. 经纬仪测量水平角，仪器对中误差及目标偏心误差对测角的影响与偏心距 e 和边长 S 各有什么关系？

14. 某经纬仪盘左、盘右瞄准同一目标，其水平度盘读数分别为 60°24′18″和 240°25′00″，问这台经纬仪的视准差是多少？盘左、盘右的正确读数是多少？

15. 某经纬仪盘左、盘右瞄准同一目标，其竖直度盘读数分别为 75°24′18″和 284°38′30″，问这台经纬仪的竖盘指标差是多少？盘左、盘右的正确读数是多少？

16. 用 DJ_6 型光学经纬仪观测一角度两个测回，观测数据如表 3-5 所示，请将观测数据填入记录表 3-6 中并完成计算，说明观测成果是否符合指标要求。

表 3-5 观测数据

观测目标	竖盘位置	第一测回 /(° ′ ″)	第二测回 /(° ′ ″)
A	左	0 00 06	90 00 12
	右	180 00 06	270 00 06
B	左	72 15 24	162 15 24
	右	252 15 00	342 15 00

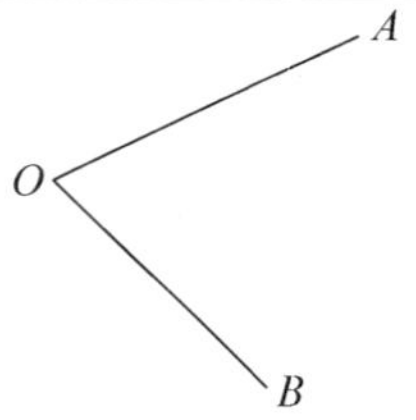

表 3-6 测回法观测水平角记录表格

测站	目标	竖盘位置	水平度盘读数 /(° ′ ″)	半测回角值 /(° ′ ″)	一测回角值 /(° ′ ″)	平均角值 /(° ′ ″)

17. 某经纬仪安置在 O 点，观测目标 A，盘左、盘右的竖直度盘读数分别为 71°45′24″和 288°16′12″，请将观测数据填入记录表 3-7 并完成计算。用这台仪器盘左观测另一目标 B，竖盘读数为 93°58′00″，问 B 目标的正确竖直角是多少？

表 3-7　竖直角观测记录表格

测站	目标	竖盘位置	竖盘读数 /(° ′ ″)	半测回角值 /(° ′ ″)	指标差 /(″)	一测回角值 /(° ′ ″)	备注

18. 用 DJ_6 型光学经纬仪观测两个测回，观测数据如图 3-25 所示，请将观测数据填入记录表 3-8 并完成计算，说明观测成果是否符合指标要求。

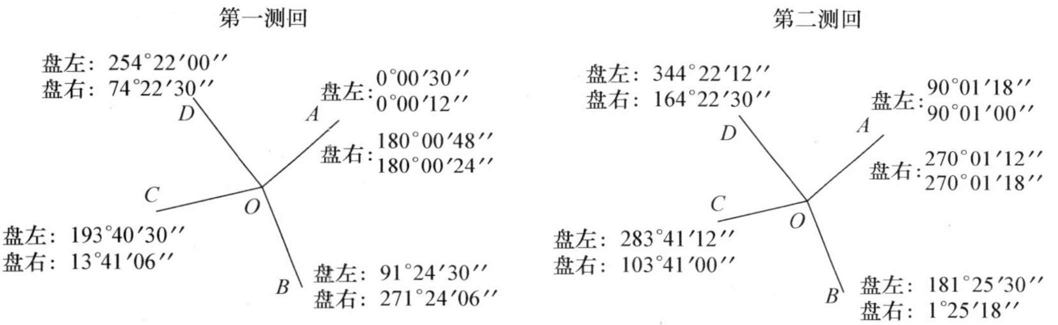

图 3-25　观测数据

表 3-8　全圆测回法观测水平角记录表格

测回数	测站	目标	水平度盘读数 盘左(L) /(° ′ ″)	水平度盘读数 盘右(R) /(° ′ ″)	2C /(″)	平均读数 (L+R±180°)/2 /(° ′ ″)	归零后方向值 /(° ′ ″)	各测回归零后方向值平均值 /(° ′ ″)	水平角 /(° ′ ″)
O	1	A	00 00 30	180 00 48					
		B	91 24 30	271 24 06					
		C	193 40 30	13 41 06					
		D	254 22 00	74 22 30					
		A	00 00 12	180 00 24					
	2	A	90 01 18	270 01 12					
		B	181 25 30	01 25 18					
		C	283 41 12	103 41 00					
		D	344 22 12	164 22 30					
		A	90 01 00	270 01 18					

19. 如图 3-26 所示，测量水平角 EOF，因目标 F 标杆倾斜，经纬仪瞄准该目标的偏差为 20 mm，若 OF 长为 100 m，试计算由于该目标倾斜而引起的水平角误差 δ。

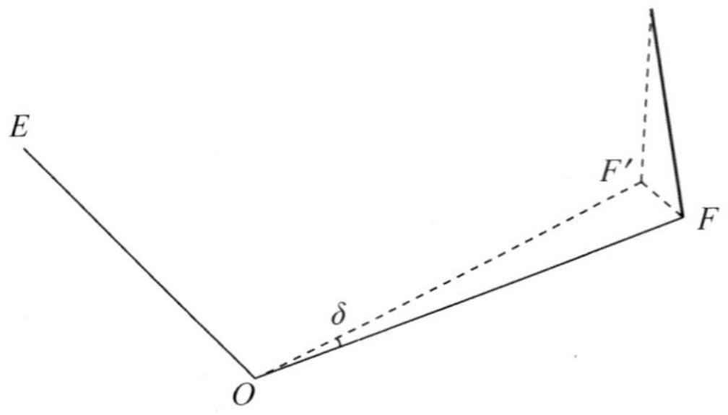

图 3-26　标杆倾斜

Chapter 第四章

距离测量与直线定向

距离是测量3个基本观测量之一。按照所使用的仪器、工具和方法的不同，距离测量可分为距离丈量、视距测量和电磁波测距3种。

第一节　距离丈量

距离丈量指用丈量工具在地面上量测两点之间的水平距离。丈量工作可包括点的标志、直线定线和丈量等内容。当点位在地面上标定以后，用一定的丈量工具，沿着两点间的直线方向进行丈量，丈量方法按精度要求的不同而异。

一、丈量工具

距离丈量的工具一般由测量的精度来决定，经常使用的有钢尺、皮尺和测绳3种。

1. 钢尺　是由条型带钢制成，基本分划为毫米，每厘米、分米和米处都有数字注记，钢尺全长一般为20 m、30 m、50 m等。由于钢尺受力后伸缩系数较小，所以经常用于精度要求较高的量距工作。

2. 皮尺　一般是由亚麻布制成的条形带尺。基本分划为厘米，每米、分米有数字注记，尺长一般为20 m、30 m、50 m等。皮尺伸缩性较大，因此，只能用于一般的距离丈量。

3. 测绳　一般测绳由钢丝芯外套亚麻布制成，基本分划为米，每米有注记金属环。其精度较低，一般只用于精度要求较低的距离丈量。

距离丈量的工具除尺子外，还需要有花杆和测钎。测钎是用$8^{\#}$铁线制成，每组有11支，用来标志点位和记录整尺段数目。

二、直线定线

当两点间的距离超过一整尺段，或者地面起伏较大、分段测量时，为使距离丈量沿直线方向进行，需要在两点间的直线上再标定一些点位，这项工作称为直线定线。直线定线方法有目估定线和仪器定线2种。

1. 目估定线　目估定线是用目测确定任一点与两已知点位于同一直线上的一种方法。常见有如下几种情况。

(1)两点间定线。如图 4-1 所示，要在 A、B 方向上定出 1、2、…点位置，可由两人完成。首先在 A、B 两点上各立一支花杆，甲站在花杆后 1～2 m 处，由 A 瞄向 B 点，乙手拿一支花杆，由 B 向 A 前进，根据甲的指挥，在 1 点附近左、右移动手中的花杆，直到甲看 A、1、B 三支花杆在一条直线上，即可定 1 点位置。同样方法可以定出 2、3 等点，定线时应注意花杆要竖直，目视时应观测花杆的同一侧，即视线与花杆的边缘相切，并以花杆的根部为准。

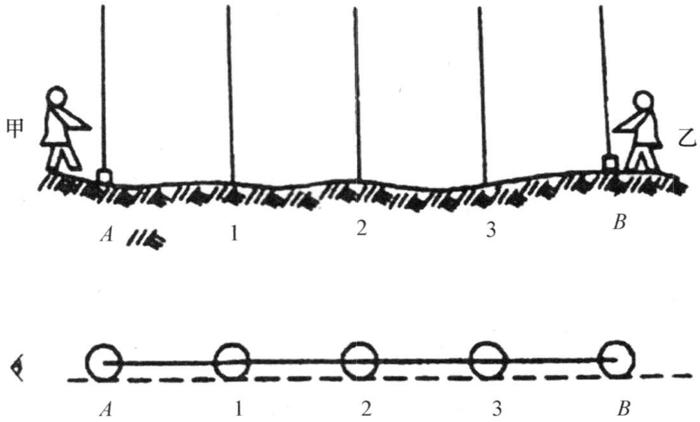

图 4-1　直线定线

(2)不通视及特殊地形两点间定线。地面上 A、B 两点不通视[图 4-2(a)]或特殊地形[图 4-2(b)]，要在 A、B 直线上定出 C、D 两点，可采用逐渐接近法定线。

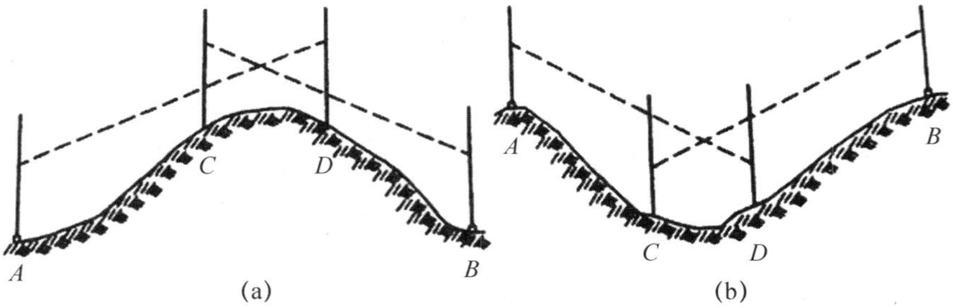

图 4-2　不通视及特殊地形两点间定线

定线时，A、B 两点各立一支花杆，甲、乙两人各持一支花杆立于 A、B 两点间，要求甲能看到乙与 B 点花杆，乙能看到甲与 A 点花杆。首先由甲指挥乙移动，使甲、乙与 B 点花杆成一直线，然后由乙指挥甲移动，使乙、甲与 A 点花杆成一直线。如此移动下去，直到甲在 C 点看到 C、D、B 点三支花杆在同一直线上，而乙在 D 处看到 D、C、A 点三支花杆在同一直线上为止。

2. 仪器定线　如图 4-3 所示，在 AB 直线上定出 C 点位置，甲在 A 点安置一台经纬仪，对中、整平后瞄准 B 点花杆，将水平制动螺旋制动。然后利用望远镜指挥乙移动花杆，当花杆与十字丝竖丝重合时，在花杆处钉一木桩，再根据十字丝竖丝，在桩顶上定出 C 点的准确位置。

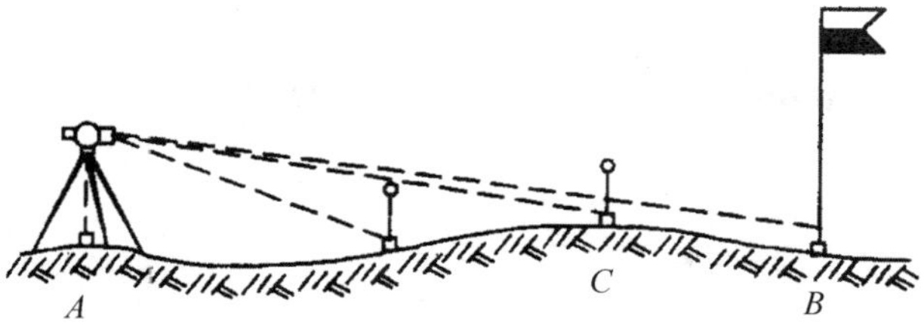

图 4-3　仪器定线

三、平坦地面的丈量方法

1. 丈量方法　在平坦地区进行距离丈量，可先定线后丈量，也可边定线边丈量。丈量工作由两人进行，如图 4-4 所示。甲拿着尺的首端位于 A 点，乙拿着尺的末端、花杆和测钎沿 AB 方向前进，当行至一整尺段时停下，将尺放在地面，立好花杆，根据甲的指挥，乙将花杆立于直线 AB 上，两人同时将钢尺拉紧、拉稳，使尺面保持水平，同时将钢尺靠紧花杆同一侧，乙将测钎对准钢尺末端刻画，铅直插入地面，即图中点 1 位置。然后两人抬起钢尺，同时前进，当甲行至点 1 时，用同样的方法测量出第二尺段，定出点 2。再前进时，甲应随手拔起点 1 的测钎。如此继续丈量下去，直到终点 B。最后不足一个整尺段的长度叫余长，直线 AB 的水平距离可由式(4-1)计算。

$$D = n \cdot l + q \tag{4-1}$$

式中：n 为甲手中测钎数；l 为一整尺段长度；q 为不足一整尺的余长。

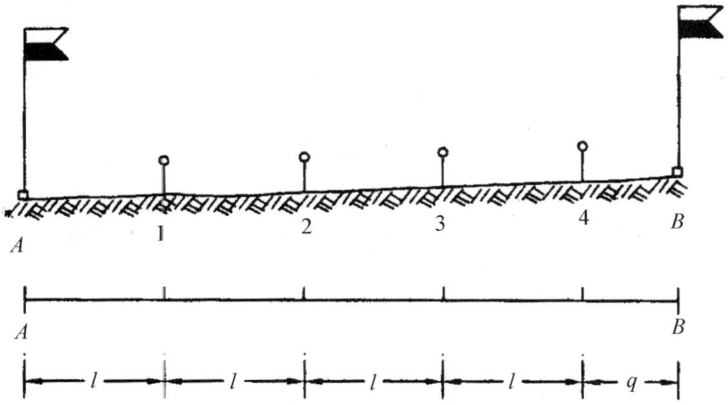

图 4-4　平坦地区距离丈量

2. 丈量精度　为了校核和提高距离测量的精度，对于同一条直线的长度要求至少往、返各测量一次。即由 A 测量至 B，再由 B 测量至 A。由于误差的存在，往测和返测的距离不相等，往、返丈量的距离之差与距离的平均值之比，称为距离丈量相对误差，用分子为 1 的分式表示，用来评定距离丈量的精度。

$$K=\frac{|D_{往}-D_{返}|}{\frac{1}{2}(D_{往}+D_{返})}=\frac{1}{\frac{1}{2}\;\frac{D_{往}+D_{返}}{|D_{往}-D_{返}|}}=\frac{1}{N} \tag{4-2}$$

式中：K 为相对误差；$N=\frac{1}{2}\;\frac{(D_{往}+D_{返})}{|D_{往}-D_{返}|}$。

在平坦地区，钢尺量距的相对误差要求小于 1/3 000；在量距困难的山区，相对误差也不应大于 1/1 000。符合精度要求时，取往、返丈量的平均值为最后结果。否则应分析原因，重新丈量。

例 4-1 距离 AB 往测结果为 170.62 m，返测结果为 170.58 m，求 2 点 A、B 的水平距离及丈量相对误差。

解：由式(4-2)得

$$K=\frac{170.62-170.58}{\frac{1}{2}(170.62+170.58)}=\frac{1}{4\,265}<1/3\,000$$

$$D_{AB}=\frac{1}{2}(D_{往}+D_{返})=170.60\ (\mathrm{m})$$

四、倾斜地面的丈量方法

倾斜地面距离丈量方法有平量法和斜量法 2 种。

1. 平量法　倾斜地面由于高差较大，用整尺法量距有困难，可分段丈量。如图 4-5 所示，欲丈量 A、B 两点间水平距离，可在 A、B 两点间根据地面高低变化情况定出 1、2、…桩。相邻两桩之间应保证尺面能拉成水平。丈量时，尺面抬起的一端应挂垂球线，另一端对准零分划线，两人均匀拉紧，使尺面水平，待垂球稳定后读出该段长度 l_1，并根据垂球尖在桩顶标出其位置。如此丈量各段，则 A、B 两点间水平距离为

$$D=l_1+l_2+\cdots+l_n \tag{4-3}$$

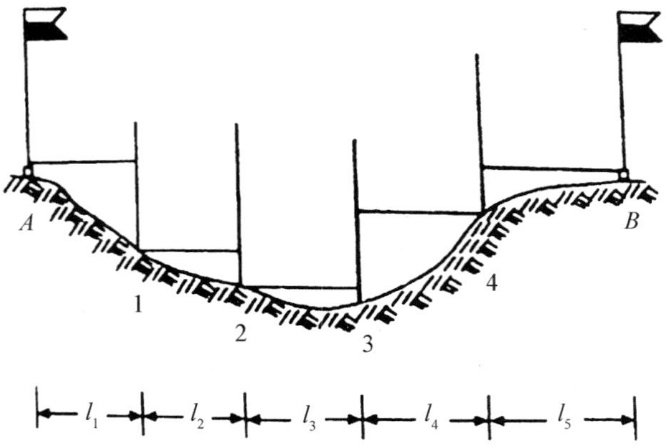

图 4-5　分段丈量

2. 斜量法　当地面坡度较均匀时，可沿地面丈量 AB 的倾斜距离 L（图 4-6），用经纬仪测量出地面的倾斜角 α，根据式 4-4 计算出水平距离：

$$D=L\cdot\cos\alpha \tag{4-4}$$

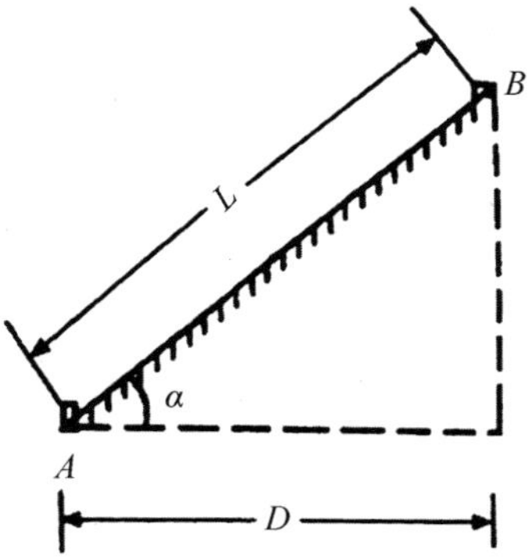

图 4-6　斜量法

第二节　钢尺精密距离丈量方法

前面介绍的是钢尺一般量距方法，距离丈量相对误差为 1/1 000～1/5 000。在精度要求较高的距离丈量中，如三角测量中的基线丈量，精度要求为 1/10 000～1/40 000。就需要采用精密量距方法进行距离丈量，具体方法如下。

一、准备工作

1. 清理场地　丈量前要清除直线上的障碍物及杂草，保证视线通畅。

2. 定线　按两端点标志，采用仪器定线，沿定线方向间隔一定距离钉一木桩，相邻两桩顶之间的距离应略小于丈量所有钢尺的一整尺长，桩高应露出地面 10～20 cm，桩顶应水平，钉上一白铁皮，铁皮上用钢钉划上十字线，十字线的一条线与直线方向重合，另一条垂直于直线方向。

3. 测量桩顶高程　由于地面不平，桩顶有高有低，用水准仪测量各桩顶间的高差，以便进行倾斜改正。

4. 钢尺检验　丈量前，对钢尺进行检验，以便进行尺长改正。

二、丈量方法

可采用串尺法进行丈量，钢尺拉开后在钢尺的首端挂上一个弹簧秤，首尾两端紧贴桩顶，并使有刻画线的一侧贴切十字线，两人同时用检验时的标准拉力将尺拉紧拉稳，一般钢尺规定拉力为 98 N，然后由另外两人同时根据两桩顶十字线交点读取钢尺首、尾端的读数，估读到 0.5 mm，并记录计算尺段长度，见表 4-1。然后将钢尺串动 1～2 cm，重新测 2 次。

若 3 次丈量结果互差不超过 2 mm，可取 3 次结果的平均值作为该尺段的观测值。若超过 2 mm，则不合格，应重新测量 3 次。依次测出其他各尺段长度。每丈量一尺段都应测量钢尺表面温度 1 次，精确到 0.1℃，以便计算温度改正数。

为了校核，往测完毕应立即进行返测。

三、尺段长度计算

精密量距时，每次往测和返测的结果都应按丈量的尺段长度进行尺长改正、温度改正和倾斜改正，求出改正后的尺段长度。

1. 尺长改正　钢尺尺面注记的长度称名义长度，检定时在标准的拉力和温度下的长度称为实际长度。钢尺整尺段的尺长改正数 Δl 为

$$\Delta l = l_{实} - l_{名} \tag{4-5}$$

式中：$l_{实}$ 为钢尺实际长度；$l_{名}$ 为钢尺名义长度。

丈量时，若一尺段长度为 l，则该尺段的尺长改正数 Δl_l 为

$$\Delta l_l = \frac{\Delta l}{l_{名}} \cdot l \tag{4-6}$$

2. 温度改正　钢尺检定时温度为 t_0，丈量时的温度为 t，钢尺的膨胀系数为 α 一般为 $(1.15\sim1.25)\times10^{-5}/℃$，则丈量一个尺段 l 的温度改正数 Δl_t 为

$$\Delta l_t = \alpha \cdot (t - t_0) \cdot l \tag{4-7}$$

3. 倾斜改正　丈量时的距离 l 是斜距，如图 4-7 所示，若尺段相邻两点高差为 h，则倾斜改正数 Δl_h 为

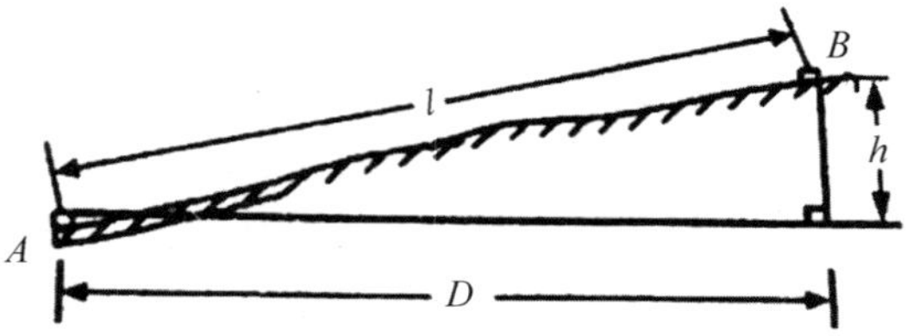

图 4-7　倾斜改正

$$\Delta l_h = D - l \tag{4-8}$$

由勾股定理知

$$l^2 = D^2 + h^2$$

所以 $-h^2 = (D-l)(D+l)$

可得
$$\Delta l_h = -\frac{h^2}{l+D} \approx -\frac{h^2}{2l} \tag{4-9}$$

每个尺段进行以上 3 项改正后，得改正后的尺段长度（即水平距离 D）

$$D = l + \Delta l_l + \Delta l_t + \Delta l_h \tag{4-10}$$

例 4－2 表 4-1 中，钢尺长 30 m，检定时温度为 20℃，拉力为 98 N，检定长度为 30.003 1 m，钢尺膨胀系数为 1.25×10^{-5}/℃。尺段 $A-1$ 的丈量长度为 29.742 5 m，尺段高差为－0.271 m，丈量时钢尺表面温度为 24.5℃。对尺段 $A-1$ 水平距离计算如下：

尺长改正

$$\Delta l = l_{实} - l_{名} = 30.003\,1 - 30 = 0.003\,1(\text{m})$$

$$\Delta l_l = \frac{\Delta l}{l_{名}} \times l = \frac{0.003\,1}{30} \times 29.742\,5 = 3.07\times10^{-3}(\text{m})$$

温度改正

$$\Delta l_t = \alpha \cdot (t - t_0) \cdot l = 1.25\times10^{-5}\times(24.5-20)\times29.742\,5 = 1.67\times10^{-3}(\text{m})$$

倾斜改正

$$\Delta l_h = -\frac{h^2}{2l} = \frac{0.271^2}{2\times29.742\,5} = -1.23\times10^{-3}(\text{m})$$

该尺段的水平距离为

$$\begin{aligned} D &= l + \Delta l_1 + \Delta l_t + \Delta l_h \\ &= 29.742\,5 + 3.07\times10^{-3} + 1.67\times10^{-3} + (-1.23\times10^{-3}) \\ &= 29.746\,0(\text{m}) \end{aligned}$$

表 4-1 精密量距记录计算表

钢尺号码:009 钢尺名义长度:30 m 观测者:______ 记录者:______				钢尺膨胀系数:0.000 012 5 钢尺检定长度:30.003 1 m 测区:____测区 日期:____年__月__日			钢尺检定时温度:20 ℃ 钢尺检定时拉力:98 N 天气:晴			
尺段编号	实测次数	前尺读数/m	后尺读数/m	尺段长度/m	温度/℃	高差/m	温度改正数/mm	尺长改正数/mm	倾斜改正数/mm	改正后尺段长度/m
A-1	1	29.830 0	0.088 5	29.741 5	24.5	－0.271	1.67	3.07	－1.23	29.746 0
	2	29.850 0	0.106 5	29.743 5						
	3	29.880 0	0.137 5	29.742 5						
	平均			29.742 5						
1-2	1	28.970 0	0.045 5	28.924 5	25.6	－0.184	2.02	2.22	－0.59	28.928 4
	2	28.990 0	0.064 5	28.925 5						
	3	29.050 0	0.126 0	28.924 0						
	平均			28.924 7						
2-3	1	29.430 0	0.072 5	29.357 5	26.3	－0.206	2.31	2.25	－0.72	29.361 5
	2	29.460 0	0.101 5	29.358 5						
	3	29.480 0	0.123 0	29.357 0						
	平均			29.357 7						

续表4-1

钢尺号码:009 钢尺名义长度:30 m 观测者:______ 记录者:______				钢尺膨胀系数:0.000 012 5 钢尺检定长度:30.003 1 m 测区:____测区 日期:____年__月__日			钢尺检定时温度:20 ℃ 钢尺检定时拉力:98 N 天气:晴			
3-B	1	17.690 0	0.848 5	16.841 5	26.4	−0.097	1.35	1.29	−0.28	16.844 9
	2	17.670 0	0.827 5	16.842 5						
	3	17.650 0	0.806 5	16.843 5						
	平均			16.842 5						
总和										104.880 8

在表 4-1 中线段 AB 丈量 4 个尺段,各尺段改正后长度相加,即得其全长。同样方法计算出返测全长,用相对误差进行精度评定,若结果符合精度要求,取平均值作为该距离的最后结果,否则应重测。

第三节 视距测量

视距测量是用有视距装置的测量仪器,按光学和三角学原理测定水平距离和高差的方法。用望远镜内装有视距丝的测量仪器(如经纬仪、水准仪等),配合视距尺进行的视距测量,属于普通视距测量。视距尺用优质木料制成,尺上分划一般是区格式的,最小分划为 1 cm。

有时根据不同测图比例尺的需要,将尺上最小分划设计为 2 cm、5 cm 或 10 cm。在短距离测量或大比例尺测图中,视距尺也可用普通水准尺代替。普通视距测量测距精度较低,通常只在 1/200～1/300。但是,它与距离丈量比较,具有操作简便、速度快、一般不受地形起伏限制等优点,能同时测定出两点间的水平距离和高差。常用于地形图测绘和工程勘测中。

一、视距测量原理

视距测量是利用望远镜十字丝平面上的上、下两根视距丝 a 与 b,如图 4-8 所示,配合视距尺和测得的竖直角 α,用视距公式算得水平距离及高差的一种方法。下面按望远镜视线水平位置与倾斜位置两种情况,推导视距计算公式。

1. 视线水平时的视距公式　如图 4-8 所示,外对光望远镜的光路图,仪器安置在 T 点,E 点上竖立视距尺(或水准尺)。使望远镜视线水平并瞄准尺子,调节目镜和对光螺旋,使成像清晰。根据透镜成像原理,从视距丝 ab 发出的平行于望远镜光轴的光线,经过物镜 $a'b'$ 后,产生折射并通过焦点 F 而交于视距尺上 A、B 两点。因此,可根据视距尺上 A、B 两点的读数差(称为视距间隔),利用数学推导求得水平距离 D。

由$\triangle a'Fb'$与$\triangle AFB$ 的相似关系可得

$$\frac{d}{f}=\frac{AB}{a'b'}=\frac{l}{p},d=\frac{f}{p}\cdot l$$

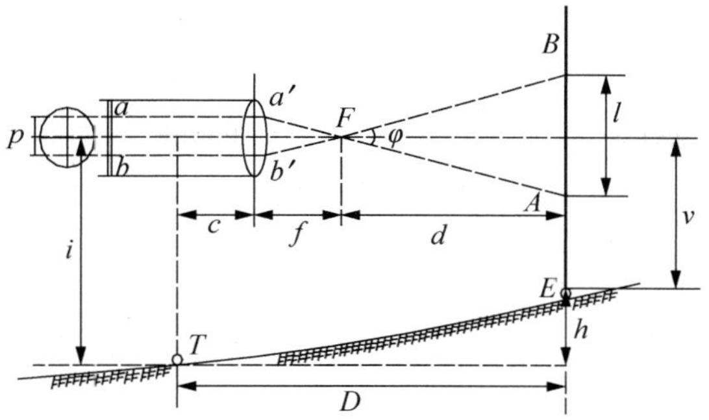

p.上、下两视距丝的间距　i.仪器高度　l.视距间隔(即尺上 A、B 两点读数之差)
c.仪器中心到物镜的距离　f.物镜的焦距　d.焦点 F 到视距尺的距离
D.仪器中心到尺子的距离　v.中丝读数　h.高差

图 4-8　视线水平时视距测量原理

因此,水平距离为

$$D=d+(f+c)=\frac{f}{p}l+(f+c)$$

令

$$\frac{f}{p}=K,f+c=q$$

则外对光望远镜计算水平距离的公式为

$$D=Kl+q \tag{4-11}$$

式中 K 为视距乘常数,制造仪器时,通常使 $K=100$。q 为视距加常数,对于老的外对光望远镜一般为 0.3 m 左右。现代测量仪器都是内对光望远镜。

由于在制造时适当选择了透镜的焦距和透镜间的距离,使 $q\approx 0$,因此,内对光望远镜计算水平距离的公式为

$$D=Kl \tag{4-12}$$

测定 T、E 两点之间的高差时,由图 4-8 可知,只要量测仪器高 i,从望远镜中读十字丝横丝(中间的横丝)在视距尺上的读数 v,即可求得高差

$$h=i-v \tag{4-13}$$

2. 视线倾斜时的视距公式　实际工作中的地面往往是高低起伏的,是在视线倾斜的情况下来测定水平距离和高差。如图 4-9 所示,仪器安置在 M 点,视距尺竖直立于 N 点上,望远镜倾斜瞄准视距尺,上、下两端视距丝截尺于 A、B 两点,并测得竖直角 α。由于尺子不垂直于视线,所以不能直接用式(4-11)或式(4-12)来求得倾斜距离 D'。

设想通过尺上 C 点有一根倾斜尺子与视线垂直,上、下视距丝截尺于 A'、B'两点,图 4-9 为内对光望远镜,则 $D'=K\cdot A'B'$。实际上,观测的视距间隔是 AB,而不是 $A'B'$,因此,要找出 $A'B'$与 AB 之间的关系。因为通过视距丝的两条光线的夹角 φ 很小,故$\angle AA'C$ 和$\angle BB'C$ 可当作直角看待,则

$$A'B'=AB\cdot\cos\alpha=l\cdot\cos\alpha$$

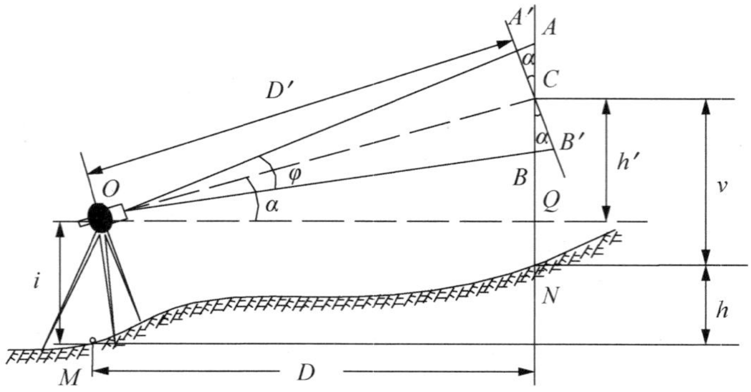

图 4-9　视线倾斜时视距测量原理

所以　　$D' = Kl \cdot \cos\alpha$

从图 4-9 可知，直角三角形 OCQ 中 D 与 D' 的关系是

$$D = D' \cdot \cos\alpha$$

故得　　$D = Kl \cdot \cos^2\alpha$　　(4-14)

式(4-14)为内对光望远镜视线倾斜时计算水平距离的公式。

从图 4-9 中还可以看出，高差 h 为

$$h = h' + i - v$$
$$h' = D \cdot \tan\alpha$$

所以　　$h = D \cdot \tan\alpha + i - v$　　(4-15)

式(4-15)为内对光望远镜视线倾斜时计算高差的公式。式中：i 为仪器高(可用钢尺从地面 M 点量到望远镜横轴的中心)；v 为十字丝横丝在尺上的读数。

如果观测时视线无阻挡，可将十字丝中横丝对准视距尺上读数等于 i 处，即 $v = i$，则式(4-15)可简化为

$$h = D \cdot \tan\alpha$$

N 点的高程为

$$H_N = H_M + h \qquad (4\text{-}16)$$

二、视距测量的观测与计算

1. 观测步骤

(1)如图 4-9 所示，将仪器安置在测站点 M 上。

(2)量取仪器高 i(量至厘米)。

(3)将视距尺竖直立于欲测点 N 上。

(4)观测者用望远镜瞄准视距尺上某一高度，分别读取上视距丝、下视距丝和中丝读数，然后调节竖盘指标水准管微倾螺旋，使指标水准管气泡居中，读取竖盘读数，并将所有观测值记录于表 4-2 中。

表 4-2　视距测量记录计算表

测站点：N_1　测站高程：1 042.60 m　仪器型号：DJ_6　仪器高：1.32 m

测点	下丝读数 上丝读数 /m	视距间隔 /m	中丝读数 /m	竖盘读数 (°′)	竖直角 (°′)	高差 /m	$i-v$ /m	水平距离 /m	测点高程 /m	备注
N_2	1.560 1.000	0.560	1.32	86 10	+3 50	+3.74	0	55.75	1 046.34	
N_3	2.530 1.000	1.530	1.32	91 03	−1 03	−2.80	0	152.95	1 039.80	
N_6	2.700 0.500	2.200	1.60	90 06	−0 06	−0.38	−0.28	220.00	1 041.94	

为了计算方便，在实际操作中，常用中丝对在视距尺上数值为仪器高 i 处附近，使上丝对准视距尺上整分米处，这样可直接读取尺间隔 l，然后再将中丝对准仪器高 i 处，调节竖盘指标水准管微倾螺旋，使指标水准管气泡居中，读取竖盘读数。

2.水平距离、高差、高程的计算　先根据上视距丝读数、下视距丝读数和竖盘读数，计算视距间隔与竖直角，再根据式(4-14)至式(4-16)计算水平距离、高差和高程。现在采用可编程的计算器来计算，十分方便。

第四节　直线定向

确定直线与标准方向之间角度关系的工作，称为直线定向。

一、标准方向的种类

1.真子午线方向　通过地面上某点的真子午线的切线方向，称为该点的真子午线方向。它是采用天文观测的方法确定的，在国家大面积测量中，采用它作为标准方向。

2.磁子午线方向　地面上某点的磁针自由静止时所指的方向，称为该点的磁子午线方向。在小面积地形测图时，常采用磁子午线方向作为定向的标准。

3.坐标纵轴方向　在工程测量中通常采用平面直角坐标来表示和确定地面点的位置，取坐标纵轴作为直线定向的标准。我国采用高斯平面直角坐标，以每个 6°带(或 3°带)的中央子午线的方向作为坐标纵轴。该带内直线的方向，就用该带的坐标纵轴的方向作为标准方向，也称坐标纵轴方向(详见第九章)。

二、直线方向的表示方法

在测量工作中，常采用方位角和象限角来表示直线的方向。

1.方位角与磁偏角　由标准方向的北端顺时针方向量至某一直线的水平角，称为该直线的方位角，方位角的大小在 0°～360°。

根据标准方向的不同，方位角可分为真方位角（用 A 来表示）、磁方位角（用 A_m 来表示）、坐标方位角（用 α 来表示）。

磁偏角：由于地球南北极和地磁南北极不重合，因此地面上某点真子午线方向和磁子午线方向通常是不重合的。两者之间的夹角称为磁偏角，用 δ 来表示，如图 4-10 所示。当磁子午线方向偏于真子午线方向以东时，称为东偏，δ 为正值；磁子午线方向偏于真子午线方向以西时，称为西偏，δ 为负值，其关系式如下

$$A = A_m + \delta \tag{4-17}$$

磁偏角在不同的地点有不同的角值和偏向，而且是随着时间在不断变化。由于地球的自转，月球绕地球旋转，因此，每日、每月呈周期的变化。另外由于地球绕太阳旋转及太阳系在天体中的运动，使得地磁南北极发生变化，所以磁偏角每年以几分的速度在变化。

2. 象限角　由标准方向的北端或南端量至某一直线的锐角，称为该直线的象限角，用 R 来表示，如图 4-11 所示。图中 R_1、R_2、R_3、R_4 分别为 4 个象限的象限角，在角度前分别注明所在象限来表示，如图 4-11 中直线 $O1$ 的象限角为 NE47°20′，直线 $O2$ 的象限角为 SE42°30′，直线 $O3$ 的象限角为 SW59°00′，直线 $O4$ 的象限角为 NW50°40′。

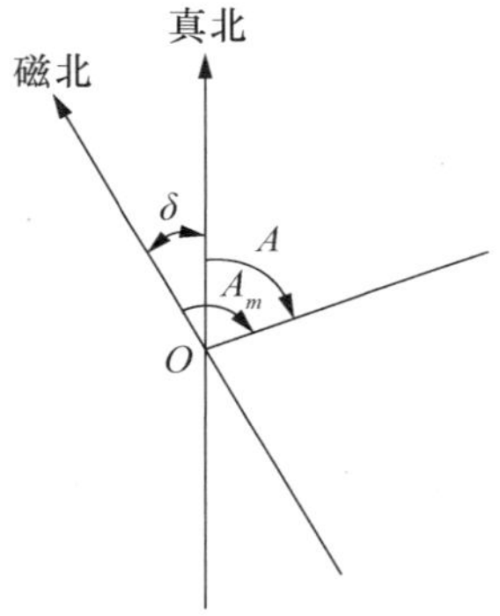

图 4-10　磁偏角

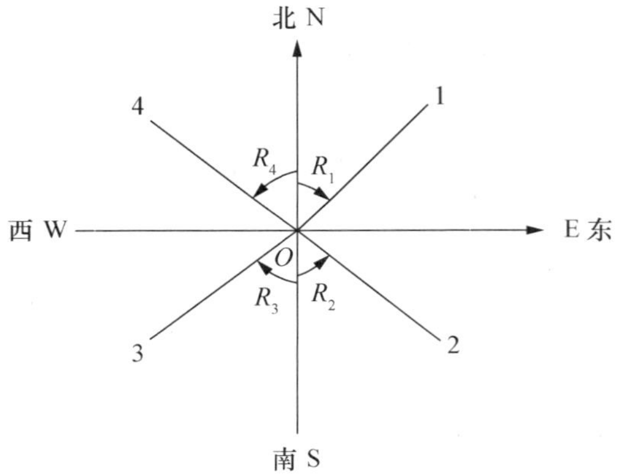

图 4-11　象限角

3. 正、反方位角及子午线收敛角　任何一条直线都具有一定的方向。如图 4-12 所示，直线 AB，通过 A 点的真方位角为 A_{AB}，通过 B 点的真方位角为 A_{BA}，若称 A_{AB} 为正方位角，则 A_{BA} 即为反方位角。

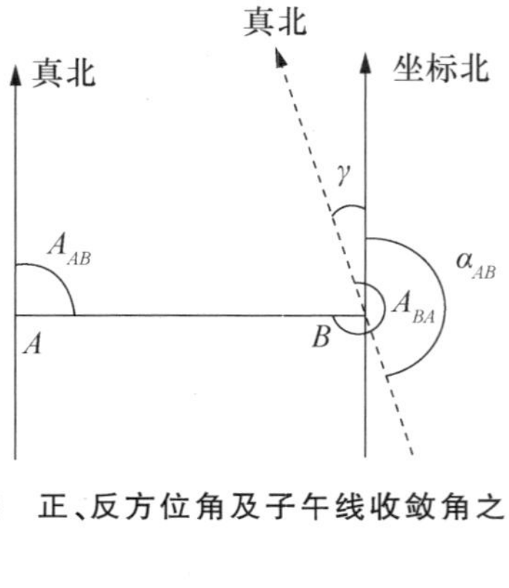

图 4-12　正、反方位角及子午线收敛角之间关系

子午线收敛角：由于地面上各点的子午线的方向都是指向地球南北极，所以同一直线两端点子午线方向是不平行的(赤道除外)，我们把地面上两点的真子午线方向所夹的角度称为子午线收敛角，用 γ 来表示。一条直线其正、反真方位角的关系为

$$A_{BA}=A_{AB}\pm180^\circ+\gamma \tag{4-18}$$

子午线收敛角的大小与直线长度及所在的纬度有关，计算公式为

$$\gamma=\frac{D\rho}{R}\cdot\tan\varphi \tag{4-19}$$

式中：D 为直线 AB 的长度；R 为地球半径；$\rho=\dfrac{180^\circ}{\pi}$；$\varphi$ 为点所在纬度。

真方位角与坐标方位之间换算关系为

$$A_{BA}=\alpha_{BA}+\gamma \tag{4-20}$$

γ 有正、有负，当坐标纵轴方向位于真子午线方向东侧时为正值，反之为负值。

在普通测量学中，为了便于计算，一般都采用坐标纵轴方向作为标准方向，这样测区内各点的标准方向是互相平行的，任意一条直线其坐标正、反方位角相差 180°，即

$$\alpha_{AB}=\alpha_{AB}\pm180^\circ \tag{4-21}$$

4. 方位角和象限角的关系　在实际工作中，有时需要将方位角换算成象限角，象限角换算成方位角。两者之间的关系是由直线所在象限的位置来确定，见表 4-3。

表 4-3　方位角和象限角换算关系

直线方向	方位角	由方位角求象限角	由象限角求方位角
北东(Ⅰ)	0°～90°	$R=\alpha$	$\alpha=R$
南东(Ⅱ)	90°～180°	$R=180^\circ-\alpha$	$\alpha=180^\circ-R$
南西(Ⅲ)	180°～270°	$R=\alpha-180^\circ$	$\alpha=180^\circ+R$
北西(Ⅳ)	270°～360°	$R=360^\circ-\alpha$	$\alpha=360^\circ-R$

第五节　罗盘仪及其使用

罗盘仪是利用磁针来确定直线磁方位角的仪器。由于其构造简单，使用方便，常用于精度要求不高的测量工作中。

一、罗盘仪的构造

罗盘仪主要是由磁针、刻度盘和望远镜 3 部分组成，如图 4-13 所示。

1. 磁针　磁针是菱形或长条形人造磁铁，支撑在刻度盘中心的顶针尖端上，可灵活转动。当磁针自由静止时，磁针两端所指的方向即为该点的磁子午线方向。我国位于北半球，靠磁北极较近，磁针北端所受的地磁引力较大，其北针下倾与水平面成一倾斜角，称磁倾角。

因此，在罗盘仪的南端绕几圈铜丝或涂上白漆，使磁针保持水平，同时也易于区分磁针的南北端。为了避免顶针尖端不必要的磨损，在度盘的下方设有举针螺旋，旋紧举针螺旋，可将磁针抬起压到玻璃盖上。

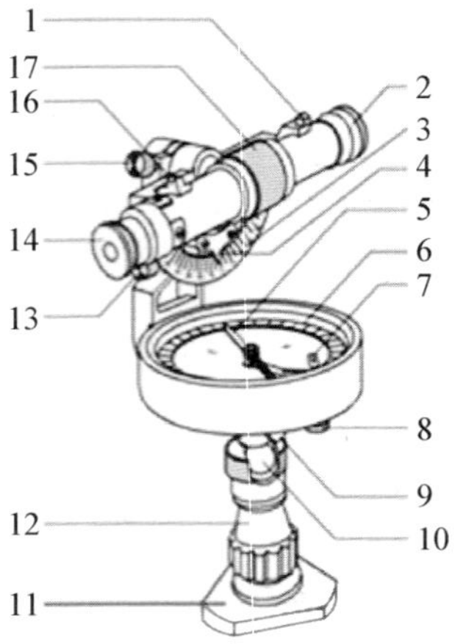

1. 准星　2. 望远镜　3. 竖直刻度盘　4. 竖盘读数指标　5. 磁针　6. 水平刻度盘　7. 管水准器　8. 磁针固定螺旋　9. 水平制动螺旋　10. 球臼接头　11. 三角架头　12. 接头螺旋　13. 望远镜微动螺旋　14. 目镜焦距螺旋　15. 望远镜制动螺旋　16. 照门　17. 物镜调焦螺旋

图 4-13　罗盘仪

2. 刻度盘　刻度盘有方位式和象限式 2 种。刻度盘上一般有 1°或 30°的分划，每隔 10°有一注记。图 4-14 为方位式罗盘仪，刻度盘由 0°按逆时针刻有 360°分划线。图 4-15 为象限式罗盘仪，注记是以南、北端为 0°，分别向两侧注记到 90°。为了能由磁针直接读出磁方位角的角值，刻度盘上所注记的东西位置与实际方向相反。

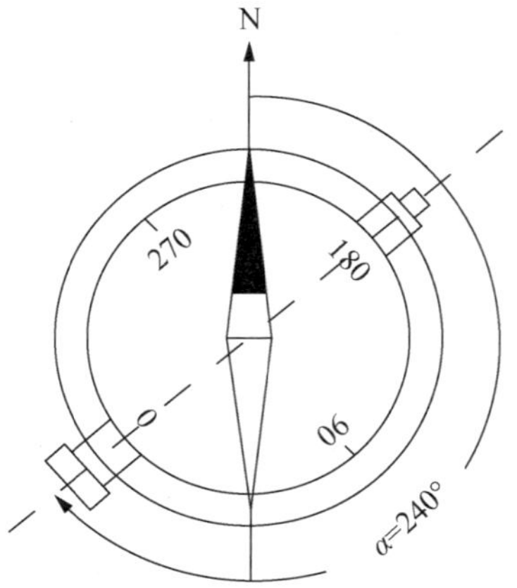

图 4-14　方位式罗盘仪

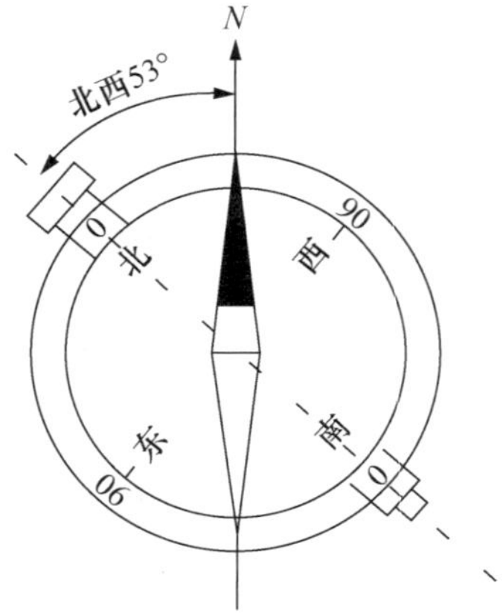

图 4-15　象限式罗盘仪

3. 望远镜　由物镜、目镜和十字丝组成，用支架固定在刻度盘的圆盒上，可随刻度盘一起转动，望远镜的侧面附有竖直度盘，可测出竖直角。

另外，在刻度盘上还设有圆形或相互垂直的 2 支管形水准器，可用来整平仪器。

罗盘仪望远镜还附有控制望远镜转动的制动螺旋和微动螺旋。

二、罗盘仪的使用

罗盘仪主要用来测量直线的磁方位角，将仪器安置在测站点上，按下述步骤进行。

1. 对中　采用垂球，移动三脚架使垂球尖对准地面点中心，此时仪器中心与测站点就位于同一铅垂线上。

2. 整平　旋松球窝装置，双手扶住度盘上下摆，使水准气泡居中，旋紧球窝装置即可。

3. 瞄准　旋松水平与望远镜制动螺旋，转动望远镜，照准目标，旋紧 2 个制动螺旋，调整微动螺旋，使十字丝准确地照准目标。

4. 读数　放松举针螺旋，待磁针自由静止后，按北针（或南针）读数，估读到 $1°/4$。

5. 检查　为了防止错误，提高角度观测精度，在测得直线的正方位角后，还要测量其反方位角。正、反方位角理论上应相差 $180°$，如果误差小于容许值 $\pm 0.5°$，取其平均值作为最后结果，否则应重新观测。

使用罗盘仪测量时，应注意其附近不能有铁制物品，尽量距高压线远些，以免影响磁针的指向。读数时，观测者的视线与磁针应位于同一竖直面内。仪器用毕后，应拧紧举针螺旋，防止顶针尖端磨损。

第六节　距离、方向与地面点直角坐标的关系

在测量工作中，地面点的平面位置是用平面直角坐标（x，y）来表示的。平面直角坐标系是以纵轴为 x 轴，以北为正；横轴为 y 轴，以东为正。直线定向所用的方位角也是顺时针方向计算的，这些均与数学坐标系相反，但是 2 个平面直角坐标系实质相同，二者的转换通过 2 次旋转就可实现，且整个旋转过程中坐标系中所有点的相对位置都没有改变。因此，数学上的三角公式及符号规定就可以不加任何改变应用于测量计算中。

如图 4-16 所示，已知 A 点坐标（x_A，y_A），测得 A、B 两点间水平距离 D_{AB} 和方位角 α_{AB}，则 B 点坐标（x_B，y_B）可由式（4-22）和式（4-23）计算

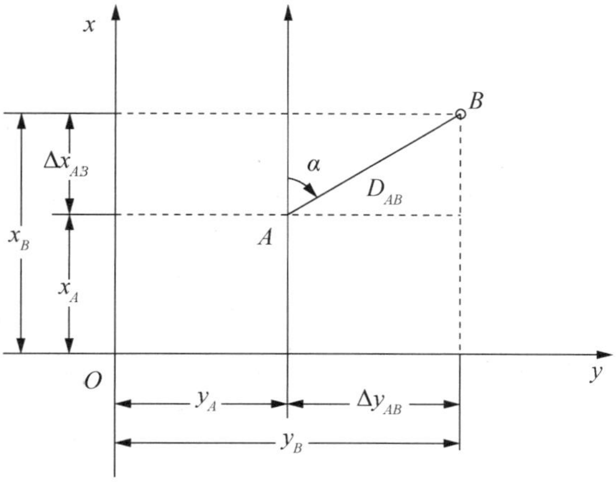

图 4-16　坐标正算

$$\begin{cases}\Delta x_{AB}=D_{AB}\cdot\cos\alpha_{AB}\\ \Delta y_{AB}=D_{AB}\cdot\sin\alpha_{AB}\end{cases}\tag{4-22}$$

$$\begin{cases}x_B=x_A+\Delta x_{AB}\\ y_B=y_A+\Delta y_{AB}\end{cases}\tag{4-23}$$

式(4-22)中坐标增量 Δx_{AB}、Δy_{AB} 有正、有负，正、负符号取决于直线的方向(即直线所在象限)。直线方向与坐标增量的符号关系见表 4-4。

表 4-4 直线方向与坐标增量的符号关系

α 所在象限	坐标增量符号	
	Δx	Δy
Ⅰ(北东)	+	+
Ⅱ(南东)	−	+
Ⅲ(南西)	−	−
Ⅳ(北西)	+	−

根据已知直线的距离、方位角及已知点的坐标，计算出未知点的坐标，称为坐标正算。若已知 A、B 两点的坐标(x_A,y_A)(x_B,y_B)，反过来推算其距离 D_{AB} 及方位角 α_{AB}，则称为坐标反算，由图 4-16 可知

$$\alpha_{AB}=\arctan^{-1}\frac{(y_B-y_A)}{(x_B-x_A)}\tag{4-24}$$

$$D_{AB}=\sqrt{(x_B-x_A)^2+(y_B-y_A)^2}\tag{4-25}$$

或者

$$D_{AB}=\frac{(y_B-y_A)}{\sin\alpha_{AB}}=\frac{(x_B-x_A)}{\cos\alpha_{AB}}\tag{4-26}$$

例 4-3 在图 4-16 中，A 点坐标为(3 706.772,4 075.729)，$D_{AB}=213.76$ m，$\alpha_{AB}=134°57'30''$，求 B 点坐标(x_B,y_B)。

解：根据公式(4-22)可得出

$$\Delta x_{AB}=D_{AB}\cdot\cos\alpha_{AB}=213.76\times\cos 134°57'30''=-151.041(\text{m})$$

$$\Delta y_{AB}=D_{AB}\cdot\sin\alpha_{AB}=213.76\times\sin 134°57'30''=+151.261(\text{m})$$

根据式(4-23)得

$$x_B=x_A+\Delta x_{AB}=3\,706.772+(-151.041)=3\,555.731\ (\text{m})$$

$$y_B=y_A+\Delta y_{AB}=4\,075.729+151.261=4\,226.990\ (\text{m})$$

例 4-4 已知 A、B 两点坐标分别为 A(1 376.369,2 045.244)，B(1 407.454,1 911.545)，求直线 AB 的距离 D_{AB} 和方位角 α_{AB}。

解：

$$\begin{aligned}D_{AB}&=\sqrt{(x_B-x_A)^2+(y_B-y_A)^2}\\&=\sqrt{(1\,407.454-1\,376.369)^2+(1\,911.545-2\,045.244)^2}\\&=137.265(\text{m})\end{aligned}$$

根据式(4-24)得

$$\alpha_{AB}=\arctan\frac{(y_B-y_A)}{(x_B-x_A)}=\arctan\frac{(1\,911.545-2\,045.244)}{(1\,407.454-1\,376.369)}=-76°54'39.6''$$

由于 Δx_{AB} 为正值，Δy_{AB} 为负值，该直线位于第Ⅳ象限，则

$$\alpha_{AB}=-76°54'39.6''+360°=283°05'20.4''$$

第七节　红外光测距仪简介

红外光测距仪是采用半导体砷化镓(GaAs)发光二极管作为光源的一种短程测距仪。由于它具有体积小、重量轻、功耗低等优点，被广泛用于工程测量中。在红外光测距仪发展的同时，电子经纬仪的迅速发展，野外电子记录手簿的出现，使测距、测角、记录、存储自动化，与电子计算机相结合，可进行计算、数据处理，在测量现场就可以进行高程、坐标等项计算，使得测量工作、计算工作大为简化。

一、测距原理

如图 4-17 所示，若用红外光测距仪测量 A、B 两点间的直线长度 D'。在 A 点安置测距仪，在 B 点安置反光镜。由测距仪发出的红外光束到达 B 点，经反光镜反射后回到 A 点的仪器中，根据光波在 A、B 之间往、返传播所用时间 t_2，可得测距仪测距的基本公式为

$$D'=\frac{1}{2}ct \tag{4-27}$$

式中：c 为光波在大气中的传播速度(约等于 3×10^8 m/s)；t 为光波在测程上往、返传播所需的时间(s)。

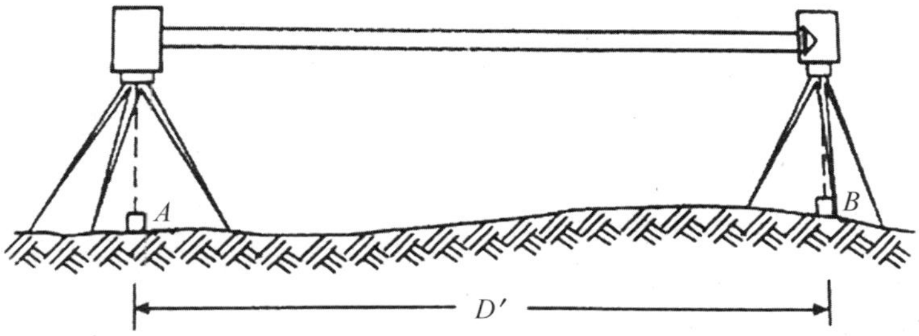

图 4-17　红外光测距

像这种利用测距仪发出的脉冲光，通过测定发射和接收脉冲光的时间差 t_2 来测定距离的方法，称为脉冲法测距。脉冲测距由于光速过大，时间差过小，测量精度低，一般只有米级。为了提高测距精度，目前大多采用间接法测距，即通过测定调制光在测线上往、返传播的相位差进行测距，称为相位法测距。

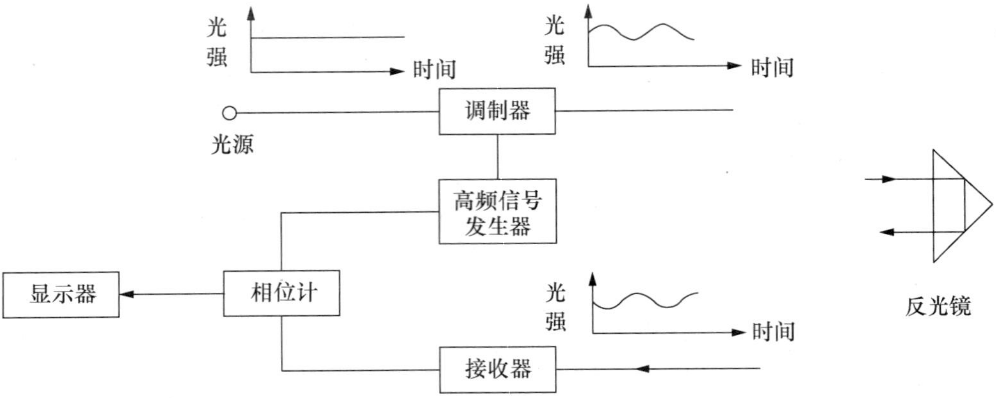

图 4-18　相位法测距仪器工作原理

相位法测距仪器工作原理可用框图 4-18 来说明。当向红外光测距仪的 GaAs 二级管中注入相当大的正向电流时，P-N 结辐射出一定波长（0.72～9.94 μm）的红外光。其辐射光强会随注入电流的大小而显强弱变化，若注入频率为 f 的交变电流，则 GaAs 的光强也按频率 f 发生变化，这种光称为调制光。相位法测距仪发出的测距光就是这种连续的调制光。当这种调制光经反光镜反射回来被接收器接收后，由相位计将发射信号和接收信号进行比较，并由显示器显示出调制光在测线上往返传播所引起的相位移 φ。若将调制光波往、返测程摊平，就得如图 4-19 所示的波形。由图可知，往、返程总相位移为

$$\varphi = 2\pi \cdot N + \Delta\varphi \tag{4-28}$$

式中：N 为整周期数；$\Delta\varphi$ 为不足整周期的相位移尾数。

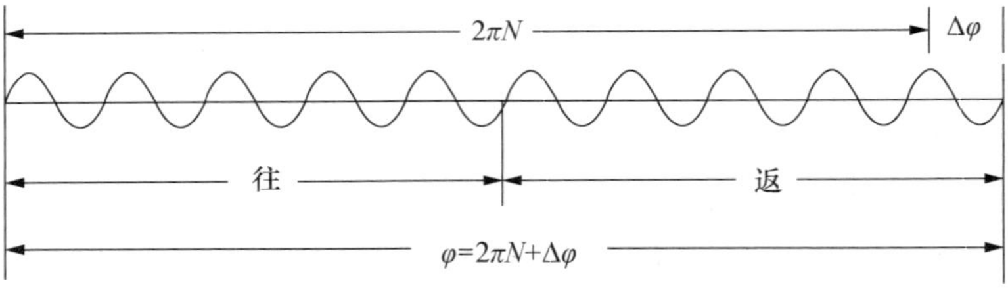

图 4-19　相位法测距的原理

由物理学可知，接收时相位程比发射时相位移延迟 φ 角，其大小为

$$\begin{aligned} \varphi &= 2\pi f \cdot t \\ t &= \frac{\varphi}{2\pi f} \end{aligned} \tag{4-29}$$

将式(4-29)代入公式(4-27)得

$$D' = \frac{1}{2}C \cdot \frac{\varphi}{2\pi f} = \frac{c}{2f} \cdot \frac{\varphi}{2\pi} = \frac{\lambda}{2} \cdot \left(\frac{2\pi N + \Delta\varphi}{2\pi}\right)$$

即

$$D' = \frac{\lambda}{2} \cdot \left(N + \frac{\Delta\varphi}{2\pi}\right)$$

若令 $u=\frac{\lambda}{2}$，$\Delta N=\frac{\Delta\varphi}{2\pi}$，则

$$D=u\cdot(N+\Delta N) \tag{4-30}$$

式(4-30)就是相位法测距的基本公式，式中 u 称为“光尺”，可看成用尺长为 u 的“尺子”进行距离丈量，整尺段数为 N，余尺段数为 ΔN。

由于测量交变信号差的方法不能测出整周期数 N，只能测出相位变化的尾数 $\Delta\varphi$。目前测相技术的精度可达 $10^{-4}\sim10^{-3}$ 量级，所以“光尺”度越大，测距的相对误差就越大。当采用 1 000 m 的“光尺”进行测距，其精度为 1 m，采用 10 m 的“光尺”，其误差小于 1 cm。为了保证测距精度，同时还能满足测程的需要，目前测距仪上一般均配置 2 把“光尺”，一把叫“精测尺”，测出米以下数值；另一把称“粗测尺”，测量 10 m 以上数值。借助仪器内部的逻辑电路，自动完成计算，并一次显示测距结果。

例 4-5 某测距仪内设 2 个调制频率，一个为 15 MHz($u_1=10$ m)，u_1 尺测得 $\Delta N_1=0.388\,9$，另一个为 150 kHz($u_2=1\,000$ m)，u_2 测得 $\Delta N_2=0.264$。

由 u_1 得：$d_1=0.388\,9\times10=3.889$(m)

由 u_2 得：$d_2=0.264\times1\,000=264$(m)

则测线长度 D' 为

$$D'=(\text{百位、十位数值})d_2+(\text{个位及小数点后数值})d_1=263.889(\text{m})$$

注意：个位是采用 10 m 光尺的数值 3 m。

二、红外光测距仪观测结果的改正计算

红外光测距仪观测的直线长度 D'，经过下列改正后才能得到实际两点间的水平距离 D。

1. 加常数改正 K　加常数改正原理如图 4-20 所示，测距仪显示的数据是内光路棱镜和反射镜等效反射面之间距离 D''，即 A'、B'之间的直线长度。由于光线在反射棱镜内部走了一段距离，故反射棱镜等效面 B'处，它与棱镜安置中心 B 的间距称为反射镜常数 K_2；同样内光路棱镜等效面在 A'处，它与仪器安置中心 A 点的间距称为主机常数 K_1。由于发光管的发射面、接收面与仪器中心不一致，反光镜的反射面与棱镜中心不一致及内光路产生的相位延迟、电子元件的相位延迟等原因，使得测量距离与实际距离值不一致，产生加常数 K，该常数在仪器出厂时已预置在仪器中，仪器可自动改正。但由于仪器长期使用后电子元件的老化或在搬运过程中受到震动等原因，该常数还会发生变化，因此仪器应定期检定，在测距过程中加以改正。

2. 乘常数改正 ΔD_f　当仪器的实际测尺频率与设计频率有了频移(不是因频率不稳定而产生的频漂)Δf 时，所测得的距离存在着随距离不同而变化的系统误差，其比例因子称为乘常数 R，此常数经过检定可以求得，改正数为

$$\Delta D_f=R\times10^{-6}\cdot D$$

3. 周期误差改正 ΔD_φ　周期误差主要是指仪器的光学和电子线路受到干扰，使精测尺

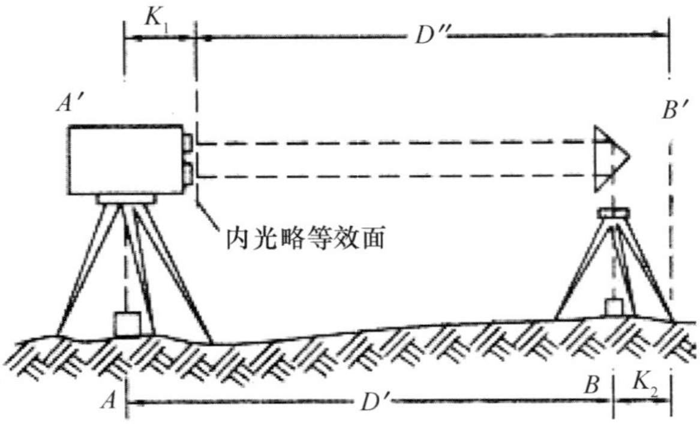

图 4-20　加常数改正原理

的尾数呈现出一种周期性的误差。对于精度要求较高的距离测量，要进行周期误差改正。

$$\begin{cases}\Delta D_{\varphi}=A\cdot\sin(\Delta\varphi_i+\theta)\\ V\Delta\varphi_i=\dfrac{\Delta u}{u}\cdot 360^{\circ}\end{cases}\tag{4-31}$$

式中：u 为精测尺尺长；Δu 为精测尺尾数（不足 1 尺的余长）；θ 为初相角。

由于周期误差很小，且大部分仪器可以自动修正，故周期误差可以忽略。

4. 气象改正 ΔD_n　红外光测距是利用光波测量两点间距离，光波在空气中传播受到温度、气压及湿度等因素的影响，使得距离测量产生误差，其影响为

$$\Delta D_n=[1.0\times(t-20℃)-0.4(P-101.325\ \text{kPa})]\cdot D'\tag{4-32}$$

式中：t 为测量时的气温，℃；P 为测量时的气压，kPa；D'为仪器到反光镜间直线长度，km。

5. 倾斜改正　测距仪的测量结果是仪器中心到反光镜之间的直线长度 D'，计算水平距离时需先进行以上 4 项改正后，求出倾斜距离 $D_{斜}$，即

$$D_{斜}=D'+K+\Delta D_f+\Delta D_{\varphi}+\Delta D_n\tag{4-33}$$

倾斜改正后的水平距离计算公式

$$D=D_{斜}\cdot\cos\alpha$$

式中：α 为竖直角。

计算水平距离后，还应该计算测距精度，光电测距精度指标为

$$M_D=\pm(a\pm b\times10^{-6}\cdot D)\tag{4-34}$$

式中：a 为固定误差，mm；b 为比例误差；D 为测边长度，km。

例 4－6　某台红外光测距仪，经检定加常数 $K=0.788$ mm，乘常数 $R=-0.48$ mm/100 m，振幅 $A=0.80$ mm，初相角 $\theta=99°13'$。精度指标 $M_D=\pm(3.48+1.30\times10^{-6}\cdot \mathrm{D})$mm。用该仪器测量一段距离为 $D'=827.135$ m，竖直角 $\alpha=-8°23'12''$。气温 $t=15℃$，气压 $P=770$ mmHg，求实际水平距离 D 及精度。

解：$K=0.788$ mm

$$\Delta D_f=D'\cdot R=827.135\times(-0.48/100)=-3.97(\text{mm})$$

$$\Delta D_{\varphi} \approx 0$$

$$\Delta D_{n} = [1.0 \times (t-20) - 0.4(p-760)] \times D'$$
$$= [1.0 \times (15-20) - 0.4 \times (770-760)] \times 0.827\,135$$
$$= -7.444(\text{mm})$$

$$D_{斜} = D' + K + \Delta D_{f} + \Delta D_{n}$$
$$= 827.046 + 0.007\,88 - 0.003\,97 - 0.007\,44$$
$$= 827.213\,4(\text{m})$$

$$D = D_{斜} \cdot \cos\alpha = 827.213\,4 \times \cos(-8°23'12'') = 818.279(\text{m})$$

精度

$$M_{D} = \pm(3.48 + 1.30 \times 10^{-6} \cdot D)(\text{km})$$
$$M_{D} = \pm(3.48 + 1.30 \times 10^{-6} \times 0.818) = 4.54(\text{mm})$$

实际水平距离 D 及精度

$$D = 818.279\ \text{m} \pm 4.54\ \text{mm}$$

复习题

1. 丈量 AB、CD 两段距离，AB 段往测为 136.745 m，返测为 136.757 m，CD 段往测为 235.421 m，返测为 235.409 m，问两段距离丈量精度是否相同？为什么？两段丈量结果各为多少？

2. 一钢尺名义长度为 30 m，经检定实际长度为 30.002 1 m，用此钢尺量两点间距离为 186.445 m，求改正后的水平距离？

3. 一钢尺长 20 m，$\alpha = 1.25 \times 10^{-5}/℃$，检定时温度为 20℃，用钢尺丈量两点间距离为 126.365 m，丈量时钢尺表面温度 12℃，求改正后的水平距离？

4. 什么叫直线定线和直线定向？直线定向的方法有哪几种？

5. 说明下列现象对距离丈量的结果是长了还是短了？

(1)所用钢尺比标准尺短______________________________；

(2)直线定线不准______________________________；

(3)钢尺未拉水平______________________________；

(4)读数不准______________________________。

6. 罗盘仪是由哪几部分组成？用罗盘仪测量某直线磁方位角为 88°45′，该地区磁偏角为 −5°28′，求该直线的真方位角？

7. 如何进行红外光测距仪的常数改正、气象改正、倾斜改正及周期误差改正等几项改正？其测距精度如何计算？

Chapter 第五章

测量误差理论的基础知识

大量的测量实践表明，当我们利用测绘仪器对某个量进行多次观测时，就会发现观测值之间以及观测值与其理论值之间总是存在着一定差异。而且无论我们采用什么样的高精度仪器，也无论采用什么样的测量方法，这种差异总是无法消除的。为什么会产生误差？它具有什么性质？如何获得观测值的最可靠值并衡量测量成果精度，就是测量误差理论要讨论的问题。

第一节　测量误差概述

任何一项测量工作，都是由观测人员使用仪器、工具在一定的外界条件下进行的。由于观测仪器的结构不十分完善，观测者的感官及分辨能力有限，再加上测量作业是在野外进行的，因此测量成果中存在误差，上述3个方面称为观测条件。

一、测量误差产生的原因

1. 仪器误差　测量工作离不开仪器，任何一种仪器又都会有一定的标称精度。另一方面仪器经过长期使用或其他原因，其各轴系之间应满足的条件，很可能有不同程度的破坏，即使经过校正也会存有一定的残差，这就必然会给测量成果带来一定的影响。这种由于仪器本身因素对测量成果引起的误差，称为仪器误差。

2. 观测误差　任何人的感觉器官的鉴别能力都有一定限度，如人眼的分辨率为0.1 mm。而测量工作又必须有人的感觉器官的参与，这就必然给测量成果带来一定的影响，如瞄准误差、读数误差等。

3. 外界条件因素引起的误差　外界条件因素通常是指风、温度、湿度、大气折光等外界客观因素，这些因素随时随地都在变化，因此，其对测量成果的影响也具有不确定性。

由这3个因素引起的误差，从性质上看，是有所不同的，如仪器误差大多有一定的规律性，而后两方面引起的误差大多无规律可言。

二、测量误差分类

根据误差的性质，误差分为系统误差、偶然误差。其中观测错误也称粗差，不属于误差。

1.系统误差　在相同的观测条件下，对某个固定量进行多次观测，如果观测误差在符号及大小上有一定的规律性，这种误差称为系统误差。例如，用一把名义长 50 m 而其实长为 50.005 m 的钢尺去丈量一段距离，每量一尺段就会使距离短了 0.005 m，如果丈量了 n 个尺段，由钢尺引起的量距误差为 $n\times0.005$ m。但若在测量的结果中加上 $n\times0.005$ m，就可以将此项误差消除。通过该例可以看出，系统误差不但具有规律性，而且往往具有一定的积累性，对测量成果的精度影响很大，因此在测量作业时往往需采用一定的方法将其消除。

2.偶然误差　在相同的观测条件下，对某个固定量进行多次观测，如果观测误差在符号及大小上没有一定规律性，这种误差称为偶然误差。如在水准测量中对水准尺毫米位的估读误差，再如用经纬仪对一个三角形的 3 个内角进行多次观测，各次观测的 3 个内角之和与 180°之差也不尽相同。这些误差是由许多随机因素造成的，因此有时也把偶然误差称为随机误差。

3.粗差　观测错误亦称粗差，主要是由于操作人员操作上的错误或观测上的错误产生的，如读错读数、瞄错目标、记错数据等。粗差在测量成果中是不允许存在的，只要操作人员能够严格按照操作规程进行，认真仔细读数，并采取必要的检核措施，是可以避免的。

第二节　偶然误差的特性

在测量工作中如果采取有效的方法，系统误差就会被大大削弱，甚至可以被消除，使其对测量成果的影响非常小，系统误差还可以被改正，粗差按照测量规范通过校核是可以避免的。偶然误差对测量结果的影响起到了主导作用，因此需要对偶然误差的性质做深入仔细的分析。

虽然从表面上看，偶然误差没有规律可言，但若对大量的偶然误差进行统计分析，就可以找出其内在的规律性。

若对某个量(其真值为 X)进行 n 次观测，得到 n 个独立的观测值，分别为 $L_1,L_2,\cdots,L_n$，则每个观测值的偶然误差(也称真误差)Δ_i 为

$$\Delta_i=X-L_i(i=1\sim n)$$

例：如表 5-1 所示，某一地区的控制网共由 125 个三角形组成，根据观测值求得各三角形的内角和及闭合差 Δ_i，同时将 Δ_i 按正、负分开，并按由小到大的顺序排列。取误差间隔 $d\Delta=3''$ 作为误差间隔区间对其进行统计分析。表中 m_i 为各区间内三角形个数。$P_i=m_i/n(n=125)$为各区间误差出现的概率。

表 5-1　误差分布

误差区间	负误差		正误差		合计	
	m_i	$P_i=m_i/n$	m_i	$P_i=m_i/n$	m_i	$P_i=m_i/n$
0″～3″	17	0.136	18	0.144	35	0.280
3″～6″	14	0.112	15	0.120	29	0.232
6″～9″	10	0.080	12	0.096	22	0.176
9″～12″	8	0.064	8	0.064	16	0.128
12″～15″	5	0.040	4	0.032	9	0.072
15″～18″	4	0.032	3	0.024	7	0.056
18″～21″	3	0.024	2	0.016	5	0.040
21″～24″	1	0.008	1	0.008	2	0.016
24″以上						
合计	62	0.496	63	0.504	125	1

从表 5-1 中可以看出，偶然误差具有以下 4 个特性：

(1)在一定观测条件下，偶然误差的绝对值不会超过一定界限；

(2)绝对值小的误差比绝对值大的误差出现的概率大；

(3)绝对值相等的正、负误差出现的概率相等；

(4)当观测次数无限增大时，偶然误差的算术平均值趋于零。即：

$$\lim_{n\to\infty}\frac{\Delta_1+\Delta_2+\cdots+\Delta_n}{n}=\lim_{n\to\infty}\frac{[\Delta]}{n}=0$$

式中：[ ]表示取和。

该例所体现出的偶然误差的特性也可以用直方图表示。如图 5-1 所示，横坐标表示真误差出现区间，间隔为 $d\Delta$，纵坐标表示各区间误差出现的概率与区间间隔值的比值。即 $\frac{m_i/n}{d\Delta}$，则长方形的面积表示误差出现在该区间的概率，即

$$P_i(\Delta)=\frac{m_i/n}{d\Delta}\times d\Delta$$

且有 $\sum P_i(\Delta)=1$。

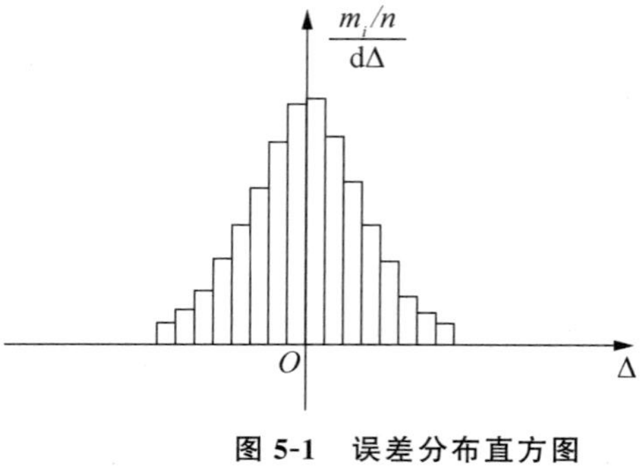

图 5-1　误差分布直方图

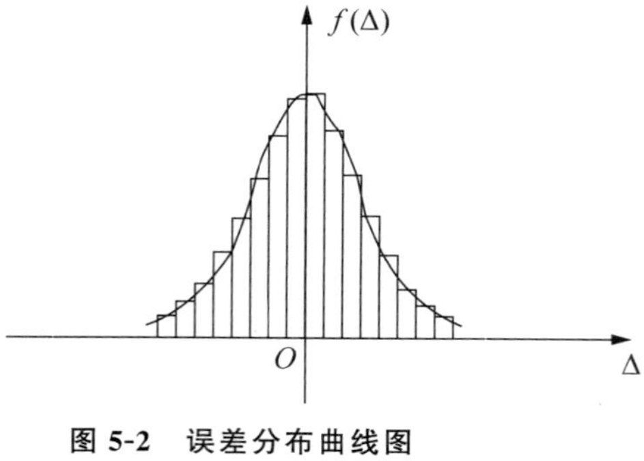

图 5-2　误差分布曲线图

若当观测次数无限增多，即 $n\to\infty$ 时，并将区间间隔无限缩小。则直方图的顶点连线就

变成了一条圆滑的曲线。如图 5-2 所示，根据数理统计知识，服从正态分布的随机变量 X 的概率密度函数为 $f(\Delta)=\dfrac{1}{\sqrt{2\pi}\cdot\sigma}\times e^{-\frac{(\Delta-u)^2}{2\sigma^2}}$，$\Delta$ 趋于无穷。

则该曲线即为关于 Δ 的概率密度函数曲线 $\Delta\sim N(0,\sigma^2)$，函数表达式为

$$f(\Delta)=\frac{1}{\sqrt{2\pi}\cdot\sigma}\times e^{-\frac{\Delta^2}{2\sigma^2}}$$

且

$$\int_{-\infty}^{+\infty} f(\Delta)\mathrm{d}\Delta=1$$

式中 σ^2 为 Δ 的方差

即 $\sigma^2=D(\Delta)\lim\limits_{n\to\infty}\dfrac{\Delta_1^2+\Delta_2^2+\cdots+\Delta_n^2}{n}=\lim\limits_{n\to\infty}\dfrac{[\Delta\Delta]}{n}$

σ 为标准差（测量中称之为中误差）即

$$\sigma=\pm\lim_{n\to\infty}\sqrt{\frac{[\Delta\Delta]}{n}}$$

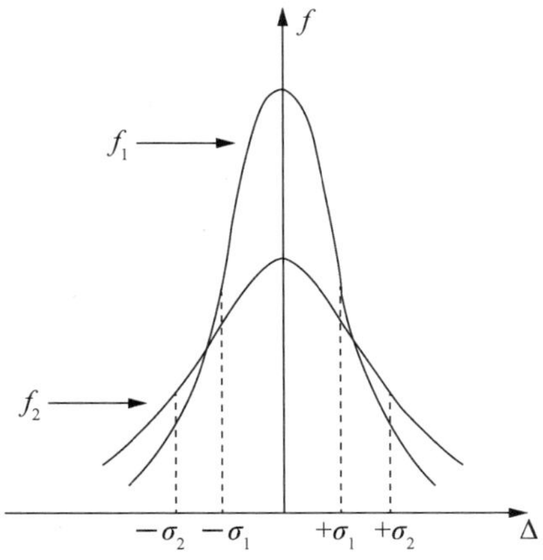

图 5-3 正态分布密度函数曲线

正态分布曲线图上拐点处的偶然误差值 Δ 拐即为标准差 σ，如图 5-3 所示，此曲线的位置与形状由 μ、σ 决定，$\mu=E(x)=0$，因此该曲线以纵轴对称。当 σ 不同时，曲线的形状就不同，且当 σ 越小时，曲线的峰值越大，表明小误差出现的概率大，说明这一组误差分布较为紧密（离散度小），即该组的观测值精度高。反之，σ 越大，精度则越低，因此，在精度分析中常用 σ 来作为评定精度高低的一个重要指标。

第三节 评定精度的指标

在测量工作中，由于偶然误差的存在，使得每次观测的结果都不一致，为了检查测量成果的精确程度，必须要有衡量精度的标准。

一、中误差

σ 能很好地反映一组观测值的精度，但求 σ 值要求观测次数 $n\to\infty$，在测量中观测次数 n 是有限的，因此，可以采用 σ 的估值 m（即中误差）作为一个评定精度的指标，m 的表达式为

$$m=\pm\sqrt{\frac{[\Delta\Delta]}{n}} \tag{5-1}$$

从式(5-1)中可以看出，m 是由一组在相同观测条件下的精度相同的观测值，即同精度观测值的真误差 Δ 求出的。对于这一组观测值来说，该组中每一个观测量的中误差都相同，都是 m，因此称他们为同精度观测值。另外，虽然 m 是由有限次观测值求出的，但其随着观测次数的增加，m 将趋近于 σ。

例 5－1 某地区的两个控制网分别由 10 个三角形组成，每个三角形的内角和及闭合差 W_i 列于表 5-2 中，试求两个控制网的三角形闭合差的中误差 m_1、m_2。

表 5-2 角度观测值表

三角形号	第一组 $\alpha_i+\beta_i+\gamma_i$ /(° ′ ″)	三角形闭合差 W_i/″	W_i^2	第二组 $\alpha_i+\beta_i+\gamma_i$ /(° ′ ″)	三角形闭合差 W_i/″	W_i^2
1	179 59 42	−18	324	180 00 06	6	36
2	180 00 02	+2	4	180 00 07	7	49
3	179 59 58	−2	4	179 59 54	−6	36
4	179 59 56	−4	16	180 00 05	+5	25
5	180 00 05	+5	25	179 59 52	−8	64
6	179 59 58	−2	4	179 59 55	−5	25
7	180 00 04	+4	16	180 00 08	+8	64
8	180 00 06	+6	36	180 00 04	+4	16
9	179 59 46	−14	196	179 59 52	−8	64
10	179 59 54	−6	36	180 00 06	+6	36
$\sum$		−29	661		9	415
中误差	$m_1=\pm\sqrt{\frac{661}{10}}=\pm 8.1''$			$m_2=\pm\sqrt{\frac{415}{10}}=\pm 6.4''$		

二、相对误差

由于中误差是绝对误差，有时它不能准确地评定观测值的精度。例如用钢尺丈量两段距离分别为 100 m 和 50 m，若两观测值的中误差都为±2 cm，如果认为对两段距离丈量的精度相同，显然是不合理的，因为距离丈量的误差与其长度有关。因此，在测量工作中常以相对误差，即 m/D，作为衡量距离测量的精度标准，并把 m/D 化为 $1/K$ 的形式。两段距离丈量值的相对精度分别为：2/10 000＝1/5 000；2/5 000＝1/2 500 因此说前者丈量精度高于后者。

三、容许误差

根据概率论的有关知识可知，偶然误差小于 2 倍及 3 倍中误差的概率为：

$$p(|\Delta|<2\ m)=95.5\%$$
$$p(|\Delta|<3\ m)=99.7\%$$

由此可见，偶然误差超过2倍及3倍中误差的概率仅为4.5%或0.3%。因此工程中常以2 m或3 m作为容许误差。容许误差亦称极限误差或限差。

如果测量误差大于容许误差，则认为观测值中存在着一定的粗差，为不可靠观测值，应予舍弃。

第四节　观测值的算术平均值、改正数及其中误差

由于很多被观测量的真值并不知道，因此就不可能用真误差 Δ 求观测值的中误差 m。但观测值的算术平均值总是可以得到的。

一、观测值的算术平均值

在相同观测条件下（同精度观测值），对某个固定量（其真值为 X）进行 n 次观测，观测值为 $L_1, L_2, \cdots, L_n$，则其算术平均值 x 为

$$x = \frac{L_1 + L_2 + \cdots + L_n}{n} = \frac{[L]}{n} \tag{5-2}$$

在测量中，同精度观测值的算术平均值 x 被认为是最接近真值 X 的值，也称 x 为**最或然值**。下面予以证明。

由真误差的定义可知

$$\begin{aligned} \Delta_1 &= X - L_1 \\ \Delta_2 &= X - L_2 \\ &\vdots \\ \Delta_n &= X - L_n \end{aligned}$$

将上式等号两侧分别相加并除以 n 有

$$\frac{[\Delta]}{n} = X - \frac{[L]}{n} = X - x \tag{5-3}$$

再将式(5-3)等号两侧同时取极限有

$$\lim_{n\to\infty} \frac{[\Delta]}{n} = X - \lim_{n\to\infty} \frac{[L]}{n} \tag{5-4}$$

根据偶然误差第四个特性可知 $\lim\limits_{n\to\infty} \frac{[\Delta]}{n} = 0$，因此有

$$\lim_{n\to\infty} \frac{[L]}{n} = X \quad \lim_{n\to\infty} x = X \tag{5-5}$$

从式(5-5)可看出当 $n\to\infty$ 时，x 逐渐接近 X。因此，在测量中，常把同精度观测值的算术平均值作为最后结果。

二、观测值的改正数及中误差

观测值的改正数:算术平均值与观测值之差称为改正数,并以 V 表示。

$$V_i = x - L_i \tag{5-6}$$

用改正数求观测值的中误差方法如下。

由改正数及真误差的定义有

$$V_i = x - L_i$$
$$\Delta_i = X - L_i$$

将以上两式整理有

$$\begin{aligned}\Delta_i &= X - x + V_i \\ &= V_i + (X - x)\end{aligned}$$

将上式等号两侧自乘,然后取和并除以 n 有

$$\begin{aligned}\frac{[\Delta\Delta]}{n} &= \frac{[VV]}{n} + 2\frac{[V]}{n}(X - x) + \frac{n(X - x)^2}{n} \\ &= \frac{[VV]}{n} + 2\frac{[V]}{n}(X - x) + (X - x)^2\end{aligned} \tag{5-7}$$

根据式(5-3)有

$$\begin{aligned}(X - x)2 &= \frac{(\Delta_1 + \Delta_2 + \cdots + \Delta_n)^2}{n^2} \\ &= \frac{\Delta_1^2 + \Delta_2^2 + \cdots\Delta_n^2}{n^2} + \frac{2(\Delta_1\Delta_2 + \Delta_1\Delta_3 + \cdots + \Delta_{n-1}\Delta)_n}{n^2} \\ &= \frac{[\Delta\Delta]}{n^2} + \frac{2(\Delta_1\Delta_2 + \Delta_1\Delta_3 + \cdots + \Delta_{n-1}\Delta_n)}{n^2}\end{aligned} \tag{5-8}$$

因为 $\Delta i\Delta j\ (i \neq j)$ 仍为偶然误差,因此上式后一项实际上为一个微小的量,可以忽略不计。故式(5-8)可以写为

$$(X - x)^2 = \frac{[\Delta\Delta]}{n^2} \tag{5-9}$$

再由式(5-6)可知

$$[V_i] = nx - [L] = 0 \tag{5-10}$$

将式(5-9)及式(5-10)代入式(5-7)有

$$\frac{[\Delta\Delta]}{n} = \frac{[VV]}{n} + \frac{[\Delta\Delta]}{n^2}$$

将上式整理可得

$$\frac{[\Delta\Delta]}{n}=\frac{[VV]}{n-1}$$

$$m=\pm\sqrt{\frac{[VV]}{n-1}} \tag{5-11}$$

式(5-11)即为利用改正数 V 求同精度观测值中误差的公式，也称为白塞尔公式。

第五节　误差传播定律

在测量工作中不但要评定观测值的精度，而且往往也要评定观值函数的精度。阐述观测值中误差与其函数中误差之间关系的定律，称为误差传播定律。

一、倍数关系函数的中误差

设有一观测值 x，其函数为 Z

$$Z=kx \tag{5-12}$$

式中：k 为常量。现求 Z 的中误差 m_z 与观测值 x 的中误差 m_x 的关系。设 Z 及 x 的真误差分别为 Δ_z、Δ_x。

首先将式(5-12)两侧同时取微分有

$$d_Z=k\,d_x$$

将上式两侧同时自乘并取和再除以 n 有

$$\frac{[\Delta_Z\Delta_Z]}{n}=K^2\times\frac{[\Delta_x\Delta_x]}{n}$$

$$m_Z^2=k^2m_x^2$$

$$m_Z=km_x \tag{5-13}$$

从式(5-13)可以看出倍数关系函数的中误差应等于观测值中误差与其常数的乘积。

例 5-2　在 1∶1 000 比例尺的地形图上量得 A、B 点之间的距离为 $S_{AB}=12.3$ mm，其中误差为 $m_{S_{AB}}=\pm0.2$ mm，试求 A、B 两点间实地距离 S_{AB}，及其中误差 $m_{S_{AB}}$。

解：$S_{AB}=1\,000\times12.3=12\,300(\text{mm})=12.3(\text{m})$

由式(5-13)可得

$$m_{S_{AB}}=1\,000\times m_{S_{AB}}=1\,000\times(\pm0.2)=\pm0.2(\text{m})$$

二、和差关系函数的中误差

设 Z 是关于相互独立的观测值 x、y 的函数

$$Z=x\pm y \tag{5-14}$$

设 x、y 的中误差为 m_x、m_y，求 m_Z。

首先将式(5-14)两侧同时微分，然后自乘，取和并除以 n 有

$$\frac{[\Delta_Z\Delta_Z]}{n}=\frac{[\Delta_x\Delta_x]}{n}+\frac{[\Delta_y\Delta_y]}{n}\pm\frac{2[\Delta_x\Delta_y]}{n} \tag{5-15}$$

由于 x 与 y 为相互独立观测值，因此 Δx、Δy 仍为偶然误差，$2[\Delta_x\Delta_y]/n$ 趋近于零，可以忽略不计。因此式(5-15)可化为

$$\frac{[\Delta_Z\Delta_Z]}{n}=\frac{[\Delta_x\Delta_x]}{n}+\frac{[\Delta_y\Delta_y]}{n}$$

$$m_Z^2=m_x^2+m_y^2$$

$$m_Z=\pm\sqrt{m_x^2+m_y^2} \tag{5-16}$$

由式(5-16)可以看出，和差关系函数的中误差等于各观测值中误差平方和的平方根。

由式(5-16)可知，若 $Z=x_1\pm x_2\pm\cdots\pm x_n$，$x_1$，$x_2$，…，$x_n$ 为相互独立的观测值，因此有

$$m_Z=\pm\sqrt{m_1^2+m_2^2+\cdots+m_n^2} \tag{5-17}$$

例 5－3　在 A、B 两点间进行水准测量，若测站数 $n=16$，设每测站水准测量的高差中误差为 $m_h=\pm 3$ mm。试求 A、B 两点间的高差中误差 $m_{h_{AB}}$。

解：由水准测量知识可知

$$h_{AB}=h_1+h_2+\cdots+h_{16}$$

由式(5-17)可得

$$m_{h_{AB}}=\pm\sqrt{16m_h^2}=\pm 12(\text{mm})$$

三、线性关系函数的中误差

设 Z 是关于相互独立的观测值 x_1，x_2，…，x_n 的函数。

$$Z=k_1x_1\pm k_2x_2\pm\cdots\pm k_nx_n \tag{5-18}$$

式中：k 为常量。根据式(5-13)及式(5-17)可得

$$m_Z=\pm\sqrt{k_1m_1^2+k_2m_2^2+\cdots+k_nm_n^2} \tag{5-19}$$

例 5－4　试求同精度观测值 L_1，L_2，…，L_n 的算术平均值的中误差(设观测值中误差为 m)。

解：因为

$$x=\frac{L_1+L_2+\cdots+L_n}{n}=\frac{1}{n}L_1+\frac{1}{n}L_2+\cdots+\frac{1}{n}L_n$$

由式(5-19)可得

$$m_x^2=\frac{1}{n^2}m_{L_1}^2+\frac{1}{n^2}m_{L_2}^2+\cdots+\frac{1}{n^2}m_{L_n}^2$$

又因为 $m_{L_1}=m_{L_2}=\cdots=m_{L_n}=m$

所以有

$$m_x^2=\frac{1}{n}m^2$$

$$m_x=m\sqrt{\frac{1}{n}} \tag{5-20}$$

式(5-20)即为同精度观测值算术平均值中误差的计算公式。

例 5-5 以同精度观测了 n 个三角形的各角 $\alpha_i,\beta_i,\gamma_i$，各三角形闭合差分别为 W_1，$W_2,\cdots,W_n$，试求三角形内角和中误差 $m_{(\alpha_i+\beta_i+\gamma_i)}$ 及测角中误差 m。

解:因为三角形闭合差 W_i 即为三角形内角和的真误差

因此有
$$m_{(\alpha_i+\beta_i+\gamma_i)}=\pm\sqrt{\frac{[WW]}{n}}$$

根据误差传播定律可知

$$m^2_{(\alpha_i+\beta_i+\gamma_i)}=m_{\alpha_i}^2+m_{\beta_i}^2+m_{\gamma_i}^2=3m^2$$

故此有
$$m=\pm\sqrt{\frac{[WW]}{3n}}$$

上式即为根据三角形闭合差求测角中误差的公式，也称菲列罗公式。

四、非线性函数中误差

设 Z 为相互独立观测值 $x_1,x_2,\cdots,x_n$ 的函数

$$Z=f(x_1,x_2,\cdots,x_n) \tag{5-21}$$

首先将式(5-21)线性化，即求其全微分

$$\Delta_Z=\frac{\partial f}{\partial x_1}\Delta_{x_1}+\frac{\partial f}{\partial x_2}\Delta_{x_2}+\cdots+\frac{\partial f}{\partial x_n}\Delta_{x_n} \tag{5-22}$$

按式(5-19)有

$$m_Z^2=\left(\frac{\partial f}{\partial x_1}\right)^2m_1^2+\left(\frac{\partial f}{\partial x_2}\right)^2m_2^2+\cdots+\left(\frac{\partial f}{\partial x_n}\right)^2m_n^2 \tag{5-23}$$

式(5-23)为误差传播定律的一般形式，可见前 3 种形式皆为其特例。

例 5-6 如图 5-4 所示，已知 AC 边方位角 $\alpha_{AC}=0°00'00''$，α、S 为两观测值，$\alpha=45°11'24''$，$S=100.121$ m，其中误差分别为 $m_\alpha=\pm8.1''$，$m_S=\pm0.012$ m。

试求 A、B 两点 x 坐标增量 Δx 的中误差 $m_{\Delta x}$。

解:由图 5-4 可知

$$\Delta x = S \cdot \cos \alpha$$

根据式(5-23)有

$$m_{\Delta x}^2 = (\cos \alpha)^2 \times m_s^2 + (s \times \sin \alpha)^2 \left(\frac{m_\alpha}{\rho}\right)^2 \tag{5-24}$$

式中：$\rho = 206\ 265''$即 1 弧度所对应的秒值。

将各已知数据代入式(5-24)后可得

$$m_{\Delta x} = \pm 9(\text{mm})$$

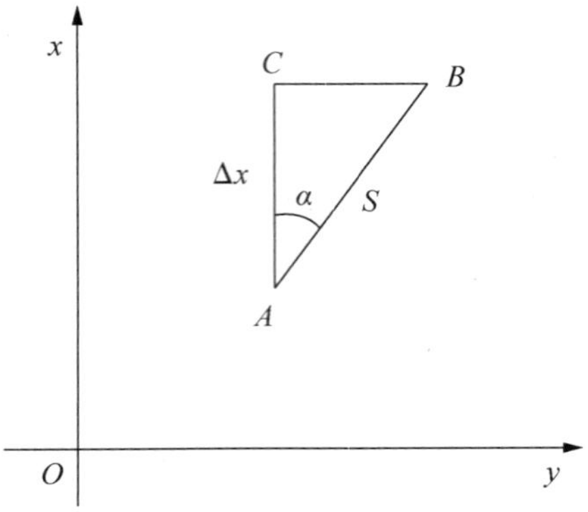

图 5-4　坐标增量

第六节　加权平均值及权

在第四节中我们探讨了同精度观测值的算术平均值。但在测量中，常常要求不同精度观测值的最或然值，称加权平均值。

一、加权平均值

设对某一个量进行两组同精度观测，各观测值为 $L_1, L_2, \cdots, L_{n_1}; L'_1, L'_2, \cdots, L'_{n_2}$。设观测值中误差为 m，两组观测次数分别为 n_1、n_2($n_1 \neq n_2$)，并以 x_1、x_2 分别表示各组观测值的算术平均值，根据算术平均值的定义，及式(5-20)有

$$x_1 = \frac{1}{n}(L_1 + L_2 + \cdots + L_{n_1}) \tag{5-25}$$

$$m_{x1} = \frac{m}{\sqrt{n_1}} \tag{5-26}$$

$$x_2 = \frac{1}{n_2}(L'_1 + L'_2 + \cdots + L'_{n_2}) \tag{5-27}$$

$$m_{x_2} = \frac{m}{\sqrt{n_2}} \tag{5-28}$$

因为 $n_1 \neq n_2$，所以 $m_{x_1} \neq m_{x_2}$，因此可以把 x_1、x_2 看成两个不等精度的"观测值"。即观测条件不同的观测值 x_1，x_2，有不同的 m，对应不同的误差分布曲线，因此是不等精度观测值。

下面就讨论如何用不等精度观测值 x_1，x_2 来求最或然值 x。

因为 $L_1, L_2, \cdots, L_{n_1}$；$L'_1, L'_2, \cdots, L'_{n_2}$ 为同精度观测值，故此有

$$x = \frac{L_1 + L_2 + \cdots + L_{n_1} + L'_1 + L'_2 + \cdots + L'_{n_2}}{n_1 + n_2}$$

$$= \frac{[L] + [L']}{n_1 + n_2} = \frac{n_1 \times x_1 + n_2 \times x_2}{n_1 + n_2} \tag{5-29}$$

由式(5-26)及式(5-28)可知

$$n_1 = \frac{m^2}{m_{x_1}^2} \qquad n_2 = \frac{m^2}{m_{x_2}^2}$$

将以上两式代入式(5-29)中有

$$x = \frac{\frac{m^2}{m_{x_1}^2} \cdot x_1 + \frac{m^2}{m_{x_2}^2} \cdot x_2}{\frac{m^2}{m_{x_1}^2} + \frac{m^2}{m_{x_2}^2}} \tag{5-30}$$

由式(5-30)可以看出，如果将 m^2 换成任意常量 μ^2，x 值都不变。若令

$$P_i = \frac{\mu^2}{m_i^2} \left(\text{亦即 } m_i^2 = \frac{\mu^2}{P_i}\right) \tag{5-31}$$

则式(5-30)可写为

$$x = \frac{P_1 \times x_1 + P_2 \times x_2}{P_1 + P_2} \tag{5-32}$$

由以上两式可以看出 m_i 越小，则 P_i(测量中把 P_i 称为权)越大，则观测值 x_i 在 x 的计算中所占比例越大，反之越小。因此可以说不同精度观测值的权决定了各观测值在 x 的计算中所占的比例。

将式(5-32)推广，设不等精度观测值 $L_1, L_2, \cdots, L_n$，其权为 $P_1, P_2, \cdots, P_n$，则其广义算术平均值，即加权平均值(也称不同精度观测值的最或然值)x 为

$$x = \frac{P_1 L_1 + P_2 L_2 + \cdots + P_n L_n}{P_1 + P_2 + \cdots + P_n} \tag{5-33}$$

当 $P_1 = P_2 = \cdots = P_n$ 时，即 $m_1 = m_2 = \cdots = m_n$ 时，式(5-33)为

$$x = \frac{P[L]}{nP} = \frac{[L]}{n} \tag{5-34}$$

式(5-34)为同精度观测值的算术平均值的计算公式，因此说明同精度观测是不同精度

观测的一个特例。

二、权

由式(5-31)可知，任意观测值的权就等于一个任意常量 μ^2 与其中误差平方的比，即

$$p_i=\frac{\mu^2}{m_i^2} \qquad 或 \qquad \frac{P_i}{1}=\frac{\mu^2}{m_i^2}$$

当 $m_i=\mu$ 时，$P_i=1$，由此可见，μ 是权为 1 观测值的中误差，也称为单位权中误差。

若设 $L_1,L_2,\cdots,L_n$ 为不同精度的观测值，其权为 $P_1,P_2,\cdots,P_n$，则各观测值的权之比应为

$$P_1:P_2:\cdots:P_n=\frac{\mu^2}{m_1^2}:\frac{\mu^2}{m_2^2}:\cdots:\frac{\mu^2}{m_n^2}=\frac{1}{m_1^2}:\frac{1}{m_2^2}:\cdots:\frac{1}{m_n^2} \tag{5-35}$$

由式(5-35)可以看出，不同精度观测值的权之比等于各观测值中误差平方的倒数之比。因此说，权也可以衡量观测值之间的精度高低。另外，也可以看出该比例关系与 μ^2 的大小无关，但是应该注意的是，在确定各观测值的权时，应采用统一的常量 μ^2，否则权就不能衡量观测值之间精度的高低及观测值在计算广义算术平均值时所占的比例，权就失去了它存在的意义。因此，权 P 只有比较上的意义，而无大小上的意义(因各观测值的权 P_i 都随 μ^2 的增大而增大，也随之减小而减小，但其比例关系不变)。

例 5－7 以相同精度丈量两条边长 $S_1=2\ \text{km}$；$S_2=4\ \text{km}$。设每千米丈量的中误差为 m_{km}，试求两测量值的 P_1、P_2，及其权之比 $P_1:P_2$。

解：根据误差传播定律有

$$m_{s1}=\sqrt{S_1}\cdot m_{\text{km}}$$
$$m_{s2}=\sqrt{S_2}\cdot m_{\text{km}}$$

根据权的定义有

$$P_1=\frac{\mu^2}{S_1\cdot m_{\text{km}}^2}=\frac{\frac{\mu^2}{m_{\text{km}}^2}}{S_1} \qquad P_2=\frac{\mu^2}{S_2\cdot m_{\text{km}}^2}=\frac{\frac{\mu^2}{m_{\text{km}}^2}}{S_2}$$

若设 $\frac{\mu^2}{m_{\text{km}}^2}=c$，则 $P_1=\frac{c}{S_1}$，$P_2=\frac{c}{S_2}$，$P_1:P_2=S_2:S_1$。由此可知，在同精度边长丈量时，各边的权之比与边长成反比。

例 5－8 如图 5-5 所示为一结点水准网，由已知点 A、B、C 分别向 O 点施测同等级水准，各路线长及高差分别为 S_1、S_2、S_3，h_1、h_2、h_3。若已知 A、B、C 三点高程分别为 H_A、H_B、H_C，试求各水准路线的权及 O 点的最或然高程 x。

解：因为 3 条水准路线按同一等级施测的，

设每千米水准测量的高差中误差为 m_{km}。

则各路线观测的高差中误差为

$$m_{h_1}=\sqrt{S_1}\cdot m_{\mathrm{km}}$$
$$m_{h_2}=\sqrt{S_2}\cdot m_{\mathrm{km}}$$
$$m_{h_3}=\sqrt{S_3}\cdot m_{\mathrm{km}}$$

式中:S 以千米(km)为单位。

因此各路线的权为

$$P_i=\frac{\mu^2}{S_i m_{\mathrm{km}}^2}=\frac{\frac{\mu^2}{m_{\mathrm{km}}^2}}{S_i}$$

若设$\frac{\mu^2}{m_{\mathrm{km}}^2}=c$,则上式为

$$P_i=\frac{c}{S_i}$$

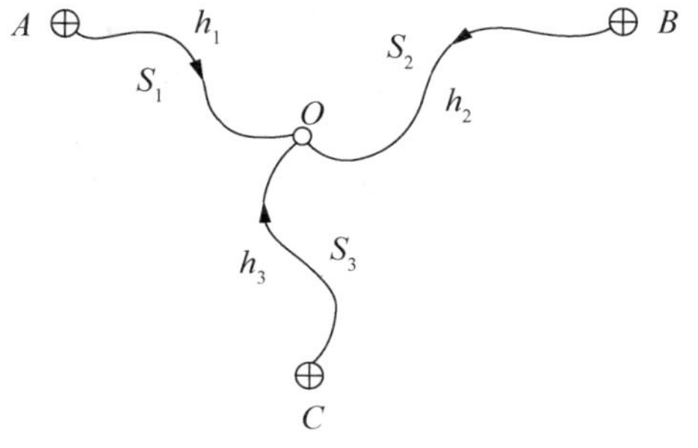

图 5-5　结点水准网

根据式(5-33)即可求出 O 点的最或然高程 x。

$$x=\frac{P_1(H_A+h_1)+P_2(H_B+h_2)+P_3(H_C+h_3)}{P_1+P_2+P_3}$$

由此可见,同精度观测的各水准路线的权与水准路线长度成反比。但需指出的是,若已知同精度观测各水准路线的测站数时,则各水准路线的定权公式为:$P_i=\frac{C}{n_i}$。式中 n_i 为各水准路线的测站数,可见水准路线的权与其测站数成反比。

例 5-9　在相同观测条件下,对某角进行两组观测,第一组观测 2 个测回,其算术平均值为 x_1,第二组观测 5 个测回,其算术平均值为 x_2,试求 x_1、x_2 的权。

解:设每测回的测角中误差为 m

根据式(5-20)有

$$m_{x_1}^2=\frac{m^2}{2}$$
$$m_{x_2}^2=\frac{m^2}{5}$$

根据权的定义有

$$P_{x_1}=\frac{\mu^2}{m_{x_1}^2}=\frac{2\mu^2}{m^2}$$
$$P_{x_2}=\frac{\mu^2}{m_{x_2}^2}=\frac{5\mu^2}{m^2}$$

若令 $\mu^2/m^2=1/c$,则 $\mu^2=m^2/c$,即以 c 个测回为单位权观测,以上两式就可写为

$$P_{x_1}=\frac{2}{c}$$

$$P_{x_2}=\frac{5}{c}$$

若令 $c=1$(因为 c 为任何正常数,$c\neq0$,对 P_{x_1} 与 P_{x_2} 的比值都无影响),则有

$$P_{x_1}=2$$
$$P_{x_2}=5$$

由此可见,由多次同精度观测值求得的算术平均值 x,其权 P_x 与观测次数成正比。

三、观测值函数的权

在测量工作中一般需要求解观测值函数的中误差。从以上内容可知,先求观测值的权,根据观测值的权求出函数的权,然后求得单位权中误差,再根据式(5-31)就可以求出观测值函数的中误差。

设有 n 个独立观测值 $L_1,L_2,\cdots,L_n$,它们的中误差及权分别为 $m_1,m_2,\cdots,m_n$;$P_1,P_2,\cdots,P_n$,观测值函数为 Z。

$$Z=f(L_1,L_2,\cdots,L_n)$$

根据误差传播定律有

$$m_z^2=\left(\frac{\partial f}{\partial L_1}\right)^2m_1^2+\left(\frac{\partial f}{\partial L_2}\right)^2m_2^2+\cdots+\left(\frac{\partial f}{\partial L_n}\right)^2m_n^2$$

根据式(5-31),上式可写为

$$\frac{\mu^2}{P_z}=\left(\frac{\partial f}{\partial L_1}\right)^2\frac{\mu^2}{P_1}+\left(\frac{\partial f}{\partial L_2}\right)^2\frac{\mu^2}{P_2}+\cdots+\left(\frac{\partial f}{\partial L_n}\right)^2\frac{\mu^2}{P_n}$$

若令其系数 $\frac{\partial f}{\partial L_i}=f_i$,则上式为

$$\frac{1}{P_z}=f_1^2\frac{1}{P_1}+f_2^2\frac{1}{P_2}+\cdots+f_n^2\frac{1}{P_n}=\left[\frac{ff}{P}\right] \tag{5-36}$$

例 5-10 求广义算术平均值 x 的权及其中误差 m_x。

解:因为

$$\begin{aligned}x&=\frac{P_1L_1+P_2L_2+\cdots+P_nL_n}{P_1+P_2+\cdots+P_n}\\&=\frac{P_1}{[P]}L_1+\frac{P_2}{[P]}L_2+\cdots+\frac{P_n}{[P]}L_n\end{aligned}$$

利用式(5-36)有

$$\begin{aligned}\frac{1}{P_x}&=\left(\frac{P_1}{[P]}\right)^2\frac{1}{P_1}+\left(\frac{P_2}{[P]}\right)^2\frac{1}{P_2}+\cdots+\left(\frac{P_n}{[P]}\right)^2\frac{1}{P_n}\\&=\frac{1}{[P]^2}(P_1+P_2+\cdots+P_n)\end{aligned}$$

$$=\frac{1}{[P]}$$

$$P_x=[p]$$

即广义算术平均值的权等于各观测值权的和，根据式(5-31)有

$$m_x=\mu\sqrt{\frac{1}{[P]}}$$

第七节　单位权中误差

对不等精度的观测值，不能用式(5-1)或式(5-11)求观测值中误差。但若能求出单位权中误差，就可求出观测值函数的中误差。因此需要利用不等精度的观测值，构造出一组“同精度观测值”，且若能使其权皆为1，就可利用以上两式求出其中误差，即为单位权中误差 μ。

设 $L_1,L_2,\cdots,L_n$ 为不等精度观测值，其权、中误差及真误差分别为：$P_1,P_2,\cdots,P_n$；$m_1,m_2,\cdots,m_n$；$\Delta_1,\Delta_2,\cdots,\Delta_n$。在此基础上造出一组新的观测值 L'_i，并使 $L'_i=\sqrt{P_i}\cdot L_i$，设其权及真误差为 P'_i 与 Δ'_i。

根据误差传播定律有

$$m_{L'_i}^2=P_i m_i^2$$

将 $m_{L'_i}^2=\frac{\mu^2}{P'_i}$，$m_i^2=\frac{\mu^2}{P_i}$ 两式代入上式有

$$\frac{\mu^2}{P'_i}=P_i\cdot\frac{\mu^2}{P_i}$$

$$P'_i=1$$

由此可见，新造出的一组观测值 L'_i 为同精度观测值，且它们的权皆为1。若利用它们的真误差 Δ'_i 或改正数 V'_i 求出 $m_{L'_i}$，即为单位权中误差 $m_{L'_i}=\mu$。

因为

$$L'_i=\sqrt{P_i}\cdot L_i$$

将上式微分可得

$$\Delta'=\sqrt{P_i}\cdot\Delta_i$$

将上式等号两侧自乘、取和并除以 n，再开平方后有

$$m_{L'_i}=\mu=\pm\sqrt{\frac{[\Delta'\Delta']}{n}}=\pm\sqrt{\frac{[P\Delta\Delta]}{n}}\tag{5-37}$$

式(5-37)即为利用不等精度观测值的真误差求单位权中误差的计算公式。

下面推导由不等精度观测值的改正数 V,求单位权中误差 μ 的计算公式。

根据改正数及中误差的定义有

$$V_i = x - L_i \qquad (i=1,2,\cdots,n)$$
$$\Delta_i = X - L_i \qquad (i=1,2,\cdots,n)$$

将以上两式合并整理有

$$\begin{aligned}\Delta_i &= V_i + (X - x)\\ &= V_i + \Delta_x\end{aligned}$$

式中:Δ_x 为广义算术平均值的真误差。

将上式等号两侧自乘并乘以 P_i 有

$$P_i\Delta_i\Delta_i = P_iV_iV_i + 2P_iV_i\Delta_x + P_i\Delta_x^2$$

将上式两端同时取和有

$$[P\Delta\Delta] = [PVV] + 2[PV]\cdot\Delta_x + [P]\Delta_x^2 \tag{5-38}$$

因为

$$\begin{aligned}[PV] &= [P]\cdot x - [PL]\\ &= [P]\cdot\frac{[PL]}{P} - [PL]\\ &= 0\end{aligned}$$

又因为

$$[P]\Delta_x^2 = [P]\cdot\frac{n\cdot\Delta_x^2}{n} = [P]\cdot\frac{[\Delta_x\Delta_x]}{n} = [P]\cdot m_x^2 = [P]\cdot\frac{\mu^2}{[P]} = \mu^2$$

因此式(5-38)可写为

$$[P\Delta\Delta] = [PVV] + \mu^2$$
$$n\mu^2 - \mu^2 = [PVV]$$
$$\mu = \pm\sqrt{\frac{[PVV]}{n-1}} \tag{5-39}$$

式(5-39)即为由不同精度观测值的改正数求单位权中误差的计算公式。

例 5-11 如图 5-6 所示,分别由 A、B、C 3 个已知高程点,以同等级水准向 O 点施测,测得 O 点的高程分别为:$H_{O1}=50.126$ m,$H_{O2}=50.135$ m,$H_{O3}=50.120$ m。水准路线长度 $S_1=15$ km,$S_2=10$ km,$S_3=20$ km。试求 O 点的最或然高程 x 及其中误差 m_x。

解:设以 $c=60$ km 为单位权水准路线长度,则

$$P_1=\frac{60}{15}=4, P_2=\frac{60}{10}=6, P_3=\frac{60}{20}=3$$

则 O 点最或然高程为

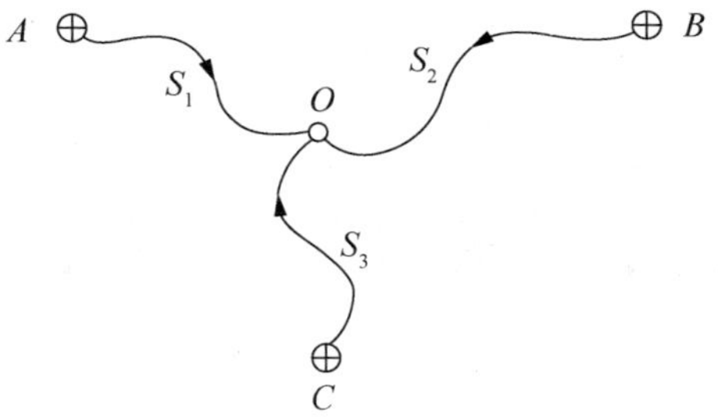

图 5-6 例题 5－11 图

$$x=\frac{P_1\cdot H_{O1}+P_2\cdot H_{O2}+P_3\cdot H_{O3}}{P_1+P_2+P_3}=50.129\ \text{m}$$

$$V_1=x-H_{O1}=3\ \text{mm}$$

$$V_2=x-H_{O2}=-6\ \text{mm}$$

$$V_3=x-H_{O3}=9\ \text{mm}$$

$$[PVV]=495$$

$$\mu=\pm\sqrt{\frac{[PVV]}{n-1}}=\pm\sqrt{\frac{495}{2}}=\pm 15.7(\text{mm})$$

$$m_x=\mu\cdot\sqrt{\frac{1}{[P]}}=\pm 15.7\times\sqrt{\frac{1}{13}}=\pm 4.4(\text{mm})$$

复习题

1.产生测量误差的原因有哪些？偶然误差有哪些统计特性？

2.何谓标准差、中误差、容许误差和相对误差？各适用于何种场合？

3.在一个平面三角形中，观测其中两个水平角 a 和 b，其测角中误差为 $\pm 2''$，计算第三个角度 c 的中误差 m_c。

4.如图 5-4 所示，已知 AC 边方位角 $\alpha_{AC}=0°00'00''$，α、S 为两观测值，$\alpha=36°05'47''$，$S=230.132$ m，其中误差分别为 $m_\alpha=\pm 5.1''$，$m_S=\pm 0.021$ m。试求 A、B 两点 x 坐标增量 Δ_x 的中误差 $m_{\Delta x}$。

5.用某经纬仪测量水平角，一测回的中误差 $m=\pm 15''$，欲使测角精度达到 $\pm 5''$，问需要观测几个测回？

6.量得一圆形地物的直径为 64.780 m±5 mm，求圆周长度 S 及其中误差 m_s。

7.某一矩形场地量得其长度 a ＝ 156.34 m±0.10 m，宽度 b ＝ 85.27 m±0.05 m，计算该矩形场地的面积 A 及其面积中误差 m_A。

8 .何谓不等精度观测？何为权？权有何实用意义？

Chapter 第六章

全站仪和全球卫星定位导航系统

全站仪在电子测角功能的基础上增加了测距，并有计算的功能，通过处理采集得到的原始的角度、距离信息直接计算出被测点的坐标。GPS，即全球定位系统（Global Positioning System），伴随着众多卫星定位导航系统的兴起，泛指所有的卫星导航系统，现在称为GNSS（全球导航卫星系统，Global Navigation Satellite System）。

第一节 全站仪概述

全站仪是全站型电子速测仪的简称，是由电子测角、电子测距、电子计算和数据存储等单元组成的三维坐标测量系统，是能自动显示测量结果，能与外围设备交换信息的多功能测量仪器，较完善地实现了测量和处理过程的电子一体化。

全站仪由以下两大部分组成。

(1)采集数据设备。主要有电子测角系统、电子测距系统、自动补偿设备等。

(2)微处理器。微处理器是全站仪的核心装置，主要由中央处理器、随机储存器和只读存储器等构成，测量时，微处理器根据键盘或程序的指令控制各分系统的测量工作，同时进行必要的逻辑和数值运算以及数字存储、处理、管理、传输、显示等。

1. 全站仪的分类　20 世纪 80 年代末、90 年代初，人们发现电子测角系统和电子测距系统的发展不平衡，于是把两种系统配置在一起构成全站仪，按其结构形式，全站仪分成两大类：积木式和整体式。

积木式也称组合式，它是指电子经纬仪和测距仪可以分离使用，照准部与测距轴不共轴。作业时，测距仪安装在电子经纬仪上，相互之间用电缆实现数据通信，作业结束后卸下分别装箱。这种仪器根据作业精度要求，用户可以选择不同测角、测距设备进行组合，灵活性较好。

整体式也称集成式，它将电子经纬仪和测距仪融为一体，共用一个光学望远镜，使用起来更方便。

目前，世界各仪器厂商生产出各种型号的全站仪，而且品种越来越多，精度越来越高。常见的有日本索佳（Sokkia）SET 系列、拓普康（Topocon）GTS 系列、尼康（Nikon）DTM 系列、瑞士徕卡（Leica）TPS 系列、我国的南方 NTS 和 ETD 系列等。

2. 全站仪的等级　全站仪作为一种光电测距与电子测角和微处理器综合的外业测量仪器，其主要的精度指标为测距中误差 m_D 和测角中误差 m_β。仪器根据测距中误差即测距精度，按国家标准分为 3 个等级。小于等于 5 mm 为Ⅰ级仪器，大于 5 mm 小于等于 10 mm 为Ⅱ级仪器，大于 10 mm 小于等于 20 mm 为Ⅲ级仪器。全站仪设计中，关于测距和测角的精度一般遵循等影响的原则。全站仪必须依法对其进行计量检定，以保证量度的统一性、标准性、合格性，检定周期最多不能超过一年。

第二节　全站仪的原理和构造

一、全站仪的原理

如图 6-1 所示，电子全站仪由测角系统、测距系统、电子补偿、数据处理部分(CPU)、通信接口(I/O)、显示屏、键盘、接口电源部分组成。各部分的作用如下：测角部分相当于电子经纬仪，可以测定水平角、垂直角和设置方位角；测距部分相当于光电测距仪，一般用红外光源，测定至目标点(设置反光棱镜或反光片)的斜距，并可归算为平距及高差；中央处理器接受输入指令，分配各种观测作业，进行测量数据的运算，如多测回取平均值、观测值的各种改正、极坐标法或交会法的坐标计算，以及包括运算功能更为完备的各种软件；输入输出部分包括键盘、显示屏和接口，从键盘可以输入操作指令、数据和设置参数；显示屏可以显示出仪器当前的工作方式(mode)、状态、观测数据和运算结果；接口使全站仪能与磁卡、磁盘、微机交互通信，传输数据；电源部分有可充电式电池，供给其他各部分电源，包括望远镜十字丝和显示屏的照明。

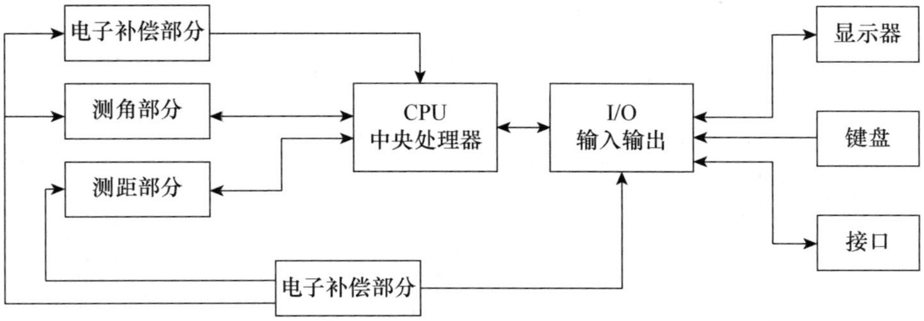

图 6-1　全站仪原理框图

二、全站仪的构造

全站仪的构造和光学经纬仪大体接近，如图 6-2 所示，为 Topcon GTS 330N 全站仪，仪器主要分为基座、照准部、手柄三大部分，其中照准部包括望远镜(测距部包含在此部分)、显示屏、微动、制动旋钮等。详细名称如图 6-2 所示，下面着重介绍和光学经纬仪有区别的望远镜、度盘和补偿器部分。

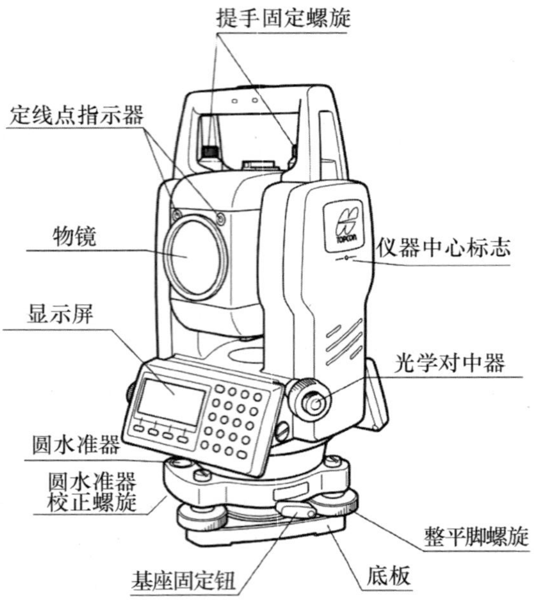

图 6-2　Topcon GTS 330N 全站仪外观及各部件名称

1. 全站仪的望远镜　全站仪测距部位于望远镜部分，因此全站仪的望远镜体积比较大，其光轴（视准轴）一般采用和测距光轴完全同轴的光学系统，即望远镜视准轴、测距红外光发射光轴、接收回光光轴三轴同轴，一次照准就能同时测出距离和角度，如图 6-3 所示。因此全站仪望远镜的检验和校正比普通光学经纬仪要复杂得多。

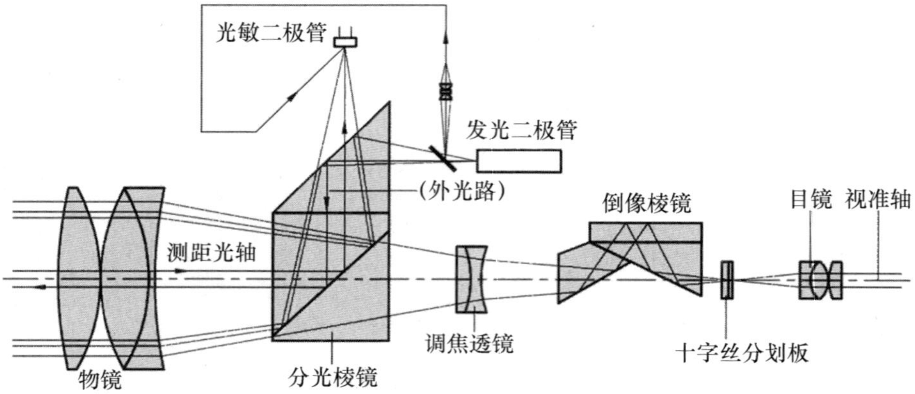

图 6-3　全站仪望远镜结构图

2. 全站仪的度盘　全站仪采用电子度盘读数，电子度盘原理常采用 3 种测角方法，即绝对编码度盘、增量光栅度盘和综合上 2 种方法的动态度盘。

(1)编码度盘测角系统。绝对编码度盘是在玻璃圆盘上刻画 n 个同心圆环，每个同心圆环为码道，n 为码道数，外环码道圆环等分为 2^n 个透光与不透光相间扇形区——编码区。每个编码所包含的圆心角 $\delta=360\div 2^n$ 为角度分辨率，即为编码度盘能区分的最小角度，向着圆心方向，其余 $n-1$ 个码道圆环分别被等分为 2^{n-1}，2^{n-2}，…，2^1 个编码，其作用是确定当前方向位于外环码道的绝对位置。$n=4$ 时，$2^4=16$，角度分辨率 $\delta=360\div16=22°30'$；向着圆心方向，其余 3 个码道的编码数依次为 $2^3=8$，$2^2=4$，$2^1=2$，表 6-1 所示为码道编码读盘 16 个方向值的二进制代码。每个码道安置一行发光二极管，另一侧对称安置一行光敏二极管，发光管光线通过透光编码被光敏二极管接收到时，即为逻辑 0；光线被不透光编码遮挡时，即为逻辑 1，从而获得该方向的二进制代码，如图 6-4 所示为 4 码道编码度盘。

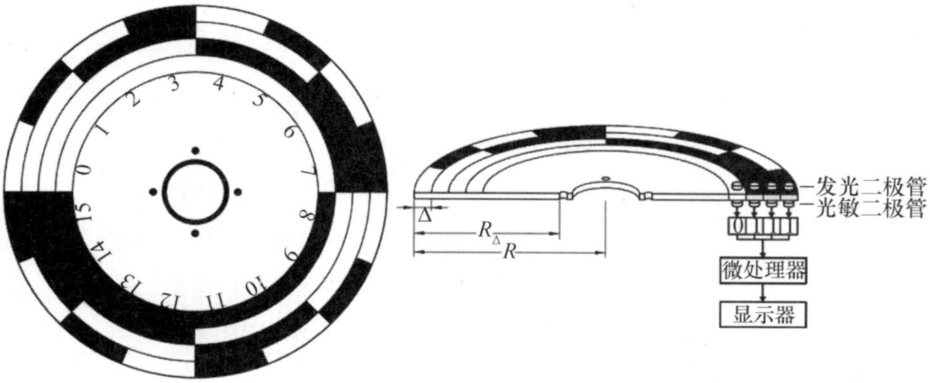

图 6-4　4 码道绝对编码度盘

4 码道编码度盘的 $\delta=22°30'$，精度太低，实际通过提高码道数来减小 δ，如：$n=16$，$\delta=360\div2^{16}=0°00'19.78''$，但在度盘半径不变时增加码道数 n，将减小码道的径向宽度，拓普康 GTS-105N 全站仪的 $R=35.5$ mm，$n=16$ 时，可求出 $\Delta R=2.22$ mm，如果无限次增加码道，码道的径向宽度会越来越小。因此，多码道编码度盘不易达到较高的测角精度。现在使用单码道编码度盘，在度盘外环刻画无重复码段的二进制编码，发光管照射编码度盘时，通过接收管获取度盘位置的编码信息，送微处理器译码换算为实际角度值并送显示屏显示。

表 6-1　4 码道编码读盘 16 个方向值的二进制代码

方向序号	码道图形				二进制码	方向值	方向序号	码道图形				二进制码	方向值
	2^4	2^3	2^2	2^1				2^4	2^3	2^2	2^1		
0					0000	00°00′	8	■				1000	180°00′
1				■	0001	22°30′	9	■			■	1001	202°00′
2			■		0010	45°00′	10	■		■		1010	225°00′
3			■	■	0011	67°30′	11	■		■	■	1011	247°30′
4		■			0100	90°00′	12	■	■			1100	270°00′
5		■		■	0101	112°30′	13	■	■		■	1101	292°30′
6		■	■		0110	135°00′	14	■	■	■		1110	315°00′
7		■	■	■	0111	157°30′	15	■	■	■	■	1111	337°30′

(2)光栅度盘测角系统。如图 6-5 所示，光栅度盘是在玻璃圆盘径向均匀刻画交替的透明与不透明辐射状条纹，度盘上设置一指示光栅，指示光栅的密度与度盘光栅相同，但其刻线与度盘光栅刻线倾斜一个小角 θ，在光栅度盘旋转时，会观察到明暗相间的条纹——莫尔干涉条纹。当指示光栅固定，光栅度盘随照准部转动时，形成莫尔条纹。照准部水平方向相

对移动一条刻线距离时，莫尔条纹则向上或下移动一周期。光敏二极管产生按正弦规律变化的电信号，将此电信号整形，变成矩形脉冲信号，对矩形脉冲信号计数求得度盘旋转的角值，通过译码器化算为度、分、秒送显示窗显示。如图 6-5 所示，倾角 θ 与相邻明暗条纹间距 w、栅距 d 的关系 $w=d/\theta$，$w=d\rho''/\theta$，$\theta=20'$，$w=172d$，纹距 w 比栅距 d 大 172 倍，进一步细分纹距 w，可以提高测角精度。

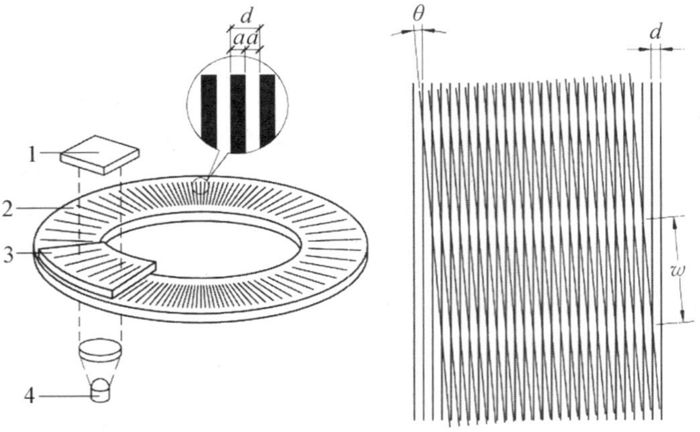

(a)　　(b)

1. 光敏二极管　2. 光栅度盘　3. 指示光栅　4. 发光二极管

图 6-5　光栅度盘

3. 竖轴倾斜的自动补偿器　由于经纬仪照准部的整平可使竖轴铅直，但受气泡灵敏度和作业条件的限制，仪器的精确整平有一定困难，这种竖轴不铅直的误差称为竖轴误差，在一些较高精度的电子经纬仪和全站仪中安置竖轴倾斜自动补偿器，以自动改正竖轴倾斜对视准轴方向 CC 和横轴方向 HH 的影响，这种补偿器叫双轴补偿器。图 6-6 所示为 Topcon 公司摆式液体补偿器，其工作原理为：由发光管 1 发出的光，经发射物镜 6 发射到硅油 4，全反射后，又经接受物镜 7 聚焦至接受二极管阵列 2 上。光电接收器为一光电二极管阵列，一方面将光信号转变为电信号，另一方面探测出光落点的位置。光电二极管阵列可分为 4 个象限，其原点为竖轴竖直时光落点的位置，倾斜时（在补偿范围内）光电接收器接收到的

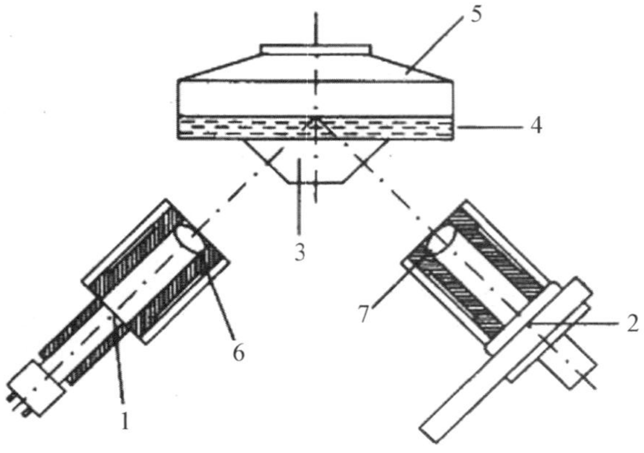

1. 发光管　2. 接受二极管阵列　3. 棱镜　4. 硅油　5. 补偿器液体盒　6. 发射物镜　7. 接受物镜

图 6-6　摆式液体补偿器原理

光落点位置就发生了变化，其变化量即反映了竖轴在纵向（沿视准轴方向）上的倾斜分量和横向（沿横轴方向）上的倾斜分量。位置变化信息传输到内部的微处理器处理，对所测的水平角和竖直角自动加以改正（补偿）。全站仪安装精确的竖轴补偿器，使仪器整平到3″范围以内，其自动补偿精度可达0.1″。

第三节　全站仪的功能及使用

一、全站仪的功能

1. 全站仪的功能概述　全站仪按数据存储方式分为内存型和电脑型两种。内存型全站仪的所有程序都固化在仪器的存储器中，不能添加或改写，也就是说，只能使用全站仪提供的功能，无法扩充；而电脑型全站仪内置操作系统，所有程序均运行于其上，可根据实际需要添加相应程序来扩充其功能，使操作者进一步成为全站仪功能开发的设计者，更好地为工程建设服务。

全站仪的基本功能如下。

（1）测角功能。测量水平角、竖直角或天顶距。

（2）测距功能。测量平距、斜距或高差。

（3）跟踪测量。跟踪测距和跟踪测角。

（4）连续测量。角度或距离分别连续测量或同时连续测量。

（5）坐标测量。在已知点上架设仪器，根据测站点和定向点的坐标或定向方位角，对任一目标点进行观测，获得目标点的三维坐标值。

（6）悬高测量[REM]。可将反射镜立于悬物的垂点下，观测棱镜，再抬高望远镜瞄准悬物，即可得到悬物到地面的高度。

（7）对边测量[MLM]。可迅速测出棱镜点到测站点的平距、斜距和高差。

（8）后方交会。仪器测站点坐标可以通过存储于内存中的两已知点求得。

（9）距离放样。可将设计距离与实际距离进行差值比较，迅速将设计距离放到实地。

（10）坐标放样。已知仪器点坐标和后视点坐标或已知仪器点坐标和后视方位角，即可进行三维坐标放样，需要时也可进行坐标变换。

（11）预置参数。可预置温度、气压、棱镜常数等参数。

（12）测量的记录、通信传输功能。

以上是全站仪所必须具备的基本功能，当然，不同厂家和不同系列的仪器产品，在外形和功能上略有区别。

全站仪除了上述的功能外，有的全站仪还具有免棱镜测量功能，有的全站仪还具有自动跟踪照准功能，被喻为“测量机器人”。另外，有的厂家还将GNSS接收机与全站仪进行集成，生产出了超站仪。

2. Topcon GTS 330N全站仪功能介绍　图6-7是Topcon GTS 330N全站仪显示屏，各按键的功能如表6-2所述。

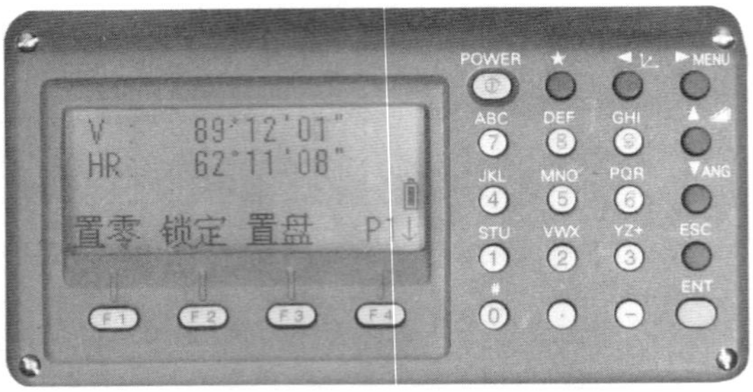

图 6-7　Topcon GTS 330N 全站仪显示屏

表 6-2　Topcon GTS 330N 全站仪按键功能

键	名　称	功　能
★	星键	星键模式用于如下项目的设置或显示： (1)显示屏对比度；(2)十字丝照明；(3)背景光；(4)倾斜改正；(5)定线点指示器(仅适用于有定线点指示器类型)；(6)设置音响模式
	坐标测量键	坐标测量模式
	距离测量键	距离测量模式
ANG	角度测量键	角度测量模式
POWER	电源键	电源开关
MENU	菜单键	在菜单模式和正常测量模式之间切换，在菜单模式下可设置应用测量与照明调节、仪器系统误差改正
ESC	退出键	· 返回测量模式或上一层模式 · 从正常测量模式直接进入数据采集模式或放样模式 · 也可用做为正常测量模式下的记录键 设置退出键功能的方法参见“选择模式”
ENT	确认输入键	在输入值末尾按此键
F1-F4	软键(功能键)	对应于显示的软键功能信息

3. Topcon GTS 330N 全站仪屏幕显示符号的含义　各种品牌的全站仪，其符号所代表的意义不同，但有一些符号的含义一般是相同的。如表 6-3 所示。

表 6-3　Topcon GTS 330N 全站仪屏幕显示符号的含义

显示	内　容	显示	内　容
V%	垂直角(坡度显示)	*	EDM(电子测距)正在进行
HR	水平角(右角)	m	以米为单位
HL	水平角(左角)	f	以英尺/英尺与英寸为单位
HD	水平距离		
VD	高差		
SD	倾斜距离		
N	北向坐标		
E	东向坐标		
Z	高程		

二、全站仪的操作及使用

1. 测量准备工作

(1)安装内部电池。测前应检查内部电池的充电情况,如电力不足要及时充电,充电方法及时间要按使用说明书进行,不要超过规定的时间。测量前装上电池,测量结束应卸下。

(2)安置仪器。操作方法和步骤与经纬仪类似,包括对中和整平。若全站仪具备激光对中和电子整平功能,在把仪器安装到三脚架上之后,应先开机,然后选定对中/整平模式后再进行相应的操作。开机后,仪器会自动进行自检。

2. 全站仪的基本操作

(1)角度测量。Topcon GTS 330N 全站仪开机后显示为默认角度测量模式,如图 6-8 所示,也可按 ANG 键进入角度测量模式,其中 V 为垂直角数值,HR 为水平角数值。F1 键对应“置零”功能,F2 键对应“锁定”功能,F3 键对应“置盘”功能。通过按 P1↓/F4 键进行功能转换,F1、F2、F3、…分别对应“倾斜、复测、V%、…”功能。

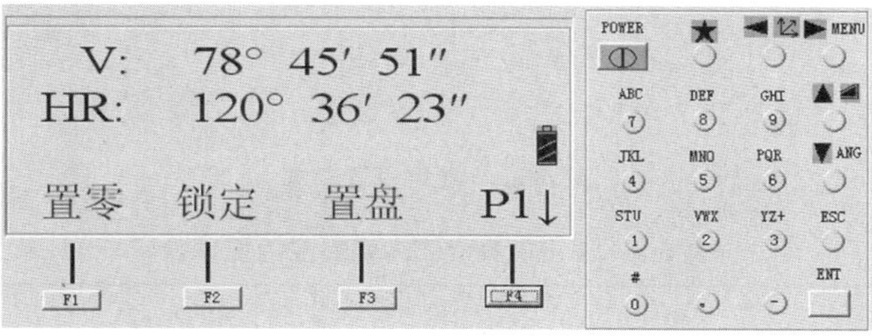

图 6-8 角度测量模式

(2)距离测量。可按 ◢ 键进入距离测量模式,如图 6-9 所示,其中 SD 为斜距,可通过按 ◢ 键在斜距、平距(HD)、垂距(VD)之间进行转换。

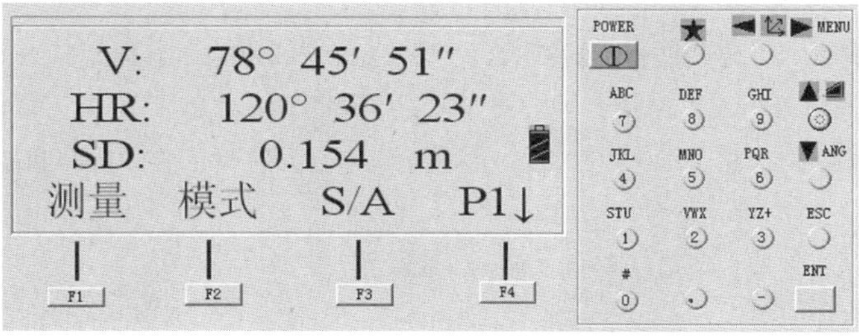

图 6-9 距离测量界面

(3)坐标测量。通过按键进入坐标测量模式,如图 6-10 所示。N、E、Z 分别表示 x、y、z,F1 键对应“测量”功能,F2 键对应“模式”功能,F3 键对应“S/A”功能。通过按 P1↓/F4 键进行功能转换,F1、F2、F3、…分别对应的是“镜高、仪高、测站、…”设置功能。

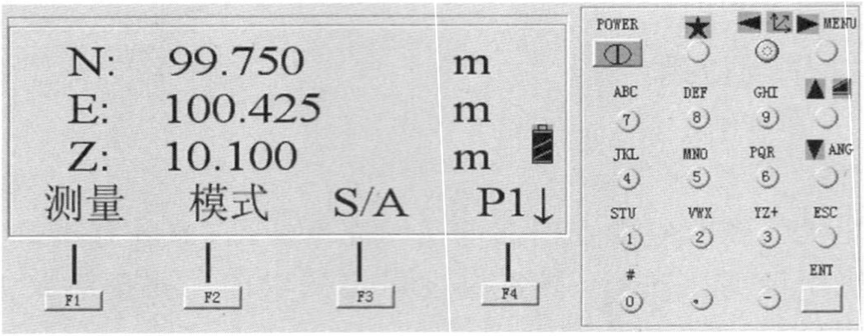

图 6-10　坐标测量界面

(4)常用设置。通过按★键进入常用设置模式,如图 6-11 所示。F1、F2、F3 分别对应各种设置功能。如表 6-4 所示。

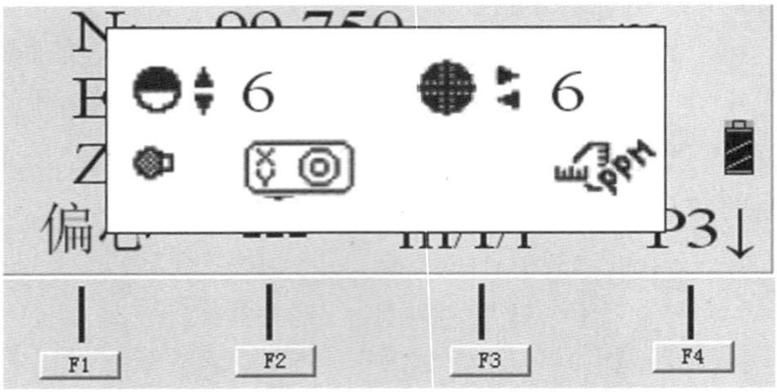

图 6-11　常用设置模式

表 6-4　常用设置模式功能对应的操作键

键	显示符号	功　能
F1	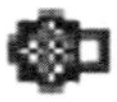	显示屏背景光开关
F2		设置倾斜改正,若设置为开,则显示倾斜改正值
F3		定线点指标器开关(仅适用于有定线点指示器类型)
F4		显示 EDM 回光信号强度(信号)、大气改正值(PPM)和棱镜常数值(棱镜)
▲或▼		调节显示屏对比度(0～9 级)
◀或▶	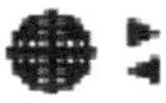	调节十字丝照明亮度(1～9 级) 十字丝照明开关和显示屏背景光开关是联通的

3. 全站仪的高级功能

(1)全站仪的菜单结构。按 MENU 键进入主菜单界面,如图 6-12 所示,主菜单界面共分 3 页,通过按 P↓/F4 进行翻页,可进行数据采集(坐标测量)、坐标放样、程序执行、内存管理、参数设置等功能。

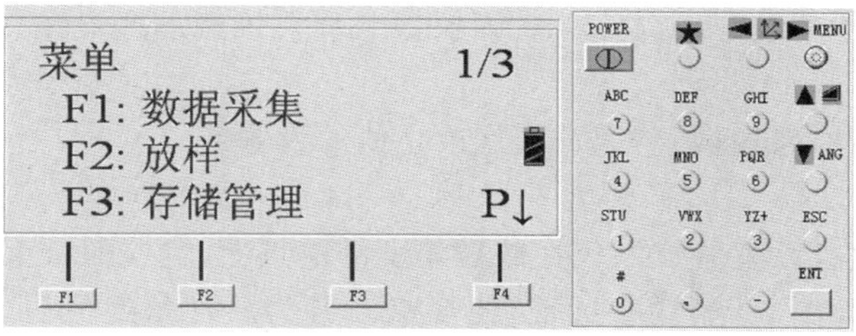

图 6-12　Topcon GTS 330N 全站仪菜单界面

各页菜单如下：

第 1 页：F1：数据采集；F2：放样；F3：内存管理

第 2 页：F1：程序；F2：格网因子；F3：照明

第 3 页：F1：参数组 1；F2：对比度调节

(2)全站仪三维坐标测量原理及操作步骤。如图 6-13 所示，已知 A、B 两点坐标和高程，通过全站仪测出 P 点的三维坐标，做法是将全站仪安置于测站点 A 上，按“MENU”键，进入主菜单，选择 F1，进入数据采集界面，首先输入测站点的三维坐标值(x_A，y_A，H_A)，仪器高 i、目标高 v；然后输入后视点照准 B 的坐标，再照准 B 点，按测量键设定方位角，以上过程叫设置测站。测站设置成功的标志是照准后视点时，全站仪的水平度盘读数为 A、B 两点的方位角 α_{AB}，然后再照准目标点上安置的反射棱镜，按下坐标测量键，仪器就会利用自身内存的计算程序自动计算并瞬时显示出目标点 P 的三维坐标值(x_P，y_P，H_P)，计算公式见式(6-1)。

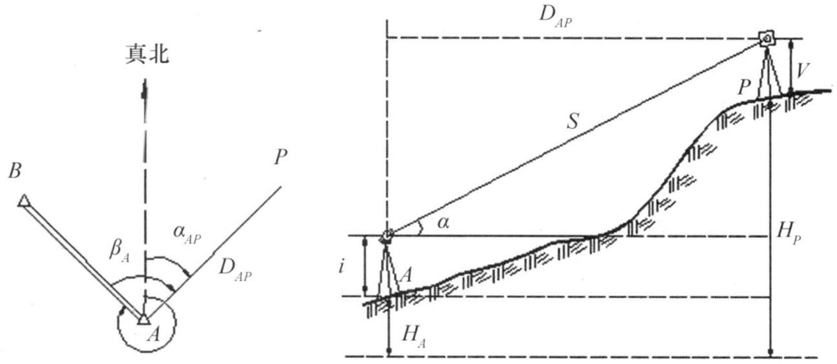

图 6-13　三维坐标测量原理

$$\begin{cases} x_P = x_A + S\cos\alpha\cos\theta \\ y_P = y_A + S\cos\alpha\sin\theta \\ H_P = H_A + S\sin\alpha + i - v \end{cases} \tag{6-1}$$

式中：S 为仪器至反射棱镜的斜距(m)；α 为仪器至反射棱镜的竖直角；θ 为仪器至反射棱镜的方位角。

三维坐标测量时应考虑棱镜常数、大气改正值的设置。

(3)全站仪的放样。

①全站仪角度放样。安置全站仪在放样角度的端点上，盘左照准起始边的另一端点，按"置零"键，使起始方向为0°，转动望远镜，使度盘读数为放样角度值后，在地面上做好标记，然后用盘右再放样一次，两次取平均位置即可，为省去计算麻烦，盘右时也可照准起始方向，把度盘"置零"。

②全站仪距离放样。利用全站仪进行距离放样时，首先安置仪器在放样边的起始点上，对中整平，然后开机，进入距离测量模式，如表6-5所示是Topcon GTS 330N全站仪距离放样的操作步骤。

表6-5　Topcon GTS 330N全站仪距离放样的操作步骤

操作过程	操作	显　示
①在距离测量模式下按[F4](↓)键，进入第2页功能	[F4]	HR:　120°30′40″ HD*　123.456m VD:　5.678m 测量 模式　S/A　P1↓ - - - - - - - - - - - - 偏心 放样m/f/i P2↓
②按[F2](放样)键，显示出上次设置的数据	[F2]	放样 HD:　0.000m 平距　高差　斜距 ---
③通过按[F1]～[F3]键选择测量模式 例:水平距离	[F1]	放样: HD:　0.000m 输入--- ---回车 - - - - - - - - - - - - --- ---　[CLR]　[ENT]
④输入放样距离*1)	[F1] 输入数据 [F4]	放样: HD:　100.000m 输入 --- ---　回车
⑤照准目标(棱境)测量开始。显示出测量距离与放样距离之差	照准 P	HR:　120°30′40″ dHD*[r]　<<m VD:　m 测量 模式 S/A　P1↓
⑥移动目标棱境，直至距离差等于0 m为止		HR:　120°30′40″ dHD*[r]　23.456m VD:　5.678m 测量 模式 S/A　P1↓

③全站仪坐标放样。利用全站仪坐标放样的原理是先在已知点上设置测站，设站方法如"全站仪三维坐标测量原理及操作步骤"中所述。然后把待放样点的坐标输入全站仪中，全站仪计算出该点的放样元素(极坐标)，如图6-14所示，执行放样功能后，全站仪屏幕显示角度差值，旋转望远镜至角度差值接近于0°，将照准部制动，把棱镜放置在此方向上，然后望

远镜先瞄准棱镜(先不考虑方向的准确性),进行测量距离,这时得到距离差值,根据距离差值指挥棱镜向前向后移动,距离差值为0(或在放样精度容许的范围内)时,即可确定放样点的位置。

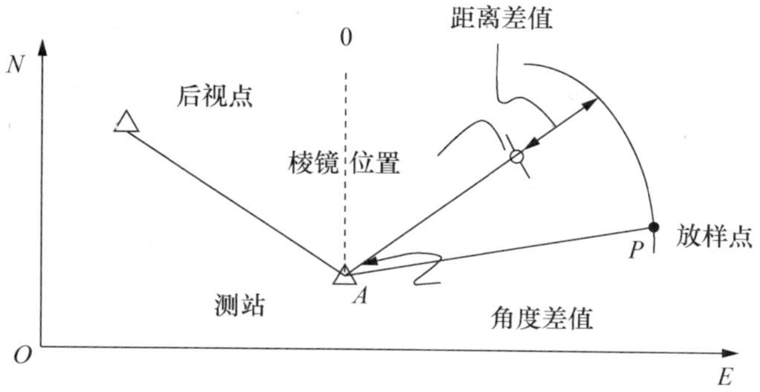

图 6-14 点的坐标放样示意图

Topcon GTS 330N 全站仪的坐标放样按键步骤为:

(1)按 MENU,进入主菜单测量模式。

(2)按"放样",进入放样程序,再按"跳过",略过选择文件。

(3)按 OOC. PT(F1),再按 NEZ,输入测站 A 点的坐标(x_A,y_A,H_A),并在 INS. HT 一栏输入仪器高。

(4)按后视(F2),再按"NE/AZ",输入后视点 B 的坐标(x_B,y_B)。若不知 B 点坐标而已知坐标方位角 α_{AB},则可再按"AZ"键选择方位角输入模式,在 HR 项输入 α_{AB} 的值,瞄准 P 点,按"YES"。

(5)按放样(F3),输入待放样点 P 的坐标(x_P,y_P,H_P)及测杆单棱镜的镜高后,按 ANGLE(F1)。使用水平制动和水平微动螺旋,使显示的 dHR=0°00′00″,即找到了 OB 方向,指挥持单棱镜者左右移动,使棱镜位于 OB 方向上。

(6)按 DIST,进行测量,根据显示的 dHD 来指挥持棱镜者沿 OB 方向移动,若 dHD 为正,则向 O 点方向移动,反之,若 dHD 为负,则向远处移动,直至 dHD=0 时,立棱镜点即为 B 点的平面位置。其所显示的 dZ 值即为立棱镜点处的填挖高度,正为挖,负为填。

按"下一个"放样下一个点。

4. 碎部测量中 Topcon GTS 102N 系列全站仪的操作步骤

(1)建立碎部测量坐标数据存储文件名(例如:"SAU001")。按 MENU 键(菜单)→按 F1 键(数据采集)→输入文件名"SAU001"→ 按 ENT 键回车→按 ESC 键退出。

(2)在"SAU001"中输入控制点坐标。按 MENU 键→按 F3 键(存储管理)→按 F4 键(翻页) →按 F1 键(输入坐标)→按 F2(调用文件)→按 F2 键找到"SAU001"(碎部测量坐标数据存储文件名)→ 按 ENT 键回车→输入控制点点号及坐标(N,E,Z)(对应(X,Y,Z))→依次输完各点。按 ESC 键退出。

(3)设置测站。按 MENU 键(菜单)→按 F1 键(数据采集)→按 F1 键(输入文件名"SAU001")[或者按 F2 键调用,按 F2 键找到 SAU001 文件名],按 ENT 键。

按 F1(测站点输入)→按 F1(输入)输入测站点的点号(调用该控制点坐标)→按 ENT→重复按 F1(输入)输入标识符,ENT 回车→按 F1(输入)输入仪器高,按 ENT,出现测站点坐标，问 OK？选择按键回答“是”，出现点号、仪高并问是否记录？回答“是”。

(4)设置后视点进行定向和定向检查。“数据采集”→按 F2(后视)→重复按 F1 和 ENT 输入后视点点号、镜高 →照准后视点操作(行动) →按 F3(测量)→ 选择 F1～F3(角度、平距、坐标)。

显示相应数值，与坐标、反算方位角或距离比较，检查测站点和定向点及其坐标输入有无问题，没有问题进行下面工作。

(5)碎部点测量、记录数据，存于 SBD 文件中。“数据采集”→ 按 F3(前视/侧视)→ 按 F1 输入点号(第一个碎部点点号输入后，后续的碎部点号在该点号的基础上依次自动累加)，按 ENT，按 F1 输入、ENT 忽略编码，按 F1 输入镜高，按 ENT→按 F3(测量)。

测量后续碎部点时，可以按 F4“同前”键进行测量。

(6)全站仪的其他操作。

①在“输入”模式下，利用“Ang”键可切换到字母输入模式。

②在“MENU”——F3(存储管理)下，可以对文件和数据进行管理。

免棱镜全站仪基于相位法原理，发出极为窄小的工业激光束，无须棱镜直接打到目标上，利用目标物的漫反射返回信号，即可测量出该点的三维坐标、角度、距离等要素的高精度测量仪器。如南方 NTS 372R 全站仪，3R 级可见激光，波长范围在 106～302.5 nm 辐射，仪器精度高，可达 3 mm + $2\times10^{-6}D$(D：距离)，测距最远可达 550 m，具有可见的红色激光斑及很小的光束直径的特点。

5. 全站仪在林业中的应用　传统的野外林业数据采集包括树心三维坐标、树高、胸径、冠幅测量等。自 20 世纪 90 年代中期后，美国、英国、德国、日本等国在林地面积测量、树高测量中初步应用全站仪，但由于仪器携带不便，测量步骤烦琐，每次测量需要在被测物体处设置棱镜，大大限制了其推广应用。随着免棱镜全站仪的出现，利用全站仪测量林业数据得到了广泛的应用，北京林业大学精准林业国家创新团队研制了一系列的测树全站仪、测绘计算器、摄影全站仪等测树学仪器，改变了传统的测树方法。

(1)测树全站仪。测树全站仪可以将每棵树的三维坐标实时地记录在全站仪中。每木检尺(一种最基本的测树调查方法)数据有树心三维坐标、树高、胸径、冠幅测量数据，按照记录表格记录相应数据。

(2)测绘计算器。测绘计算器是面向我国精准林业森林计测的专用仪器，如图 6-15 所示，它的基本组成有两个部分：第一个部分是基础测距硬件，激光测距仪提供测距功能和 BLE 蓝牙数据发送功能。第二个部分是手机及其内置程序，手机内置电子罗盘、陀螺仪等传感器、蓝牙 BLE、高分辨显示屏等，能实现包括树高测量、胸径测量、样地标定、方位角和倾角的测量等一些林业常用测量。

图 6-15　测绘计算器

第四节 全站仪的数据通信

1. 电脑中数据文件的上载(UPLOAD)

(1)在电脑上用文本编辑软件(如 Windows 附件的“写字板”程序),输入点的坐标数据,格式为“点名,Y,X,H”;保存类型为“文本文档”。具体见图 6-16。

(2)用“写字板”程序打开文本格式的坐标数据文件,并打开 T-COM 程序,将坐标数据文件复制到 T-COM 的编辑栏中。

(3)用通信电缆将全站仪的“SIG”口与电脑的串口(如 COM1)相连,在全站仪上,按 MENU—MEMORY MGR.—DATA TRANSFER,进入数据传输,先在“COMM. PARAMETER”(通信参数)中分别设置“PROTOCOL”(协议)为“ACK/NAK”;“BAUD RATE”(波特率)为 9600;“CHAR./PARITY”(校检位)为“8/NONE”;“STOP BITS”(停止位)为“1”。

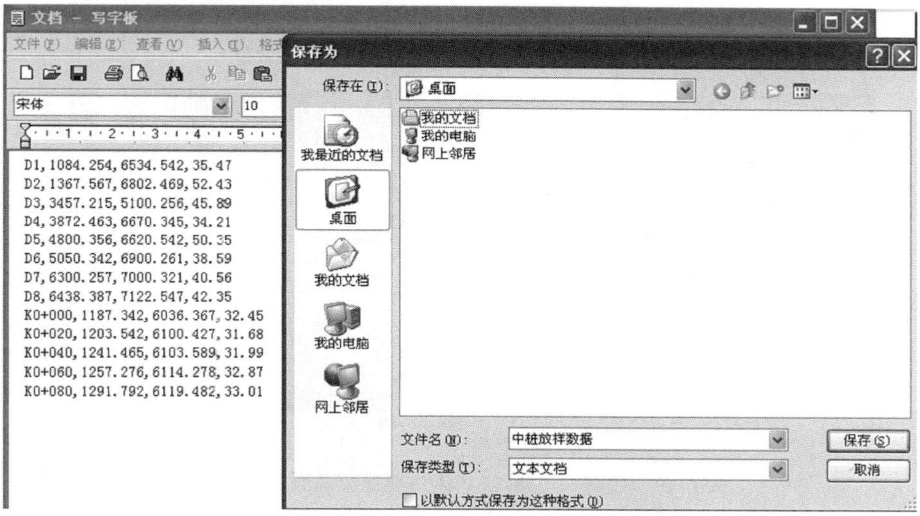

图 6-16 编辑上载的数据文件

(4)在电脑上的 T-COM 软件中点击按钮,出现“Current data are saved as: 030624.pts”对话框时,点“OK”,出现如图 6-17 的通信参数设置对话框。按全站仪上的相同配置进行设置并选择“Read text file”后,点“GO”后并选择刚才保存的文件 030624.pts,将其打开,出现 Point Details(点描述)对话框。

(5)回到全站仪主菜单 MENU 中的 MEMORY MGR.—DATA TRANSFER—LOAD DATA—COORD. DATA 。用 INPUT 为上传的坐标数据文件输入一个文件名(如:ZB-SJWJ(坐标数据文件))后,点“YES”使全站仪处于等待数据状态(Waiting Data),再在电脑 Point Details 对话框中点“OK”。

(6)若使用“COM-USB 转换器”将线缆与电脑 USB 接口相连时,要通过计算机管理中的端口管理,来查看接口是否是 COM1 或 COM2,不是则要将其改为 COM1 或 COM2。具体操作图 6-18、图 6-19 所示,即“我的电脑—右键—管理—设备管理器—端口—双击—端口设置(参数与全站仪相同,即 9600,8,无,1,无)—高级—选择 COM2 或 COM1”。

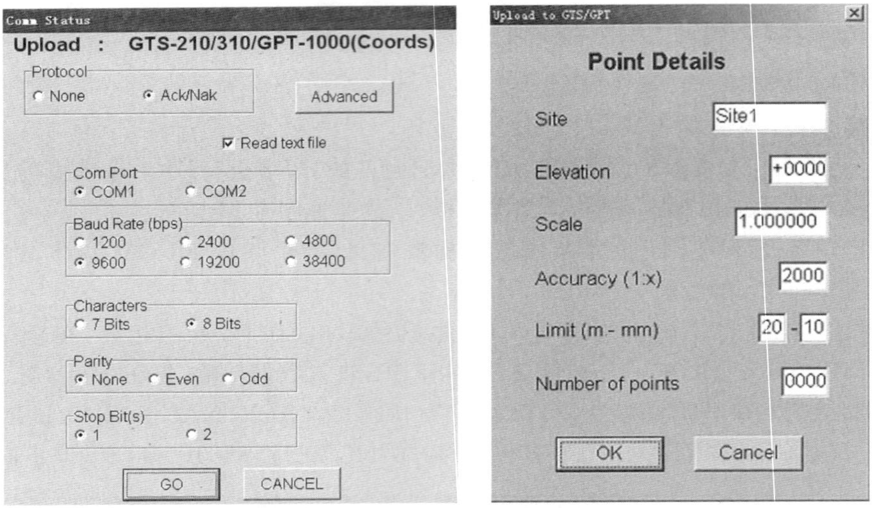

图 6-17 上载的数据文件

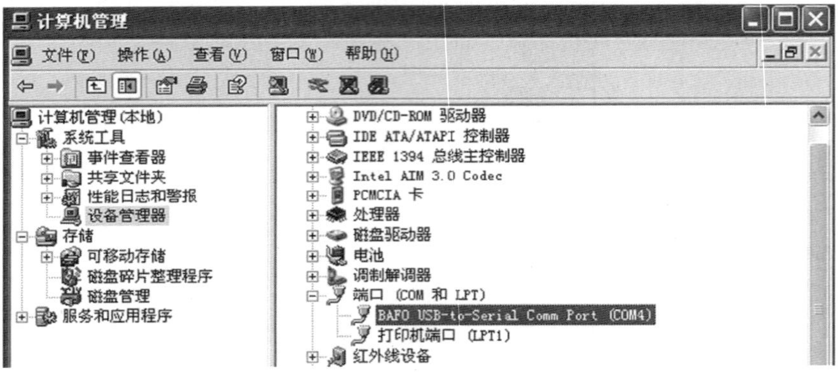

图 6-18 线缆与电脑 USB 接口相连设备管理器设置

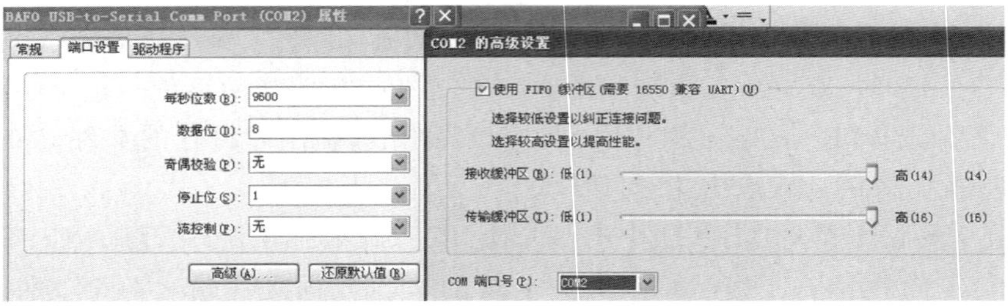

图 6-19 线缆与电脑 USB 接口相连端口设置

2. 全站仪中数据文件的下载(DOWNLOAD) 同上载一样,进行电缆连接和通信参数的设置。点击按钮,设置通信参数并选择“Write text file”后,再在全站仪中 MEMORY MGR.—DATA TRANSFER—SEND DATA—MEAS. DATA(选择下载数据文件类型中的“测量数据文件”)。先在电脑上按“GO”,处于等待状态,再在全站仪上按“YES”,即可将全站仪中的数据下载至电脑。出现“Current data are saved as 03062501. gt6”及“是否转换”对话框时,点击“Cancel”。点击按钮“”,将下载的数据文件取名后保存,如“数据采集1班1组. gt6”(保存时下载的测量数据文件及坐标数据文件均要加上扩展名 gt6)。

第五节 全球卫星导航定位系统

全球卫星导航定位系统(global navigation and positioning satellite system)指利用新一代的极轨卫星星座对全球提供定位服务的系统。

一、全球卫星定位导航系统

目前,全球导航卫星系统有中国的北斗卫星导航定位系统(BDS)、美国的 GPS、俄罗斯的格洛纳斯(GLONASS)、欧盟的伽利略(GALILEO)。

1. GPS 全球定位系统　GPS 包括三大部分:空间部分——GPS 卫星星座;地面控制部分——地面监控系统;用户设备部分——GPS 信号接收机,如图 6-20 所示。

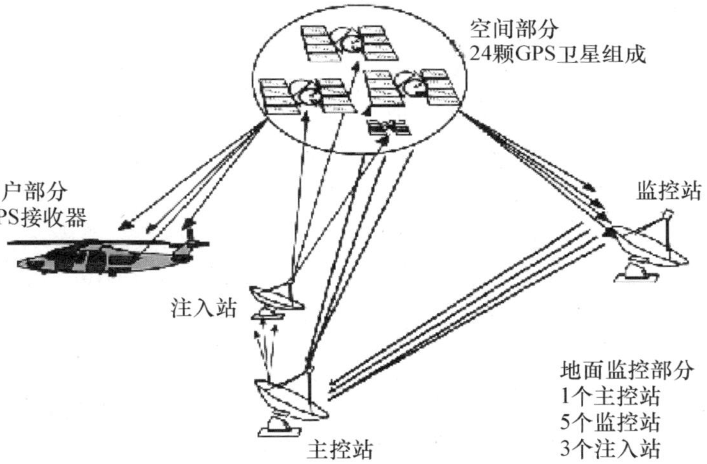

图 6-20　GPS 全球导航定位系统的组成

(1)GPS 卫星星座。GPS 卫星星座由 21 颗工作卫星和 3 颗在轨备用卫星组成(图 6-21),记作(21+3)GPS 星座。24 颗卫星均匀分布在 6 个轨道平面内,轨道倾角为 55°,各个轨道平面之间相距 60°,即轨道的升交点赤经各相差 60°。每个轨道平面内各颗卫星之间的升交角距相差 90°,一轨道平面上的卫星比西边相邻轨道平面上的相应卫星超前 30°。GPS 卫星的作用如下。

①用 L 波段的两个无线载波(19 cm 和 24 cm)波用户连续不断地发射导航定位信号。

②在卫星飞越注入站上空时,接收由地面注入站用 S 波段(10 cm 波段发送到卫星的导

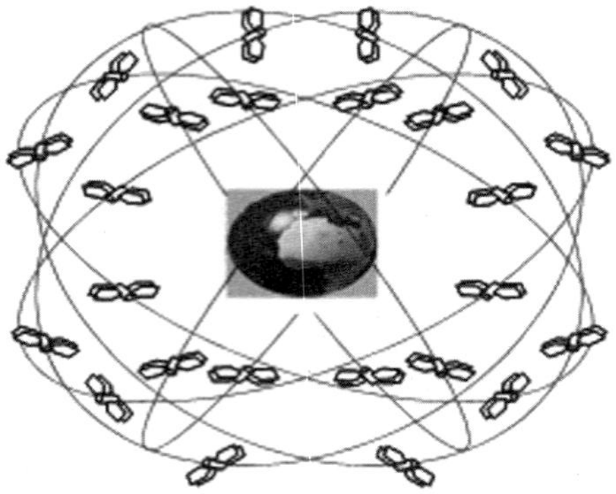

图 6-21　GPS 卫星星座示意图

航电文和其他有关信息，并通过 GPS 信号电路，适时地发送给广大用户。

③接收地面主控站通过注入站发送到卫星的调度命令，适时地改正运行偏差或启用备用时钟等。

(2)地面监控系统。对于导航定位来说，GPS 卫星是一动态已知点。卫星的位置是依据卫星发射的星历——描述卫星运动及其轨道的参数算得的。每颗 GPS 卫星所播发的星历，是由地面监控系统提供的。

地面监控系统包括 1 个主控站、3 个注入站和 5 个监测站。

①主控站。设在科罗拉多的空军基地。主控站除协调和管理地面监控系统外，其主要任务是：a)根据本站和其他监测站的所有资料，推算编制各卫星的星历、卫星钟差和大气层的修正参数等，并把这些数据送到注入站；b)提供全球定位系统的时间基准，各测站和 GPS 卫星的原子钟，均应与主控站的原子钟同步，或测出其间的钟差，并把这些钟差信息编入导航电文，送到注入站；c)调整偏离轨道的卫星，使之沿预定的轨道运行；d)启用备用卫星，以代替失效的工作卫星。

②注入站。分别设在印度洋的迪戈加西亚岛(Diego Garcia)、南大西洋的阿森松岛(Ascension)和南太平洋的卡瓦加兰(Kwajalein)。主要任务：在主控站控制下将主控站推算编制的卫星星历、钟差、导航电文和其他控制指令等，注入相应卫星的存储系统，并检测注入星系的正确性。

③监测站。5 个监测站除了位于主控站和 3 个注入站以外，还在夏威夷设立了一个监测站，是在主控站直接控制下的数据自动采集中心。站内设有双频 GPS 接收机、高精度原子钟、计算机各一台和若干台环境数据传感器。接收机对 GPS 卫星进行连续观测，以采集数据和监测卫星的工作状况。原子钟提供时间标准，而环境传感器收集有关当地的气象数据。所有观测资料由计算机进行初步处理，并存储和传送到主控站，用以确定卫星的轨道。

(3)GPS 信号接收机。GPS 的用户部分由 GPS 接收机、数据处理软件及相应的用户设备如计算机气象仪器等所组成。它的作用是接收 GPS 卫星所发出的信号，利用这些信号进行导航定位等工作。

以上这 3 个部分共同组成了一个完整的 GPS 系统。

2.北斗导航定位系统　中国北斗卫星导航系统(BeiDou Navigation Satellite System，BDS)是中国自行研制的全球卫星导航系统。北斗卫星导航系统由空间段、地面段和用户段三部分组成，可在全球范围内全天候、全天时为各类用户提供高精度、高可靠定位、导航、授时服务，并具短报文通信能力，具备区域导航、定位和授时能力，定位精度 10 m，测速精度 0.2 m/s，授时精度 10 ns。

北斗卫星导航系统空间段计划 35 颗卫星组成，包括 5 颗静止轨道卫星、27 颗中地球轨道卫星、3 颗倾斜同步轨道卫星。5 颗静止轨道卫星定点位置为东经 58.75°、80°、110.5°、140°、160°，中地球轨道卫星运行在 3 个轨道面上，轨道面之间为相隔 120°均匀分布。

二、全球卫星定位导航系统基本原理

GPS 接收机主要是由 GPS 接收机天线单元、GPS 接收机主机单元和电源单元三部分组成的。接收机主机由变频器、信号通道、微处理器、存储器及显示器组成，基本结构如图 6-22 所示。

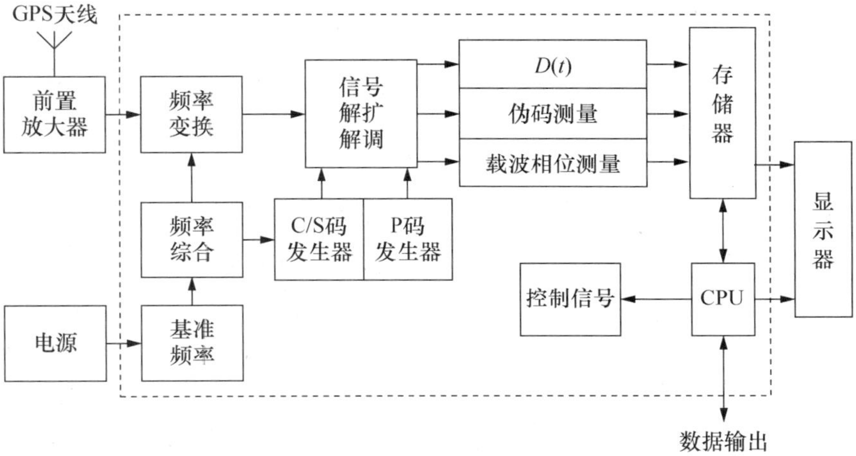

图 6-22　GPS 接收机原理图

GPS 有伪距、多普勒计数、载波相位 3 个基本观测量。

1. GPS 卫星信号　GPS 卫星信号是 GPS 卫星向广大用户发送的用于导航定位的调制波，它包含有：载波、测距码和数据码。时钟基本频率为 10.23 MHz，卫星信号的所有成分均是该基准频率的倍频或分频。GPS 信号的产生，如图 6-23 所示。

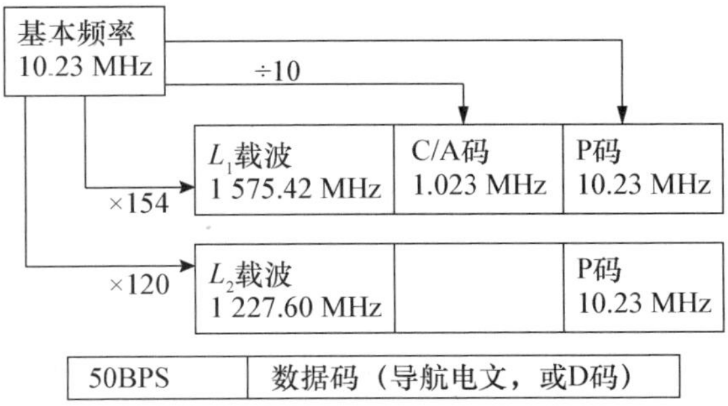

图 6-23　GPS 信号的产生

(1)载波。GPS 使用的两种载波如下。

①L_1 载波：$f_{L1}=154\times f_0=1\ 575.42$ MHz，波长 $\lambda_1=19.032$ cm。

②L_2 载波：$f_{L2}=120\times f_0=1\ 227.6$ MHz，波长 $\lambda_2=24.42$ cm。

使用这两种载波频率可以测量出或消除电离层效应引起的延迟误差。

(2)测距码。GPS 卫星信号中有两种测距码，即 C/A 码和 P 码。

C/A 码(Coarse/Acquisition Code)码率为 1.023 MHz，是用于粗测距和捕获 GPS 卫星信号的伪随机码，所以，C/A 码又称为粗码或捕获码。其码元宽度较大，为 293.05 m，若两个序列的码元对齐误差为码元宽度的 1/100～1/10，则此时相应的测距误差为 2.93～29.3 m。

P(Y)码(Precise Code)码率为 10.23 MHz，是卫星的精测码，所以 P 码又称为精码。其码元宽度小，为 29.30 m，若两个序列的码元对齐误差为码元宽度的 1/100～1/10，则此时相应的测距误差为 0.293～2.93 m，仅为 C/A 码的 1/10。

(3)数据码(D 码)。数据码即导航电文，其播送速度为 50 bps。数据码是卫星提供给用户有关卫星的位置，卫星钟的性能、发射机的状态、准确的 GPS 时间以及如何从 C/A 码捕获 P 码的数据和信息。用户利用观测值以及这些信息和数据就能进行导航和定位。

2. GPS 卫星定位基本原理　GPS 卫星定位的基本原理就是利用空间分布的卫星以及卫星与地面点的距离交会得出地面点位置。简而言之，GPS 定位原理是一种空间的距离交会原理。由于卫星的位置精确可知，在 GPS 观测中，我们可得到卫星到接收机的距离 ρ，利用三维坐标中的距离公式，利用 3 颗卫星，就可以组成 3 个方程式，解出接收机的位置(X,Y,Z)。

$$\begin{cases}\rho_1^2=(X-X_1)^2+(Y-Y_1)^2+(Z-Z_1)^2\\ \rho_2^2=(X-X_2)^2+(Y-Y_2)^2+(Z-Z_2)^2\\ \rho_3^2=(X-X_3)^2+(Y-Y_3)^2+(Z-Z_3)^2\end{cases}$$

三、全球卫星定位导航系统定位原理

GPS 定位的基本原理是空中测距后方交会。如图 6-24 所示，用户用 GPS 接收机在某一时刻同时接收 3 颗以上的 GPS 卫星信号，测量出测站点(接收机天线中心)至 3 颗卫星的距离 $R_i(i=1、2、3、\cdots)$，通过导航电文可获得卫星的坐标$(x_i、y_i、z_i)(i=1、2、3、\cdots)$，据此即可求出测站点的坐标$(X,Y,Z)$。

$$\begin{cases}R_1^2=(X_1-X)^2+(y_1-Y)^2+(z_1-Z)^2\\ R_2^2=(X_2-X)^2+(Y_2-Y)^2+(z_2-Z)^2\\ R_3^2=(X_3-X)^2+(Y_3-Y)^2+(z_3-Z)^2\end{cases}\qquad(6\text{-}2)$$

显然，GPS 定位中的基本观测量是卫星到接收机天线之间的空间距离，其距离测量可分为伪距测量和载波相位测量，如图 6-24 所示。

1. 伪距测量　伪距 ρ 就是由卫星发射的测距码信号到达 GPS 接收机的传播时间乘以光速所得出的量测距离。由于卫星钟、接收机钟的误差以及无线电通过电离层和对流层中的延迟，实际测出的距离 ρ 与卫星到接收机的几何距离 R 有一定的差值，因此一般称量测出的距离 ρ 为伪距。

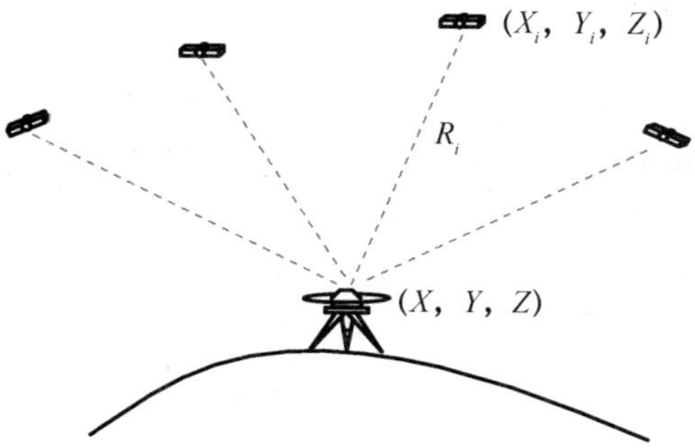

图 6-24　GPS 定位的原理

GPS 卫星依自己的时钟发出某一结构(锯齿波)的测距码(遥测码),该测距码经过 Δt 时间的传播后到达接收机,接收机收到的测距码为 $U(t-\Delta t)$。而接收机的伪随机噪声码发生器,在自己的时钟控制下又产生一组结构和遥测码完全相同的测距码——复制码(本地码),并通过时延器使其延迟时间 τ,即复制码为 $U'(t-\tau)$,将这两组测距码进行相关处理,若其相关系数达到最大,即接近 1 时,那么,其时延迟 τ 即为 GPS 卫星信号从卫星传播到接收机所用的时间。

设某一卫星在卫星钟的瞬时读数为 t_a 时发出信号,此时正确的标准时刻为 τ_a;该信号到达接收机读得的时间为 t_b,其正确的标准时刻为 τ_b。伪距测量中测得的时间延迟 τ 实际为

$$\tau=t_b-t_a=\frac{1}{c}\rho \tag{6-3}$$

式中:c 为电磁波传播的速度。

若发射时刻卫星钟的钟差为 Vt_a,接收时刻接收钟的钟差为 Vt_b,则有

$$\begin{cases}t_a+v_{t_a}=\tau_a\\ t_b+v_{t_a}=\tau_b\end{cases} \tag{6-4}$$

将式(6-4)代入式(6-3)中可得

$$\frac{1}{c}\rho=t_b-t_a=(\tau_b-v_{t_b})-(\tau_a-v_{t_a})=(\tau_b-\tau_a)+v_{t_a}-v_{t_b} \tag{6-5}$$

式中:$(\tau_b-\tau_a)$是测距码从卫星到接收机的实际传播时间。非在真空中传播,还需加上电离层折射改正 $\delta\rho_{\text{ion}}$ 和对流层折射改正 $\delta\rho_{\text{trop}}$,此时卫星至接收机的实际距离为

$$R=c(\tau_b-\tau_a)+\delta\rho_{\text{ion}}+\delta\rho_{\text{trop}} \tag{6-6}$$

将式(6-5)代入式(6-6)中,即得实际距离 R 和伪距 ρ 之间的关系

$$R=\rho+\delta\rho_{\text{ion}}+\delta\rho_{\text{trop}}-cv_{t_a}+cv_{t_b} \tag{6-7}$$

如果已知卫星的钟差 Vt_a 和接收机的钟差 Vt_b,又可精确求出电离层折射改正和对流层折射改正,那么测定了伪距 ρ,就可求出实际距离 R。实际距离 R 和卫星坐标(x,y,z)和接收机坐标(X,Y,Z)之间又有下列关系

$$R=\sqrt{(x-X)^2+(y-Y)^2+(z-Z)^2} \tag{6-8}$$

式(6-8)中卫星的坐标可以根据收到的卫星电文求得，所以，式(6-8)只包含有地面点的3个坐标未知数。这就是说，如果对3颗卫星同时进行伪距测量，列出同样的方程，就可以求出接收机的位置。

但在实际应用中，我们将接收机的钟差 Vt_b 也视为未知数。因为原子钟的造价和体积使得GPS接收机中一般使用石英钟。为此就要求任何一个观测瞬间至少要测定4颗卫星的距离，以便同时解算出4个未知数：X、Y、Z、Vt_b。

这样，伪距定位法的基本模型为

$$[(x_i-X)^2+(y_i-Y)^2+(z_i-Z)^2]^{12}-cv_{t_b}=\rho_i+(\delta\rho_i)_{\text{ion}}+(\delta\rho_i)_{\text{trop}}-cv_{t_{ai}} \tag{6-9}$$

$$(i=1,2,3,4,\cdots)$$

式(6-9)中各符号的脚注 i 表示观测4颗(或以上)卫星的序号；第 i 颗卫星发射信号瞬间的钟差 Vt_{ai} 可以根据卫星导航电文给出的系数计算出来。当式(6-9)的个数大于4个时，可用最小二乘法求解未知数的最或是值。

伪距法定位是以卫星发播的测距码作为测量信号的，它的测量精度就和测距码与复制码的相关(对齐)精度有关，也和测距码的码元宽度有关。根据经验，接收机的复制码和接收到的测距码的对齐精度约为码元宽度(或码的波长)的1%。对于C/A码，其码元宽度约为293 m，伪距测量精度则约为2.9 m；对于P码，其码元宽度约为29.3 m，伪距测量精度则约为0.29 m，比C/A码的测量精度约高10倍。

虽然伪距法定位一次定位精度不高(P码定位误差约为10 m，C/A码定位误差为20～30 m)，但它定位速度快，又无多值性问题，数据处理也比较便捷，可以非常容易地实现实时定位，固仍是GPS定位系统进行导航的最基本方法。同时，所测伪距又可作为载波相位测量中整波数不确定问题(模糊度)的辅助资料。

2. 载波相位测量　载波相位测量是测定GPS卫星载波信号到接收机天线之间的相位延迟，它不使用测距码信号，不受码信号的影响，属于非码信号测量系统，如图6-25所示。

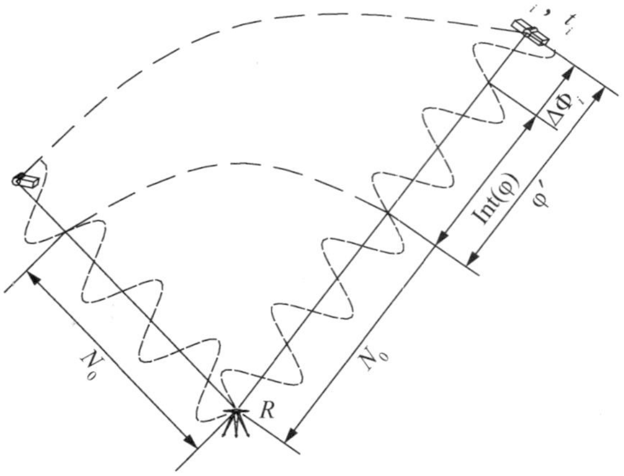

图6-25　载波相位测量的原理

载波信号的波长较短，所以把载波作为量测信号，对载波进行相位测量就可以达到很高的精度，目前可达到 1～2 mm。

(1)载波相位测量的原理。如图 6-25 所示，假设接收机在 t_0 时刻跟踪上卫星信号，进行首次载波相位测量。此时由接收机所产生的基准信号的相位为 $\Phi^0(R)$，接收到的来自卫星的载波信号的相位为 $\Phi^0(S)$。二者之间的相位差为$[\Phi^0(R)-\Phi^0(S)]$，则由载波的波长 λ 就可以求出该瞬间从卫星至接收机的距离

$$\rho=\lambda[\Phi^0(R)-\Phi^0(S)]=\lambda(N_0+\Delta\Phi) \tag{6-10}$$

式中：N_0 为整周数，$\Delta\Phi$ 为不足一整周的小数部分。

在进行载波相位测量时，仪器实际能测出的只是不足一整周的部分 $\Delta\Phi$。因为载波只是一种单纯的余弦波，不带有任何识别标志，所以无法知道正在量测的是第几周的信号，即无法测定其整周期个数 N_0。如果是在载波信号测量中便出现了一个整周未知数(整周模糊度)，则需要通过其他途径解算出 N_0 后，才能求得从卫星至接收机的距离。

接收机跟踪卫星信号进行了首次载波相位测量后，随后进行的各次载波相位测量的实际量测值 φ 中就不仅包含着不足一整波段的部分观测量，而且还包含了整波段数 $\mathrm{Int}(\varphi)$，由此可以看出，只要接收机对卫星信号进行连续跟踪而不中断(失锁)，那么每个完整的载波相位观测值，均由下列几部分组成

$$\varphi=\Phi(R)-\Phi(S)=N_0+\varphi'=N_0+\mathrm{Int}(\varphi)+\Delta\Phi_i \tag{6-11}$$

式中：N_0 为载波相位在传播途径上延迟的整周数；$\mathrm{Int}(\varphi)$为自起始时刻 t_0 到观测时刻 t_i 之间载波相位变化的整周数，它是自 t_0 至 t_i 时间内用计数器逐个累计的差频信号的整周数；$\Delta\Phi_i$ 则是差频信号不足一整周的部分，它是在 t_i 时刻的一个瞬时量测值。

(2)载波相位测量观测方程。设在卫星钟的读数为 t_a，正确的标准时刻为 τ_a 的瞬时，卫星发射的载波相位为 $\varphi(t_a)$，该信号到达接收机读得的正确的标准时刻为 τ_b，和伪距测量的方法一样，可得载波相位测量的基本观测方程

$$\varphi=\frac{f}{c}(R-\delta\rho_{\mathrm{ion}}-\delta\rho_{\mathrm{trop}})+fv_{t_a}-fv_{t_b}-N_0 \tag{6-12}$$

式中：φ 为载波相位测量的实际观测值，以周数为单位。f 为信号的频率。N_0 为相位差整周数。其他符号含义同前。

若将上式两边同乘 $\lambda=c/f$，即有

$$\rho=R-\delta\rho_{\mathrm{ion}}-\delta\rho_{\mathrm{trop}}+cv_{t_a}-cv_{t_b}-\lambda N_0 \tag{6-13}$$

从上面可以看出，除增加了整周未知数 N_0 外，它和伪距测量方程完全相同。

式中：R 是 τ_a 时刻的卫星位置(x,y,z)和 τ_b 时刻的接收机位置(X,Y,Z)之间的实际距离，即

$$R=[(x-X)^2+(y-Y)^2+(z-Z)^2]^{1/2} \tag{6-14}$$

引进

$$
\begin{cases}
R_0=[(x-X_0)^2+(y-Y_0)^2+(z-Z_0)^2]^{1/2} \\
X=X_0+\mathrm{d}X \\
Y=Y_0+\mathrm{d}Y \\
Z=Z_0+\mathrm{d}Z
\end{cases}
\tag{6-15}
$$

将 R 在 X_0,Y_0,Z_0 点用泰勒级数展开得

$$
R=R_0+\left(\frac{\partial R}{\partial X}\right)_0\mathrm{d}X+\left(\frac{\partial R}{\partial Y}\right)_0\mathrm{d}Y+\left(\frac{\partial \rho}{\partial Z}R\right)_0\mathrm{d}Z=R_0+\frac{X_0-x}{R_0}\mathrm{d}X+\frac{Y_0-y}{R_0}\mathrm{d}Y+\frac{Z_0-z}{R_0}\mathrm{d}Z
\tag{6-16}
$$

将式(6-16)代入式(6-12),得到线形化的载波相位测量的基本方程

$$
\frac{f}{c}\frac{x-X_0}{R_0}\mathrm{d}X+\frac{f}{c}\frac{y-Y_0}{R_0}\mathrm{d}Y+\frac{f}{c}\frac{z-Z_0}{R_0}\mathrm{d}Z-fv_{t_a}+fv_{t_b}+N_0
=\frac{f}{c}(R_0-\delta\rho_{ion}-\delta\rho_{trop})-\varphi
\tag{6-17}
$$

式中:(x,y,z)是 τ_a 时刻的卫星位置,φ 为载波相位测量的实际观测值。

四、全球卫星定位导航系统定位方法

GPS 定位的方法是多种多样的,按接收机的运动状态可分为静态定位和动态定位;按对数据的处理方式可分为实时定位和后处理定位;按定位的模式分为绝对定位、相对定位和差分定位。用户可以根据不同的用途采用不同的定位方法。

为了提高定位精度以满足各种需要,GPS 测量往往不是单纯采用一种测量方式,而是以某种方式为主,并辅以其他方法,如在绝对定位和相对定位中,又都包括静态定位和动态定位。

1. 静态定位和动态定位　所谓静态定位,就是在进行 GPS 定位时,待定点的位置在观测过程中固定不变。也就是说,在数据处理时,将接收机天线的位置作为一个不随时间的改变而改变的量。在测量中,静态定位一般用于高精度的测量定位,例如 GPS 在大地测量中的应用。静态定位由于接收机位置不动,可以进行大量的重复观测,所以它的可靠性强、定位精度高。

所谓动态定位,就是在进行 GPS 定位时,待定点在运动载体上,在观测过程中是变化的。也就是说,在数据处理时,将接收机天线的位置作为一个随时间的改变而改变的量,例如 GPS 在船舶导航中的应用。动态定位的特点是可以测定一个动态点的实时位置、多余观测量少、定位精度较低。

2. 实时定位和后处理定位　对 GPS 信号的处理,从时间上可划分为实时处理及后处理。实时处理就是一边接收卫星信号一边进行计算,实时地解算出接收机天线所在的位置、速度等信息;后处理是指把卫星信号记录在一定的介质上,回到室内统一进行数据处理以进行定位的方法。

一般来说,静态定位用户多采用后处理,动态定位用户采用实时处理或后处理。

3.单点定位　单点定位又称为浮点解定位，它是利用一台接收机观测卫星，独立地确定出接收机天线在 WGS-84 坐标系的绝对位置，这一位置在 WGS-84 坐标系中是唯一的，即为单点定位，且其利用一台接收机能完成定位工作，如图 6-26 所示。GPS 单点定位的实质是基于测量学中的空间距离后方交会，要实现单点定位必须同时观测 4 个卫星。

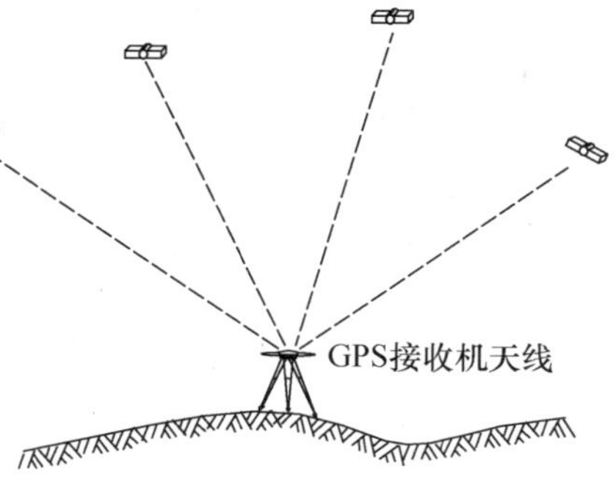

图 6-26　GPS 单点定位

单点定位的优点是只需一台接收机即可独立定位，外业观测的组织和实施比较方便，数据处理比较简单；缺点是定位精度低，受各种误差的影响比较大，只能达到米级，单点定位一般用于导航和精度要求不高的情况。

4.差分定位　差分定位即固定解定位就是在已知点上建立差分基准台，实时计算出差分误差信息，并将此信息传送给用户，用户接收机在进行 GPS 观测的同时，也接收基准站的差分误差信息，并对其定位结果进行改正，从而得到高精度定位结果，所以差分定位又称实时差分定位。差分 GPS 定位技术系统是由一个基准站（知道其精确的地理坐标）、多个用户台（流动站）和数据链组成。基准站与流动站之间的联系是靠数据链完成（即由基准站计算出的改正数通过数据链发送到流动站）。数据链由调制解调器和电台组成，如图 6-27 所示。

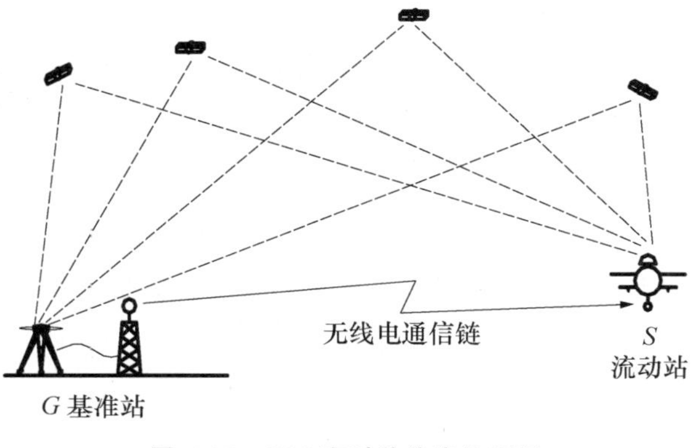

图 6-27　GPS 实时差分定位原理

根据差分 GPS 基准站发送的信息方式，可将差分 GPS 定位分为 3 类，即位置差分、伪距差分和载波相位差分。这 3 类差分方式的工作原理是相同的，即都是由基准站发送改正数，由用户站接收并对其测量结果进行改正，以获得精确的定位结果。所不同的是，发送改正数的具体内容不一样，其差分定位精度也不同。

(1)位置差分。设基准站的精密坐标为(X_0,Y_0,Z_0),安装在基准站上的 GPS 接收机观测 4 颗卫星进行三维定位,解算出基准站的坐标(X,Y,Z)。由于存在着轨道误差、时钟误差、大气影响、多径效应以及其他误差,解算出的坐标与基准站的已知坐标是不一样的,它们之间的差为

$$\begin{cases}\Delta X=X_0-X\\ \Delta Y=Y_0-Y\\ \Delta Z=Z_0-Z\end{cases} \tag{6-18}$$

基准站利用数据链将此改正数发送出去,由用户站接收,并且对其解算的用户站坐标进行改正。

$$\begin{cases}X_P=X'_P+\Delta X\\ Y_P=Y'_P+\Delta Y\\ Z_P=Z'_P+\Delta Z\end{cases} \tag{6-19}$$

式中:X'_P、Y'_P、Z'_P为用户接收机自身的观测结果,X_P、Y_P、Z_P 为经过改正后的坐标。

顾及到用户接收机位置改正值的瞬时变化,式(6-19)可写成

$$\begin{cases}X_P=X'_P+\Delta X+\mathrm{d}(\Delta X)/\mathrm{d}(t-t_0)\\ Y_P=Y'_P+\Delta Y+\mathrm{d}(\Delta Y)/\mathrm{d}(t-t_0)\\ Z_P=Z'_P+\Delta Z+\mathrm{d}(\Delta Z)/\mathrm{d}(t-t_0)\end{cases} \tag{6-20}$$

最后得到改正后的用户坐标已消去了基准站和用户站的共同误差,例如卫星轨道误差、SA(Selective Availabiliby)政策影响、大气影响等,提高了定位精度。

位置差分的先决条件是基准站和用户站观测的是同一组卫星。此法适用于用户与基准站间距离在 100 km 以内的情况,定位精度为 5~10 m。此法的优点是计算简单,适用于各种 GPS 接收机。

(2)伪距差分。伪距差分是目前用途最广的一种技术,它可以满足 RTCMSC-104 标准(国际海事无线电委员会标准)。伪距差分是在基准站上观测所有的卫星,利用基准站的已知坐标(X_0,Y_0,Z_0)和测出的各卫星的地心坐标(X_S,Y_S,Z_S),求出基准站和各卫星之间的真正距离 R_S

$$R_S=[(X_S-X_0)^2+(Y_S-Y_0)^2+(Z_S-Z_0)^2]^{12} \tag{6-21}$$

将计算出的距离与含有误差的伪距测量值 ρ_0 加以比较,求出其偏差 $\Delta\rho_S$

$$\Delta\rho_S=R_S-\rho_0 \tag{6-22}$$

其变化率为

$$\mathrm{d}\rho_S=\Delta\rho_S/\Delta t \tag{6-23}$$

将所有卫星的测距偏差及其变化率传输给用户,用户利用此数据来改正测量的伪距。最后,用改正后的伪距来解算本身的位置,就可消去公共误差,提高定位精度。

伪距差分的优点是基准站提供所有卫星的改正数,用户接收机观测任意 4 颗卫星,即可完成定位,并能将基准站和接收机间的公共误差抵消。此法适用于用户与基准站间距离在

200～300 km 的情况，定位精度为 3～10 m。缺点是随着用户到基准站距离的增加又出现了系统误差，这种误差用任何差分法都不能消除，用户和基准站之间的距离对精度有决定性影响。

近年来又发展利用相位观测值精化伪距值，以提高差分精度，称为相位平滑伪距差分。其差分精度可达到 1 m。

(3)载波相位差分(RTK)。载波相位差分技术又称为 RTK 技术(Real Time Kinematic)，RTK 定位技术是基于载波相位观测值的实时动态定位技术，是建立在实时处理两个测站载波相位基础上的。

在 RTK 作业模式下，基准站通过数据链将其观测值和测站坐标信息一起传送给流动站。流动站不仅通过数据链接收来自基准站的数据，还要采集 GPS 观测数据，并在系统内组成差分观测值进行实时处理，同时给出厘米级定位结果，历时不到 1 s。流动站可处于静止状态，也可处于运动状态；可在固定点上先进行初始化后再进入动态作业，也可在动态条件下直接开机，并在动态环境下完成整周模糊度的搜索求解。在整周未知数解固定后，即可进行每个历元的实时处理，只要能保持 4 颗以上卫星相位观测值的跟踪和必要的几何图形，流动站可随时给出定位结果。载波相位差分技术可使实时三维定位的精度达到 1～2 cm，但目前基站与流动站距离最远只能达到 30 km 的范围。

RTK 技术应用于海上精密定位、地形测图和地籍测绘。

由于 RTK 技术受到基准站至用户距离的限制，所以为解决此问题，发展成局部区域差分和广域差分定位。通常将一般差分定位系统叫 DGPS，局部区域差分定位系统叫 LADGPS，广域差分定位系统叫 WADGPS。

差分定位的关键技术是高波特率数据传输的可靠性和抗干扰性问题。

DGPS 系统结构和算法简单，技术较为成熟，主要用于小范围的差分定位工作。对于较大范围的区域，则采用局部区域差分定位技术，对于一个国家或几个国家范围的广大区域，应用广域差分定位技术。

第六节　手持 GPS 接收机

手持 GPS 接收机是指可以手持操作的轻便型 GPS 接收机，相对于“测地型”GPS 接收机，具有集成度高、导航定位速度快、携带方便、操作简单等优点，已经被广泛应用于车辆导航定位、野外调查、航海、旅游探险等领域。

1. 四参数及七参数

(1)四参数。四参数是同一个椭球内不同坐标系之间进行转换的参数。在工程之星软件中的四参数指的是在投影设置下选定的椭球内 GPS 坐标系和施工测量坐标系之间的转换参数。工程之星提供的四参数的计算方式有 2 种：一种是利用“工具/参数计算/计算四参数”来计算，另一种是用“控制点坐标库”计算。需要特别注意的是：参与计算的控制点原则上至少要用 2 个或 2 个以上的点，控制点等级的高低和分布直接决定了四参数的控制范围。经验上四参数理想的控制范围一般都在 5～7 km。

四参数的 4 个基本项分别是：X 平移、Y 平移、旋转角和比例。从参数来看，这里没有高程改正，所以建议采用“控制点坐标库”来求取参数，而根据已知点个数的不同所求取的参数也会不同，具体有以下几种。

①四参数＋校正参数：所需已知点个数：2 个。

②四参数＋高程拟合。

GPS 的高程系统为大地高(椭球高)，而测量中常用的高程为正常高，所以 GPS 测得的高程需要改正才能使用，高程拟合参数就是完成这种拟合的参数。计算高程拟合参数时，参与计算的公共控制点数目不同时，计算拟合所采用的模型也不一样，达到的效果自然也不一样。

高程有 3 种拟合方式：

a. 高程加权平均：所需已知点个数：3 个。

b. 高程平面拟合：所需已知点个数：4 ～6 个。

c. 高程曲面拟合：所需已知点个数：7 个以上。

(2)七参数。所需已知点个数：3 个或 3 个以上。七参数的应用范围较大(一般大于 50 km^2)，计算时用户需要至少知道 3 个已知点的地方坐标和 WGS-84 坐标，可得到 WGS-84 坐标转换到地方坐标的 7 个转换参数，在理想状态下增加的点数越多，覆盖测区范围越均匀，求出的参数精度越理想。七参数的格式是：X 平移，Y 平移，Z 平移，轴旋转，Y 轴旋转，Z 轴旋转，缩放比例(尺度比)。

(3)四参数及七参数的使用。使用四参数方法进行 RTK 的测量可在小范围(20～30 km^2)内使测量点的平面坐标及高程的精度与已知的控制网之间配合很好，只要采集 2 点或 2 点以上的地方坐标点就可以了，但是在大范围(比如几十、几百平方千米)进行测量的时候，往往转换参数不能在部分范围起到提高平面和高程精度的作用，这时候就要使用七参数方法，具体方法如下。

首先需要做控制测量和水准测量，在区域中的已知坐标的控制点上做静态控制，进行网平差之前，在测区中选定一个控制点 A 作为静态网平差的 WGS-84 参考站。

使用一台静态仪器在该点固定进行 24 h 以上的单点定位测量(这一步在测区范围相对较小、精度要求相对低的情况下可以省略)，然后再导入到软件里将该点单点定位坐标平均值记录下来，作为该点的 WGS-84 坐标，由于做了长时间观测，其绝对精度应该在 2 m 左右，然后对控制网进行三维平差，需要将 A 点的 WGS-84 坐标作为已知坐标，算出其他点位的三维坐标，但至少 3 组以上，输入完毕后计算出七参数。

2. 南方 S750 手持机如图 6-28 所示。

(1)记录设置。首先进入“记录设置”。

采样时间间隔：采集每组数据的时间间隔，一般设成 1 s。

要素平均点数：采集点所要采的次数，相当于平滑次数，一般设成 5 s，形式一般选择手动，也可以按时间和距离分别以间隔秒或距离来实现自动存储。

(2)GPS 设置。在“配置”中，进入“GPS 设置”，设置 GPS 的高度截止角。

(3)坐标系统设置。“坐标系统”中，点击要设置的椭球、投影、七参数、四参数等项目后面的设置按钮，进行设置或直接输入(输入时“－”号可以通过软键盘来实现，点击右下角的笔形按钮可以调处软键盘)。注意：中央子午线一定要设置。

(4)实时设置。选择配置中的“实时设置”。

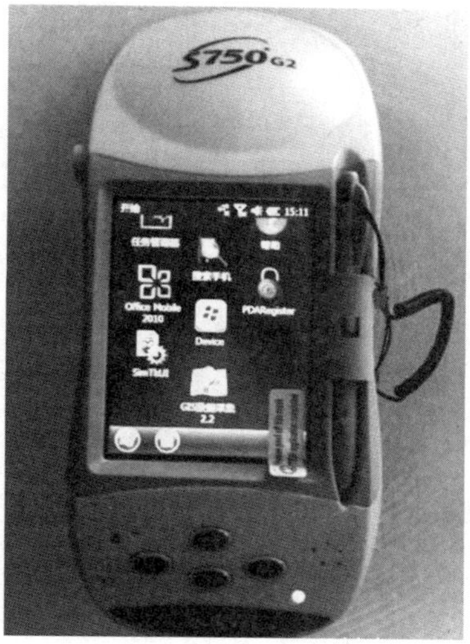

图 6-28　南方 S750 手持机

数字资源 6-1
南方 S750 手持机　彩图

有 3 种实时定位方式：整合的 SBAS、外部源和精密单点定位（PPP）。

①整合的 SBAS：使用星站差分，点 SBAS 设置，选择自动搜索或强制指定差分卫星，在中国部分区域可使用此功能，一般需要选取定制，然后在可用的日本的 MSAS 卫星前勾选 129 号和 137 号卫星，然后确定退出。如果当地区域能搜索到 129 号和 137 号卫星，即可自动实现差分 3D。在该模式下 S750 可实现亚米级的定位精度。

具体操作方式为：

管理→GPS→基本设置，如图 6-29(a)、图 6-29(b)所示。

选择“基本设置”，在对话框中对 GPS 进行基本设置，设置内容包括仪器型号、定位端口、差分端口、高度角、时区，并对差分模式进行设置。

GPS 基本设置中，将差分模式选为“SBAS”，开启 SBAS 差分，如图 6-29(c)、图 6-29(d)所示。

单击“SBAS 设置”按钮，进入 SBAS 设置。在选择模式下拉菜单中可以选择跟踪或定制 SBAS 卫星模式。设置完成确认退出。

②外部源：利用 GSM 模块通过网络进行差分模式，是工作中使用的主要方式。通过在手持机中设置 ip、端口、账户密码、接入点等信息，连接到指定的 CORS 基站上（CORS 为 24 h 连续运营基准站，分为单基站和网络基站），手持机通过 CORS 播发来的定位信息及参数，达到精准定位的目的，这样手持机的定位精度可以最高达到 20 cm 左右，如果连接外接天线的话可以达到厘米级精度。

具体操作方式为：

GPS 基本设置中，将差分模式选为外部源模式，开启外部源差分，如图 6-29(e)、6-29(f)所示。

单击外部源设置，输入 IP、端口、用户名、密码，设置完成后点击确定，完成外部源设置。

管理→GPS→外部源连接在外部源连接界面内，选择合适的接入点，点“开始”连接外部源，如图 6-29(g)、图 6-29(h)所示。

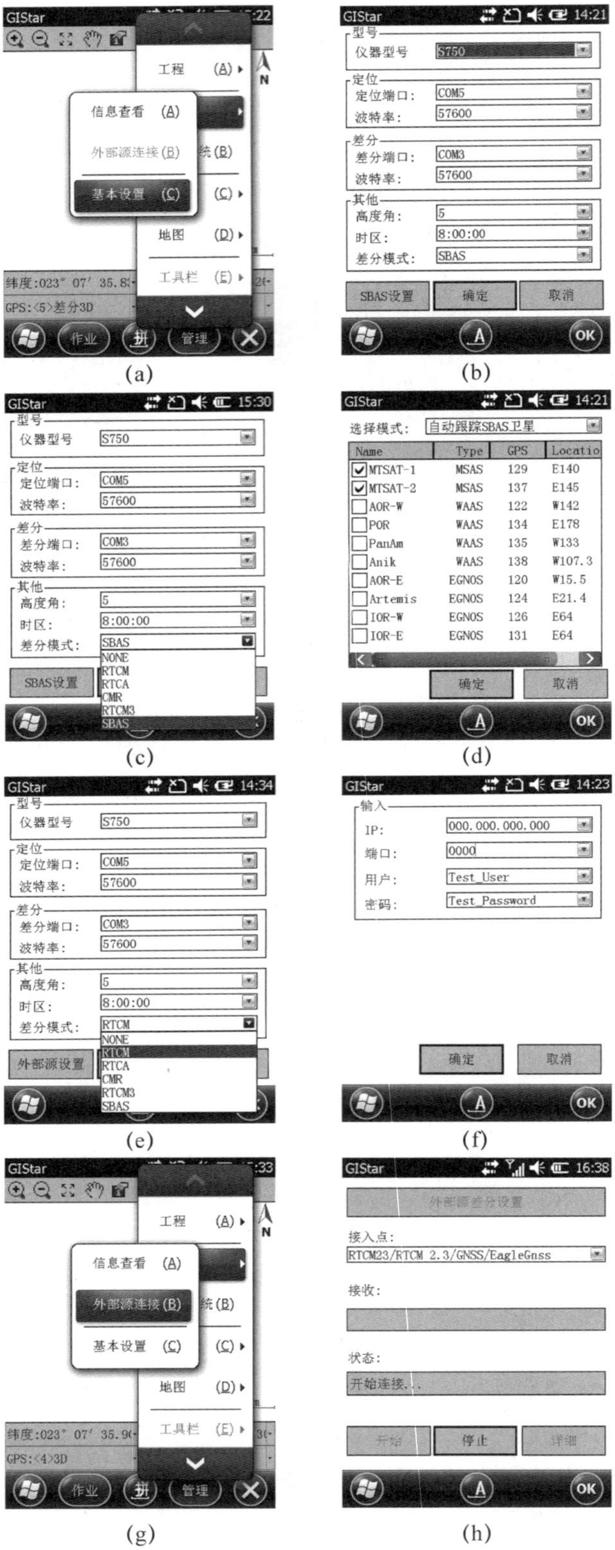

图 6-29 南方 S750 手持机操作流程图

③精密单点定位(PPP)。使用未改正的 GPS:不使用差分信号,相当于单点定位。

单点定位是卫星导航定位系统中最简单、最直接的定位方式。传统的单点定位(SPP)采用测量伪距观测值(C/A 码或 P 码)进行定位,一般只能达到十几米或几十米甚至更差的精度,因此并不被认为是一种高精度的定位方法。近年来出现的精密单点定位(Precise Point Positioning,PPP)技术,利用精密卫星轨道和精密卫星钟差改正,以及单台卫星接收机的非差分载波相位观测数据进行单点定位,可以获得厘米级的精度,因而在卫星导航业界得到了广泛关注和重视。PPP 的主要优势体现在 2 个方面:一是使得用户端系统更加简化;二是在定位精度上保持全球一致性。

第七节　全球卫星定位导航系统在地形图测绘中的应用

GPS 定位系统是一种全球性、全天候、高精度的连续导航定位系统,它速度快、操作简单、方法灵活,在国防和国民经济建设的各个领域都得到了广泛的应用,它已经成为地面控制测量、航空摄影测量、海洋测量、精密工程测量、地形图测绘等有效测量手段。

GPS 控制测量与经典控制测量工作基本类似,在实际工作中也可划分为方案设计、外业实施及内业数据处理 3 个阶段。

近几年来,随着 GPS 载波相位差分技术(RTK)的发展,其实时定位结果达厘米级,在地形图的测绘中,它正逐步得到广泛的应用。

常规地形图测绘,一般是首先根据控制点加密图根控制点,然后在图根控制点上用经纬仪测图法或平板仪测图法测绘地形图。近几年发展到用全站仪和电子手簿采用地物编码的方法,利用测图软件测绘地形图,但都要求测站点与被测的周围地物地貌等碎部点之间通视,而且要求至少 3～4 人操作。

利用 RTK 技术进行地形图的测绘就可以克服上述困难,在 RTK 作业模式中,基准站与流动站在满足测图精度的情况下,测程一般可达 10～20 km,而且绘图人员均在实际现场,避免了由于绘图工作者不了解实际地形而造成的返工问题。

采用 RTK 技术进行测图时,基准站安置在已知坐标点上,并将差分数据通过数据链传递给流动站;流动站仅需 1 人背着仪器在要测的碎部点上待上 1～2 s,接收来自卫星和基准站的数据,实时地求出碎部点的三维坐标,在点位精度合乎要求的情况下,通过电子手簿或便携微机,将数据记录下来,并同时输入特征编码,回到室内或在野外,通过专业测图软件,即可得到所要求的地形图,如图 6-30 所示。

用 RTK 技术测定点位不要求点间通视,仅需 1 人操作,便可完成测图工作,大大提高了测图的工作效率。

随着 RTK 技术的不断发展和系列化产品的不断出现,一些更轻小、更廉价的 RTK 模式 GPS 接收机正在不断地被生产出来。现在有一些厂家还专门生产出了用于地形测量的 GPS 产品,称为 GPS 全站仪(GPS Total Station),也称为超站仪。

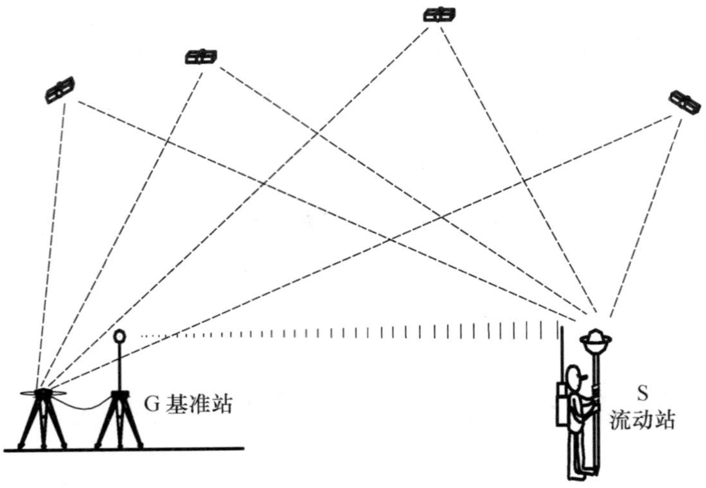

图 6-30　采用 RTK 技术进行地形图测量原理图

复习题

1. 简述全站仪的功能和结构组成。

2. 描述碎部测量一个测站测图时全站仪的操作。

3. 全站仪的数据处理过程有哪些？

4. 简述 GPS 组成和 GPS 接收机的组成。

5. 简述 GPS 定位的原理。GPS 3 个基本观测量是什么？其坐标系统和时间系统是什么？坐标转换参数如何确定？GPS 测量误差有哪些？

6. 什么是 RTK？什么是星站差分？什么是 CORS 站？

7. 描述 GPS 用于控制测量和碎部测量时的操作步骤。

Chapter 第七章

平面控制测量

测量学的基本任务之一就是为生产和建设单位提供必要的地形图。在进行地形图测量时，必须遵循"先整体，后局部；先控制，后碎部"的原则，即先在测区内选择若干个控制点，用较精密的仪器、按一定的操作程序进行测量，经平差计算后得到其准确的平面位置和高程，然后再以控制点为依据测量其周围的地物和地貌，并绘制成图。控制测量可分为平面控制测量和高程控制测量，本章介绍平面控制测量常用的几种方法。

第一节 平面控制测量概述

测定控制点平面位置(x，y)的工作，称为平面控制测量。国家平面控制网的建立主要采用三角测量和精密导线测量 2 种方法，如图 7-1 所示。在测区内选择若干个控制点组成一系列的三角形，若三角形向一个方向推进，这种图形称三角锁；若三角形向四面扩展成网状，则称为三角网。三角形的顶点称为三角点，即平面控制点。国家平面控制网分为一等、二等、三等、四等 4 个等级。国家一等三角锁沿经纬线方向布设成纵、横锁，是国家平面控制网的骨干；二等三角网是在一等三角锁的基础上布设的，是国家平面控制网的基础；三等、四等三角网是在二等三角网的基础上进一步加密，是小区域内地形测图的基本控制。

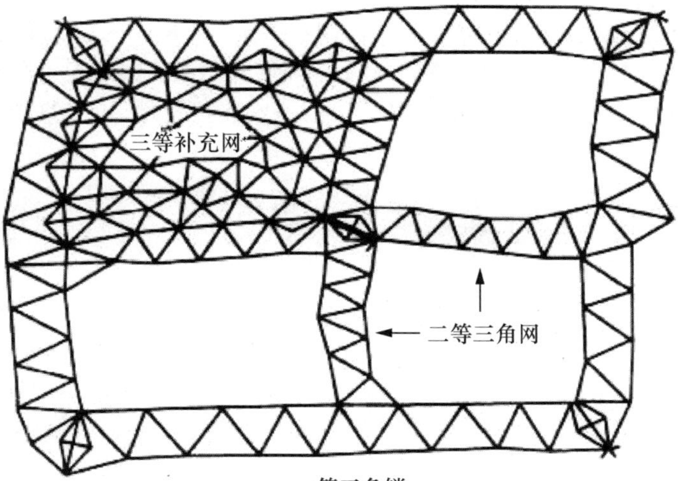

图 7-1 国家平面控制网示意图

在通视困难的平原地区或森林地区，常采用精密导线测量来代替相应等级的三角测量，特别是电磁波测距技术的发展，精密导线网、三边网、边角网等得到迅速的发展。

全球定位系统（GPS）在大地测量、地形测量、工程测量中已经得到广泛的应用，目前城市旧控制网的改造、控制点的更新和加密均采用 GPS 测量。

国家平面控制网，其控制点称为国家控制点，最低等级为四等点，其间距为 2～6 km。进行大比例尺地形测绘时，根据测图比例尺的不同，测量规范规定的控制点的密度如表 7-1 所示。显然国家控制点的密度远满足不了测绘的需要，进行大比例尺地形图测绘时必须在国家控制网的基础上进一步加密控制点。加密的控制点根据精度要求的不同，可分为Ⅰ级（或 5″）、Ⅱ级（或 10″）小三角锁（或网）。

表 7-1　控制点密度

测图比例尺	每平方千米的控制点数	每幅图控制点数
1∶5 000	4	20
1∶2 000	15	15
1∶1 000	40	10
1∶500	120	8

小区域控制网是为小面积（15 km^2 以下）的大比例尺地形测图或工程测量所建立的控制网。在全测区范围内建立的控制网，称首级控制网。首级控制网的等级由测区面积大小来决定，如表 7-2 所示。直接为测图所建立的控制网称为图根控制网，其控制点称为图根点。在首级的基础上建立图根控制网，形成两级控制网。当测区面积小于 0.5 km^2 时，图根控制可作为首级控制。

表 7-2　小地区控制网等级与测区面积

测区面积/km^2	首级控制	图根控制
2～15	一级小三角或一级导线	两级控制
0.5～2	二级小三角或二级导线	两级控制
0.5 以下	图根小三角或图根导线	

小地区控制网尽可能地与国家已建立的高级控制网联测，将国家控制点的坐标和高程作为小地区控制网的起算和校核数据，国家控制点的资料（编号、点位、坐标、高程等）可以向省、市测绘管理机关索取。若测区内或附近没有国家高级控制点，或者联测有困难，也可以建立测区独立控制网。前者所测的图纸可与周围地区连接使用，后者只能单独使用。

第二节　导线测量的外业工作

将测区内控制点连成折线图形，折线称为导线，转折点称为导线点。导线测量根据所使用仪器、工具的不同，可分为经纬仪钢尺量距导线和经纬仪电磁波测距（或全站仪）导线 2 种。有关导线测量的等级及技术要求见表 7-3 和表 7-4。本节重点介绍经纬仪量距导线，其外业工作包括以下几项。

表 7-3　导线测量的等级及主要技术要求

等级	导线长度/km	平均长度/km	测角中误差/″	测距中误差/mm	测距相对中误差	测回数		方位角闭合差/″	导线全长相对闭全差
						2″级仪器	6″级仪器		
一级	4	0.5	5	15	1/30 000	2	4	$10\sqrt{n}$	≤1/15 000
二级	2.4	0.25	8	15	1/14 000	1	3	$16\sqrt{n}$	≤1/10 000
三级	1.2	0.1	12	15	1/7 000	1	2	$24\sqrt{n}$	≤1/5 000

注：①n 为测站数；②当测区测图的最大比例尺为 1∶1 000 时，一、二、三级导线的导线长度、平均边长可放长，但最大长度不应大于表中规定相应长度的 2 倍。

表 7-4　图根导线测量的主要技术要求

导线长度/m	相对闭合差	测角中误差/″		方位角闭合差/″	
		首级控制	加密控制	首级控制	加密控制
$\leqslant\alpha\cdot M$	$\leqslant 1/(2\,000\times\alpha)$	20	30	$40\sqrt{n}$	$60\sqrt{n}$

注：①α 为比例系数，取值宜为 1，当采用 1∶500、1∶1 000 比例尺测图时，α 可在 1～2 之间选用；②M 为测图比例尺的分母，但对于工矿区现状图测量，不论测图比例尺大小，M 应取值为 500；③施测困难地区导线相对闭合差，不应大于 $1/(1\,000\times\alpha)$。

一、导线布设形式选择

根据测区形状和要求的不同，导线的布设形式有以下 3 种。

1. 闭合导线　由某一个高级控制点出发，经过一系列控制点后又回到原来的已知控制点上，形成一个闭合多边形，这种图形的导线称为闭合导线，如图 7-2 所示。

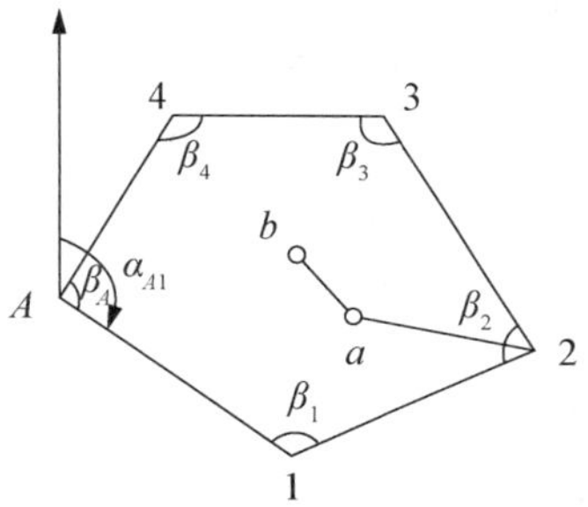

图 7-2　闭合导线

2. 附合导线　由一个高级控制点出发，经过一系列控制点后，附合到另外一高级控制点上，称为附合导线，如图 7-3 所示。

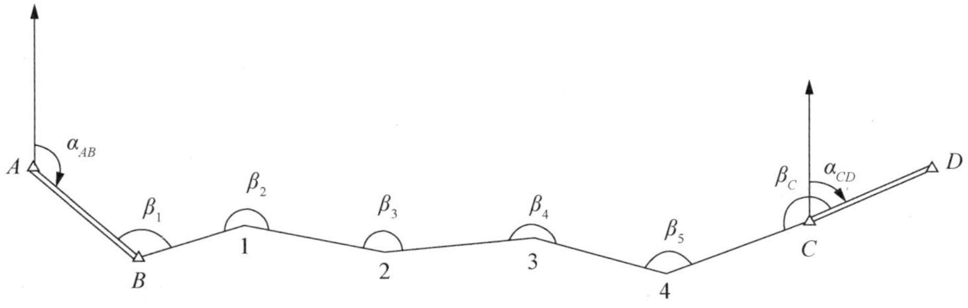

图 7-3　附合导线

3. 支导线　仅一端连接在高一级已知点上，向外伸展的导线，称为支导线，如图 7-2 中的 2—a—b，支导线由于没有校核条件，所以要求同时观测左、右角，点数为 2 个或 3 个。

二、导线点的选择及标定

导线点的选择应根据测区的实际情况来决定。面积较大时，可根据测区内已有的小比例尺地形图和控制点的资料，在地形图上研究布网方案及控制点的位置，然后再到实地踏勘选点。导线长度可适当放长(不超过表 7-4 中规定的 1.5 倍)。

现场选点应注意下列事项：

(1)导线点应均匀地分布在测区内，相邻边的边长相差不宜过大，点的密度应符合表 7-1 的规定。

(2)相邻点要互相通视，便于测角。

(3)相邻点之间应没有大的障碍物，以便于量距。

(4)导线点应选择在视线开阔处，以便于碎部测图。

导线点选择好以后，根据情况确定是否埋石桩，凡需长期保存的一级和二级导线点应设石桩或混凝土桩。如图 7-4 所示，桩的埋深应达到当地最大冻深线以下 50 cm，以确保点位不受冻胀的影响。如果仅为测图，可钉入一个木桩，桩顶钉一个小钉或画一个“十”记号标明点位，桩的一侧用红漆写上点的编号。为了便于寻找，应对每一个导线点都绘制一张位置草图，称为点之记，如图 7-5 所示。

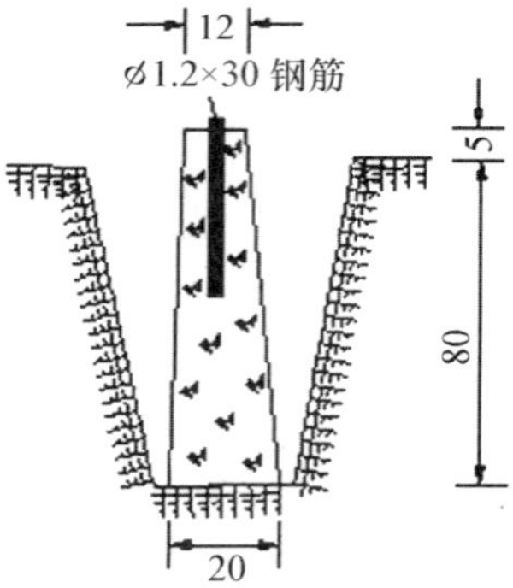

图 7-4　埋桩示意图

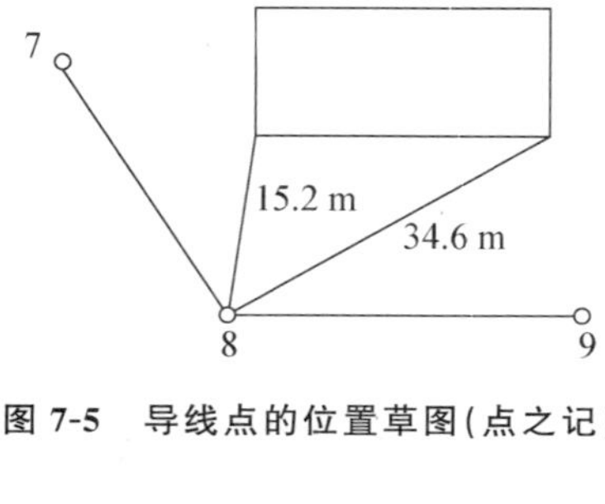

图 7-5　导线点的位置草图(点之记)

三、角度测量

观测导线点的转折角，一般观测左角，即位于前进方向的左侧。闭合导线观测内角。不同等级的导线测角技术要求见表7-4，图根导线一般采用DJ_6型光学经纬仪，观测一测回，两半测回角值之差应小于36″。

四、距离测量

用钢尺丈量两相邻导线点间的水平距离，采用往、返丈量，其距离丈量相对误差在平原地区应小于1/3 000，在山区可适当放宽到1/1 000。也可采用红外光测距仪（全站仪）测距，单程一测回即可。

五、起始边定向

为了计算导线的坐标，导线起始边的方向需要确定，导线起始边定向的方法有2种情况。一种是布设成独立导线，在小区域内进行测量，如果测区附近没有国家高级控制点，则采用罗盘仪测定导线起始边的磁方位角，导线的方向就可以确定。另一种情况是与国家控制点联测，利用国家点的坐标及导线与国家控制点的连接角，来确定导线的方向。与国家控制点连接测量有以下几种情况。图7-6所示为一闭合导线，A和B为高级控制点，B_1为连接边，β'和β''为连接角。图7-7为一附合导线，A、B、C和D为高级控制点，β_B和β_C为连接角。

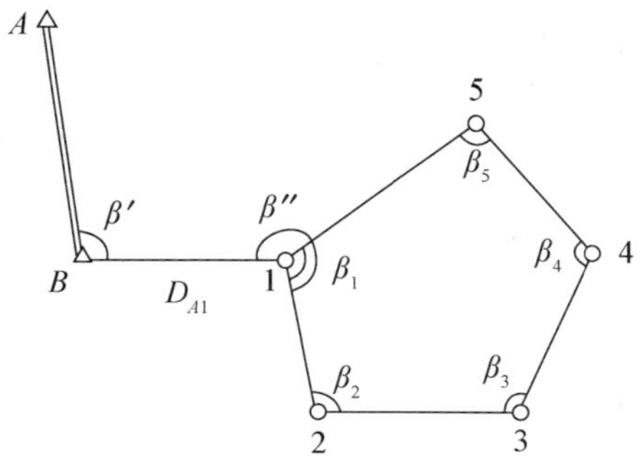

图7-6　闭合导线联测

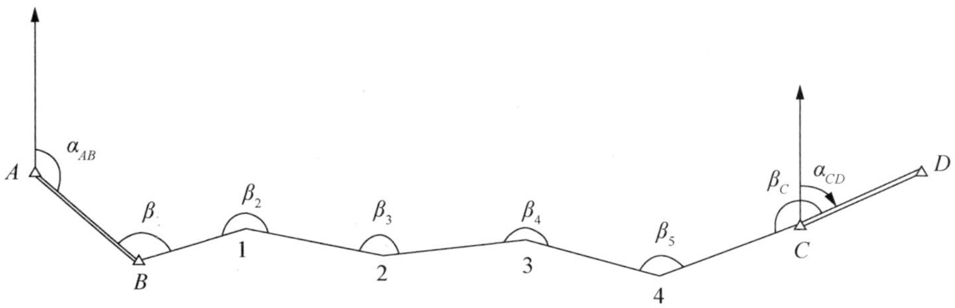

图7-7　附合导线联测

第三节 导线测量的内业计算

导线测量外业计算工作结束后，在全面检查、确定导线外业测量记录确实无误的情况下，可以进行内业计算。计算前应根据外业观测记录绘制一张导线草图，图上注明实测边长、转折角、起始边方位角和起始点坐标，供计算时参考。

一、闭合导线的计算

如图 7-8 所示，闭合导线以闭合的几何图形作为校核条件，首先应满足内角和条件，其次应满足坐标条件。

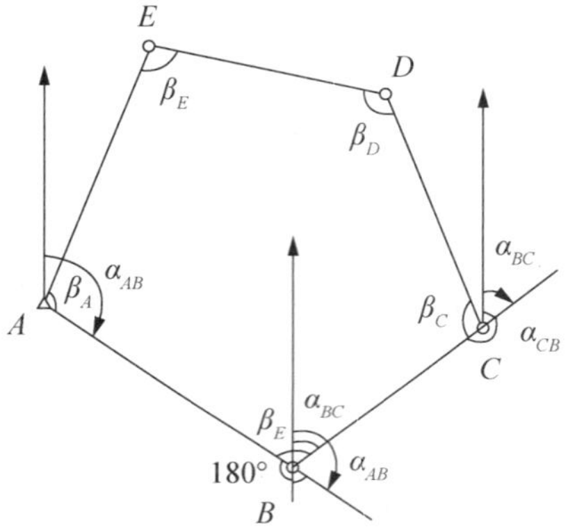

图 7-8 闭合导线的校核条件

1. 角度闭合差的计算及调整 对 n 边形的闭合导线，其内角和的理论值为

$$\sum\beta_{理}=(n-2)\times180^{\circ} \tag{7-1}$$

观测值的总和为 $\sum\beta_{理}$，实测值应等于理论值，但由于角度观测值存在误差，两者不相等，两者之差即为角度闭合差

$$f_{\beta}=\sum\beta_{测}-\sum\beta_{理}=\sum\beta_{测}-(n-2)\times180^{\circ} \tag{7-2}$$

由表 7-4 可知，图根导线角度闭合差的容许值为

$$f_{\beta允}=\pm36''\cdot\sqrt{n} \tag{7-3}$$

若闭合差大于容许值，成果不合格，说明观测值中存在错误（粗差），应仔细检查原始记录，分析原因，有目的地进行返工。

若闭合差小于容许值，可将闭合差反符号平均分配到各角度观测值中，每个角的改正数为

$$V=\frac{f_{\beta}}{n} \tag{7-4}$$

图根导线计算改正数取至秒，如果有小数，以秒取整后，将剩余误差分配到边长较短的转折角上或角度值较大的几个角上。调整后的各内角和应等于$(n-2)\times180°$。算例见表 7-5。

表 7-5　闭合导线计算

计算者______　校核者______

点号	观测角/(° ′ ″)	改正后角值/(° ′ ″)	方位角/(° ′ ″)	边长/m	增量计算值[①] Δx	增量计算值[①] Δy	改正后增量 Δx′/m	改正后增量 Δy′/m	坐标 x/m	坐标 y/m	备注
(1)	(2)	(3)	(4)	(5)	(6)	(7)	(8)	(9)	(10)	(11)	
A	+9 96 58 36	96 58 45							500.000	500.000	
			88 30 00	133.432	+14 3.493	−40 133.386	3.507	133.346			
B	+ 10 118 00 06	118 00 16							503.507	633.346	
			26 30 16	117.821	+12 105.438	−36 52.580	105.450	52.544			
C	+10 105 55 54	105 56 04							608.957	685.890	
			312 26 20	141.209	+14 95.288	−43 −104.212	95.302	−104.255			
D	+9 104 30 12	104 30 21							704.259	581.635	
			236 56 41	121.823	+13 −66.448	−37 −102.105	−66.435	−102.142			
E	+10 114 34 24	114 34 34							637.824	479.493	
			171 31 15	139.361	+14 −137.838	−42 20.549	−137.824	20.507			
A	+9 96 58 36	96 58 45							500.00	500.00	
			88 30 00								
合计	539 59 12	540 00 00		653.646	−0.067	0.198	0	0			
计算公式	$f_{\beta}=-48''$ $f_{\beta允}=\pm36''\cdot\sqrt{5}=\pm80''$ $f_{\beta}<_{\beta允}$，可以调整				$f_z=-0.067$ $f_y=0.198$ $F=\sqrt{f_x^2+f_y^2}=0.209$ $k=\frac{F}{\sum D}=\frac{0.209}{653.646}=\frac{1}{3\ 127}<\frac{1}{2\ 000}$				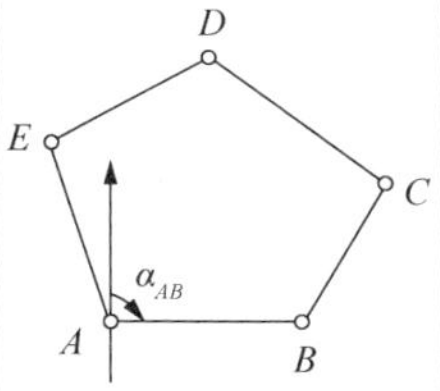		

注：①Δx、Δy 的 2 行数字中，上一行单位为 mm，下一行单位为 m。

2. 导线边方位角的计算　角度闭合差调整后，根据起始边方位角和改正后的各内角计算各边方位角：

$$\alpha_{BC}=\alpha_{AB}+180°+\beta_B$$
$$\alpha_{CD}=\alpha_{BC}+180°+\beta_C$$
$$\vdots$$

由此可见，对于观测值为左角的闭合导线，各边方向位角计算公式为

$$\alpha_{前}=\alpha_{后}+180°+\beta_{左} \tag{7-5}$$

由于方位角在 0°～360°范围内变化，所以，式(7-5)的计算结果如果超过了 360°，则应减去 360°。由最后一边推算到起始边时，应与起始边数值相等，如不相等，则说明计算或改正有问题，应仔细查找。

3. 坐标增量计算　坐标增量的计算公式为

$$\left.\begin{aligned}\Delta x&=D\cos\alpha\\\Delta y&=D\sin\alpha\end{aligned}\right\}\tag{7-6}$$

计算结果取到 mm(或 cm)精度。

4. 坐标增量闭合差的计算及调整　由图 7-9(a)可以看出，闭合导线纵横坐标的代数和在理论上应等于零，即

$$\left.\begin{aligned}\Delta x&=0\\\Delta y&=0\end{aligned}\right\}\tag{7-7}$$

但实际上，由于距离丈量存在误差，以及角度闭合差的调整与实际值不一定相符，使得 $\sum\Delta x_{测}$，$\sum\Delta y_{测}$ 并不等于零，如图 7-9(b)所示。计算到点 A' 时与原来点 A 并不重合，从而产生导线绝对闭合差 f，它是由 x 方向的 $\sum\Delta x$ 和 y 方向的 $\sum\Delta y$ 综合影响而产生的。纵、横坐标增量闭合差可表示为

$$\begin{aligned}f_x&=\sum\Delta x\\f_y&=\sum\Delta y\end{aligned}\tag{7-8}$$

导线绝对闭合差为

$$f=\sqrt{f_x^2+f_y^2}\tag{7-9}$$

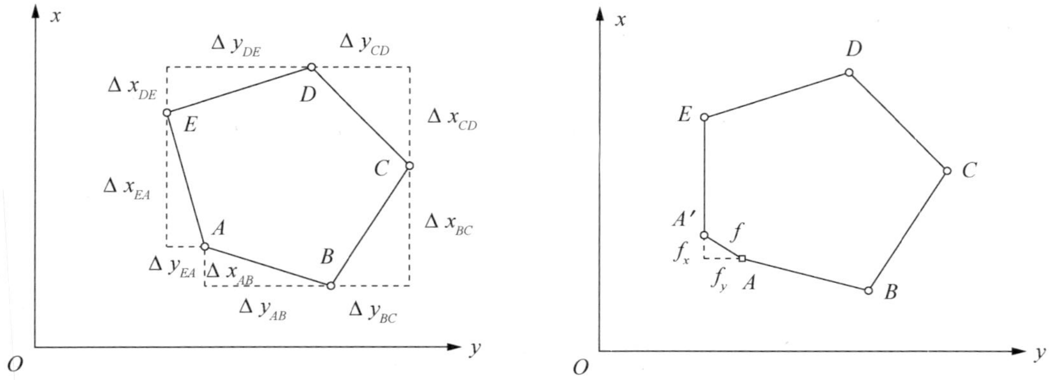

图 7-9　坐标增量闭合差

根据 f 值的大小，可以判断出导线绝对精度，实际测量中常用相对误差来衡量导线测量精度，即

$$K=\frac{f}{\sum D}=\frac{1}{\sum D/f}=\frac{1}{N} \tag{7-10}$$

式中：$\sum D$ 为导线全长；K 为导线全长相对闭合差，用 $1/N$ 形式来表示。

图根导线的 K 应小于 1/2 000，困难地区也不应超过 1/1 000。若 K 小于容许值，则将纵、横坐标增量闭合差反符号按边长成比例分配到各坐标增量中去，改正数

$$\left.\begin{aligned}V_{x_i}&=-\frac{f_x}{\sum D}D_i\\V_{y_i}&=-\frac{f_y}{\sum D}D_i\end{aligned}\right\} \tag{7-11}$$

式中：D_i 为第 i 条边的边长；Vx_i、Vy_i 为第 i 条边坐标 x、y 增量改正数。

改正后的坐标增量 $\sum Vx_i$、$\sum Vy_i$ 应等于零，如果不等于零，说明改正有问题。如果因计算取位误差，可将残差分配到边长较大的坐标增量中去。

若 K 值超过容许值，说明边长存在粗差，应仔细检查外业记录。如记录无问题，则必须重新丈量各边边长。

5. 导线点坐标的计算　坐标增量改正后，可根据已知点的坐标（独立测区可假定起始点的坐标）和调整后的坐标增量计算各点坐标：

$$\left.\begin{aligned}x_i&=x_{i-1}+V_{x_i}\\y_i&=y_{i-1}+V_{y_i}\end{aligned}\right\} \tag{7-12}$$

计算完最后一点坐标后，必须计算到起始已知点，检查计算的坐标值是否与原已知坐标值相同，以资校核。

二、附合导线的计算

图 7-10 所示为一两端与高级控制点相连接的附合导线。其中 A、B、C、D 均为已知点，导线起始边、终边方位角

$$\alpha_{AB}=\arctan\left(\frac{y_B-y_A}{x_B-x_A}\right)$$

$$\alpha_{CD}=\arctan\left(\frac{y_D-y_C}{x_D-x_C}\right)$$

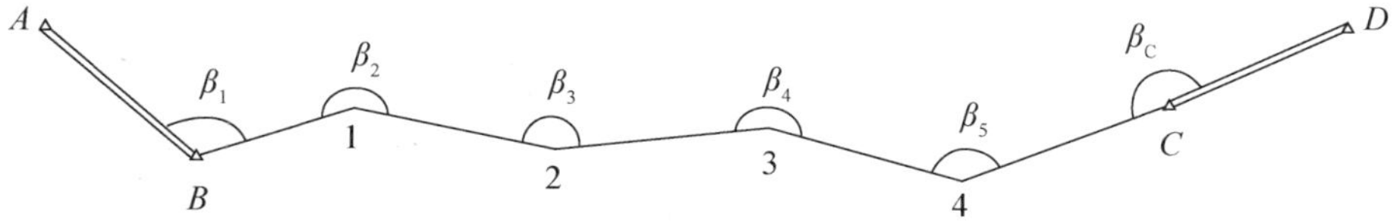

图 7-10　两端与高级控制点相连接的附合导线

附合导线的计算与闭合导线原理相同，但由于几何条件与闭合导线不相同，因此角度闭合差计算公式、坐标增量闭合差计算公式不相同。

1. 角度闭合差的计算　根据导线两端已知边的条件，由起始边推算到终边的方位角，应与已知条件相符，若不相符，两者之差即为角度闭合差，即

$$
\begin{aligned}
\alpha_{B1} &= \alpha_{AB} + 180^\circ + \beta_B \\
\alpha_{12} &= \alpha_{B1} + 180^\circ + \beta_1 \\
&\vdots \\
+)\ \alpha'_{CD} &= \alpha_{3C} + 180^\circ + \beta_C \\
\hline
\alpha'_{CD} &= \alpha_{AB} + 6 \times 180^\circ + \sum \beta
\end{aligned}
$$

如果观测角(左角)共有 n 个，则写为一般形式有

$$\alpha'_{CD} = \alpha_{AB} + n \times 180^\circ + \sum \beta$$

将 α'_{CD}减去 360°的倍数，使角值在 0°～360°范围内，则附合导线角度闭合差应为

$$f_\beta = \alpha'_{CD} - \alpha_{CD} = \sum \beta + n \times 180^\circ - (\alpha_{CD} - \alpha_{AB}) \tag{7-13}$$

附合导线角度改正数及各边方位角的计算与闭合导线相同。

2. 坐标增量闭合差的计算　附合导线的两端均为高级控制点，因此，可以认为其理论值

$$\sum \Delta x_{理} = x_C - x_B$$
$$\sum \Delta y_{理} = y_C - y_B$$

由于导线边长测量存在误差，使得计算的 $\sum \Delta x_{测}$，$\sum \Delta y_{测}$ 与理论值不相等，两者之差即为坐标增量闭合差，即

$$\begin{cases} f_x = \sum \Delta x_{测} - (x_C - x_B) \\ f_y = \sum \Delta y_{测} - (y_C - y_B) \end{cases}$$

$$f = \sqrt{f_x^2 + f_y^2} \tag{7-14}$$

附合导线相对闭合差与闭合导线计算方法相同。同样，相对闭合差小于容许值，才可以进行坐标增量闭合差的调整和坐标的计算。这部分计算与闭合导线的计算方法相同。算例见表 7-6。

$$
\begin{aligned}
x_P &= x_A + D_{AP} \cdot \cos \alpha_{AP} \\
y_P &= y_A + D_{AP} \cdot \sin \alpha_{AP}
\end{aligned} \tag{7-15}
$$

表 7-6　附合导线坐标计算示例表

点号	转折角 V_β 和 $\beta_{测}$（左角）/(° ′ ″)	改正后转折角 β（左角）/(° ′ ″)	方位角 α/(° ′ ″)	边长 D/m	边长增量计算值 $Vx_i\ \Delta x_{测}$	$Vy_i\ \Delta y_{测}$	改正后增量 Δx/m	x/m	坐标 y/m	y/m	备注
A									4 117.746	7 228.675	已知
			58 25 16								
B(1)	+7 187 04 48	187 04 55							4 165.827	7 306.899	已知
			65 30 11	94.246	+8 39.079	−7 85.762	39.087	85.755			
2	+8 176 50 24	176 50 32							4 204.914	7 392.654	
			62 20 43	76.262	+7 35.396	−5 67.550	35.403	67.545			
3	+8 200 40 24	200 40 32							4 240.317	7 460.199	
			83 01 15	72.895	+7 8.857	−5 72.355	8.864	72.350			
4	+8 176 18 30	176 18 38							4 249.181	7 532.549	
			79 19 53	79.378	+7 14.695	−6 78.006	14.702	78.001			
5	+8 190 53 18	190 53 26							4 263.883	7 610.550	
			90 13 19	78.205	+7 −0.03	−6 78.204	−0.296	78.197			
6(C)	+7 186 06 18	186 06 25							4 263.587	7 688.747	已知
			96 19 44								
D									4 247.377	7 787.424	已知
$\sum$	1 117 53 42	1 117 54 28		400.986	97.724	381.877	97.760	381.848			

计算

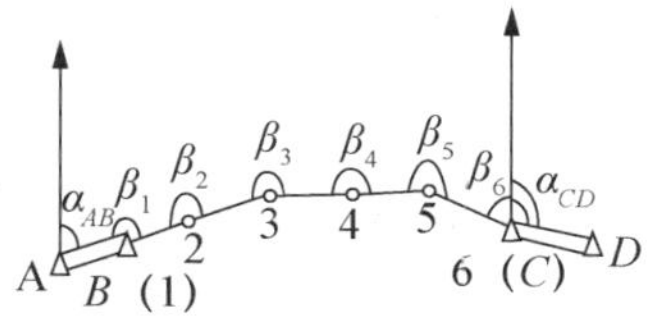

$\sum\beta_{测}=1\ 117°53'42''$

$\sum\beta_{理}=\alpha_{终}-\alpha_{始}+n\times180°$

$=96°19'44''-58°25'16''+6\times1$

$=1\ 117°54'28''$

$f_\beta=\sum\beta_{测}-\sum\beta_{理}=-46''$

$f_{\beta容}=\pm36''\cdot\sqrt{6}=\pm88''$

$f_\beta<f_{\beta容}$，可以调整

$f_x=-0.036$

$f_y=0.029$

$f=\sqrt{f_x^2+f_y^2}$

$=0.046$

$k=\dfrac{f}{\sum D}=\dfrac{1}{8\ 717}<\dfrac{1}{3\ 000}$

可以调整

第四节　前方交会定点

当控制点的数量不能满足测图或施工测量的要求时，可用交会法加密控制点，称为交会定点。交会法分前方交会、后方交会和三边交会。为了提高交会点精度，要求交会角应大于30°或小于120°。

前方交会定点如图 7-11 所示，由 2 个（或 3 个）已知点 A、B 来确定未知点 P 的坐标的方法称前方交会法。前方交会法要求用经纬仪测量水平角 α，为了校核，还应由点 B 观测另一已知点 C 的水平角 ε，或者由 3 个已知点 A、B、C 对待求点 P 进行角度交会[图 7-11(b)]。

前方交会法计算步骤如下。

$$\left.\begin{aligned}D_{AP}&=\frac{D_{AB}\cdot\sin\beta}{\sin(180°-\alpha-\beta)}\\ D_{BP}&=\frac{D_{AB}\cdot\sin\alpha}{\sin(180°-\alpha-\beta)}\end{aligned}\right\}\qquad(7\text{-}16)$$

$$\left.\begin{aligned}\alpha_{AP}&=\alpha_{AB}-\alpha\\ \alpha_{BP}&=\alpha_{AB}+\beta\end{aligned}\right\}\qquad(7\text{-}17)$$

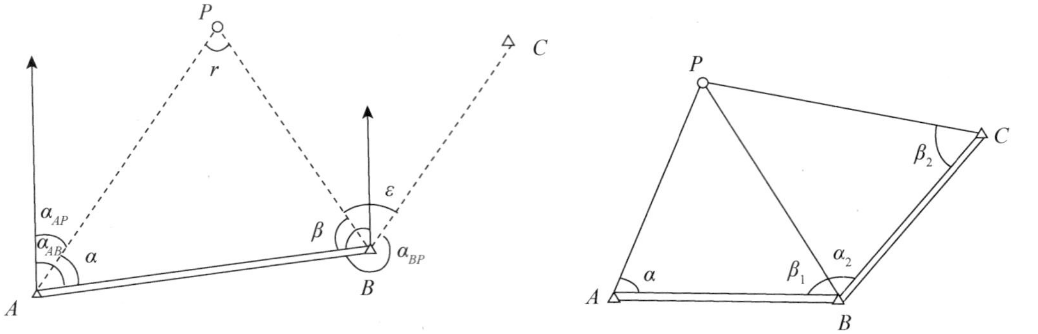

(a) 2点前方交会　　(b) 3点前方交会

图 7-11　前方交会法

1. 按已知点坐标反算边长和方位角。

$$D_{AB}=\sqrt{(x_B-x_A)^2+(y_B-y_A)^2}\qquad \alpha_{AB}=\arctan\frac{\Delta y_{AB}}{\Delta x_{AB}}$$

2. 计算待定边边长及方位角。

3. 计算交会点坐标。由点 A 坐标计算点 P 坐标：

为了检验其正确性，再由点 B 计算：

$$\left.\begin{aligned}x_P&=\frac{x_A\cot\beta+x_B\cot\alpha+y_B-y_A}{\cot\alpha+\cot\beta}\\ y_P&=\frac{y_A\cot\beta+y_B\cot\alpha+x_A-x_B}{\cot\alpha+\cot\beta}\end{aligned}\right\}\tag{7-18}$$

4. 采用一个三角形计算，另一个方向检查时，坐标计算 $\varepsilon_{计}$ 与实测 $\varepsilon_{测}$ 之差为 $\Delta\varepsilon$，对于 1∶(2 000～500)的地形测图来说，$\Delta\varepsilon$ 应小于 $\pm\frac{0.2M\times\rho}{D}$，式中 D 为检验方向边长(单位：mm)；M 为图的比例尺的分母。

采用图 7-11(b)形式计算点 P 坐标时，点 P 坐标有 2 个，即 $P_1(X_{p1},Y_{p1})$，$P_2(X_{p2},Y_{p2})$，其点位差为 $f=\sqrt{(xp_1-xp_2)^2+(yp_1-yp_2)^2}$

对于 1∶(500～2 000)的地形测图来说，f 应小于 $\pm0.3\,M$(mm)。

算例见表 7-7，已知点 A、B、C，求点 P，计算公式为式(7-18)。

表 7-7　前方交会计算示例　　　　计算者____　　校核者____

略图与公式	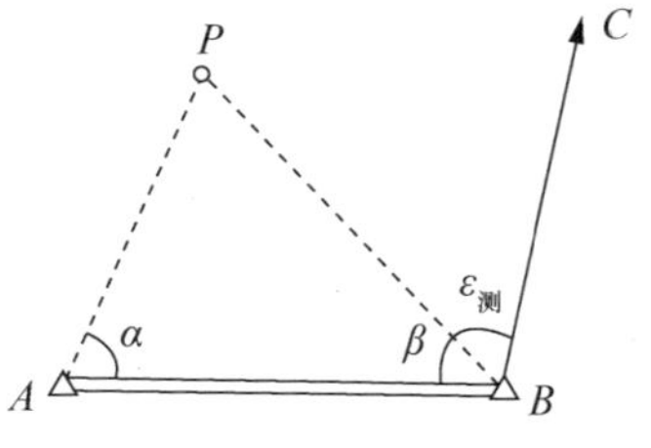	$x_P=\frac{x_A\cot\beta+x_B\cot\alpha+y_B-y_A}{\cot\alpha+\cot\beta}$ $y_P=\frac{y_A\cot\beta+y_B\cot\alpha+x_A-x_B}{\cot\alpha+\cot\beta}$

<table>
<tr><td rowspan="3">已知数据</td><td>x_A</td><td>500.000</td><td>y_A</td><td>500.000</td><td rowspan="3">观测值</td><td>α</td><td>67°23′12″</td><td>(1)$\cot\alpha$</td><td>0.416 53</td></tr>
<tr><td>x_B</td><td>520.534</td><td>y_B</td><td>619.788</td><td>β</td><td>46°47′36″</td><td>(2)$\cot\beta$</td><td>0.939 28</td></tr>
<tr><td>x_C</td><td>597.634</td><td>y_C</td><td>625.368</td><td colspan="3">(3)$\cot\alpha+\cot\beta$</td><td>1.355 81</td></tr>
<tr><td colspan="4">(4)$x_A\cot\beta+x_B\cot\alpha+y_B-y_A$</td><td>806.246 03</td><td colspan="4">(6)$y_A\cot\beta+y_B\cot\alpha-x_B+x_A$</td><td>707.266 30</td></tr>
<tr><td colspan="4">(5)$x_P=(4)/(3)$</td><td>594.660</td><td colspan="4">(7)$y_P=(6)/(3)$</td><td>521.656</td></tr>
<tr><td>检核计算</td><td colspan="5">$y_C-y_B=5.580$
$x_C-x_B=77.10$
$\alpha_{BC}=4°08'22''$
$y_P-y_B=-98.132$
$x_P-x_B=74.126$
$\alpha_{BP}=307°03'09''$</td><td colspan="4">$\varepsilon_{计}=\alpha_{BC}-\alpha_{BP}=57°04'13''$
$\varepsilon_{测}=57°04'36''$
$\Delta\varepsilon=\varepsilon_{测}-\varepsilon_{计}=-13''$
$\Delta\varepsilon_{允}=\dfrac{\pm0.2\times M\times\rho}{D_{BC}}=\pm534''$</td></tr>
</table>

第五节 GPS 控制测量

GPS 控制网的设计包括技术设计、踏勘选点、埋设标石 3 个环节。其中技术设计是进行 GPS 定位的最基本性工作，它是影响 GPS 作业的质量和经济效益的主要因素。

一、GPS 控制网设计

一般应以国家的有关规范(规程)及 GPS 网的用途、用户的要求等为依据进行各项具体设计。

1. GPS 网技术设计的依据　GPS 网技术设计的主要依据是 GPS 测量规范(规程)和测量任务书。GPS 测量规范(规程)是国家测绘管理部门或行业部门制定的技术法规，是 GPS 测量应遵循的原则。测量任务书或测量合同是测量施工单位上级主管部门或合同甲方下达的技术要求文件，它规定了测量任务的范围、目的、精度和密度要求，提交成果资料的项目和时间，完成任务的经济指标等。

在 GPS 方案设计时，一般首先依据测量任务书提出的 GPS 网的精度、密度和经济指标，再结合 GPS 测量规范(规程)的相关规定进行现场踏勘，具体确定各点间的连接方法，各点设站观测的次数、时段长短等布网观测方案。应全面考虑和平衡测站、卫星、仪器和后勤等各方面的因素。

(1)GPS 测量精度标准。全球定位系统(GPS)测量规范(GB/T 18314—2009)将 GPS 测量的精度分为 A～E 五级，其中 A、B 两级一般是国家 GPS 控制网。C、D、E 三级是针对局部性 GPS 网规定的。B、C、D、E 级的精度应不低于表 7-8 的要求。

表 7-8　各级 GPS 网精度要求

级别	相邻点基线分量中误差		相邻点间平均距离/km
	水平分量/mm	垂直分量/mm	
B	5	10	50
C	10	20	20
D	20	40	5
E	20	40	3

B、C、D、E 级 GPS 网观测的基本技术规定应符合表 7-9 的要求。

表 7-9　GPS 网观测的基本技术规定

项　目	级　别			
	B	C	D	E
卫星截止高度角/(°)	10	15	15	15
同时观测有效卫星数/颗	≥4	≥4	≥4	≥4
有效观测卫星总数/颗	≥20	≥6	≥4	≥4
观测时段数	≥3	≥2	≥1.6	≥1.6
时段长度	≥23 h	≥4 h	≥60 min	≥40 min
采样间隔/s	30	10～30	5～15	5～15

注：①计算有效观测卫星总数时，应将各时段的有效观测卫星数扣除其间的重复卫星数。
②观测时段长度，应为开始记录数据到结束记录的时间段。
③观测时段数≥1.6，指采用网观测模式时，每站至少观测一时段，其中二次设站点数应不少于 GPS 网总点数的 60%。
④采用基于卫星定位连续运行基准站点观测模式时，可连续观测，但观测时间应不低于表中规定的各时段观测时间的和。

在实际工作中，精度标准的确定要根据用户的实际需要及人力、物力、财力情况合理设计，也可参照本部门已有的生产规程和作业经验适当掌握。在具体布设中，可以分级布网，逐级控制，也可以越级布设或布设同级全面网。

(2)各级 GPS 网点位应均匀分布，相邻点间距离最大不宜超过该网平均点间距的 2 倍。新布设的 GPS 网应与附近已有的国家高等级 GPS 点进行联测，联测点数不应少于 3 个。各级 GPS 网最简异步观测环或附合路线的边数应不大于表 7-10 的规定。

表 7-10　各级 GPS 网最简异步观测环或附合路线的边数限值

级别	B	C	D	E
闭合环或附合路线的边数/条	6	6	8	10

2. GPS 网的图形设计　常规测量中对控制网的图形设计是一项非常重要的工作。而在 GPS 图形设计时，因 GPS 同步观测不要求通视，所以其图形设计具有较大的灵活性。

在实际布网设计时还要注意以下几个原则：

(1)GPS 网作为测量控制网，其相邻点间基线向量的精度应分布均匀。

(2)GPS 网的点与点间尽管不要求通视，但考虑到利用常规测量加密时的需要，每点应有一个以上通视方向。

(3)为了便于 GPS 网的测量观测和水准联测，GPS 网点一般应设在视野开阔和交通便利的地方。

(4)为了顾及原有城市测绘成果资料以及各种大比例尺地形图的沿用，应采用原有城市坐标系统。对凡符合 GPS 网点要求的旧点，应充分利用其标石。

(5)GPS 网一般应采用独立观测边构成闭合图形，如三角形、多边形或附合路线，以增加检核条件，提高网的可靠性。

根据不同的用途，GPS 网的图形布设通常有点连式、边连式、边点混合连接式及网连式 4 种基本方式，如图 7-12 所示。选择什么样的组网，取决于工程所要求的精度、野外条件及 GPS 接收机台数等因素。

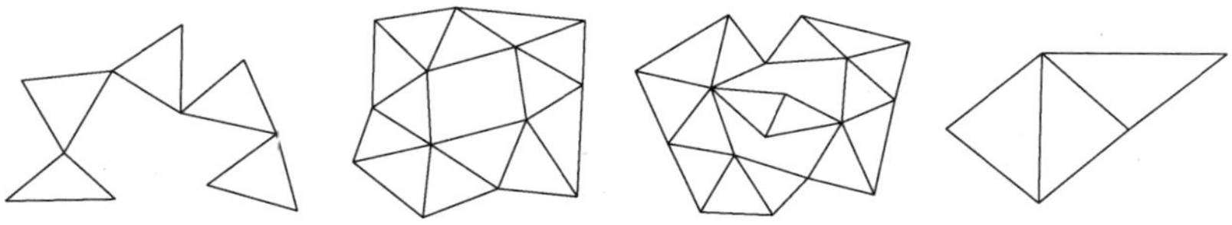

图 7-12　GPS 网的布设形式

①点连式。点连式是指相邻同步图形之间仅有一个公共点的连接。以这种方式布点所构成的图形几何强度很弱，没有或极少有非同步图形闭合条件，一般不单独使用。

②边连式。边连式是指同步图形之间由一条公共基线连接。这种布网方案，网的几何强度较高，有较多的复测边和非同步图形闭合条件，几何强度和可靠性均优于点连式。但在相同的仪器台数条件下，观测时段数比点连式大大增加。

③边点混合连接式。边点混合连接式是指把点连式与边连式有机地结合起来，组成 GPS 网，既能保证网的几何强度，提高网的可靠指标，又能减少外业工作量，降低成本，是一种较为理想的布网方法。

④网连式。网连式是指相邻两个同步图形通过 3 个以上的公共点连接，至少需要 4 台 GPS 接收机，图形条件很强，成本较高，多用于高精度的控制网。

二、GPS 网的外业观测

1. 外业准备及观测计划的拟订　在进行 GPS 外业工作之前，必须做好实施前的工区踏勘、资料收集、器材筹备、观测计划拟订、GPS 仪器检校等工作。

观测工作是 GPS 测量的主要外业工作。观测开始之前，外业观测计划的拟订对于顺利完成数据采集任务、保证测量精度、提高工作效益都是极为重要的。拟订观测计划的主要依据是：GPS 网的规模大小、点位精度要求、GPS 卫星星座几何图形强度、参加作业的接收机数量以及交通、通信和后勤保障(食宿、供电等)。

观测计划应包括以下主要内容。

(1)编制 GPS 卫星的可见性预报图。在高度角大于 15°的限制下，输入测区中心某一测站的概略坐标，输入日期和时间，应使用不超过 20 天的星历文件，即可编制 GPS 卫星的可见性预报图。

(2)选择卫星的几何图形强度。在 GPS 定位中，所测卫星与观测站所组成的几何图形，其强度因子可用空间位置因子(PDOP)来代表，无论是绝对定位还是相对定位，PDOP 值不应大于6。

(3)选择最佳的观测时段。在卫星数大于4颗,且分布均匀,PDOP值小于6的时段就是最佳时段。

(4)观测区域的设计与划分。当GPS网的点数较多时,可实行分区观测。为了增强网的整体性、提高精度,相邻分区应设置公共观测点,且数量不得少于3个。

(5)编排作业调度表。为提高工作效益,应编排作业调度表。作业调度表应包括观测时段、测站号、测站名称及接收机号等。

2. 外业实施　GPS测量外业实施包括GPS点的选埋、观测、数据传输及数据预处理等工作。

(1)选点。选点工作应遵守以下原则:

①点位应设在易于安装接收设备、视野开阔的较高点上。

②点位目标要显著,视场周围15°以上不应有障碍物,以减小GPS信号被遮挡或障碍物吸收。

③点位应远离大功率无线电发射源(如电视台、微波站等),以避免电磁场对GPS信号的干扰。

④点位附近不应有大面积水域或强烈干扰卫星信号接收的物体,以减弱多路径效应的影响。

⑤点位应选在交通方便、有利于其他观测手段扩展与联测的地方。

⑥地面基础稳定,易于点的保存。

(2)标志埋设。GPS网点一般应埋设具有中心标志的标石,以精确标志点位。点的标石和标志必须稳定、坚固,以利于长久保存和利用。在基岩露头地区,也可直接在基岩上嵌入金属标志。

(3)观测工作

①天线安置和量取仪器高。天线的正确安置是保证GPS测量精度的重要条件。GPS天线架设不宜过低,一般应距地面1 m以上。天线架设好后,应仔细进行对中、整平,并在圆盘天线间隔120°的3个方向分别量取天线高,3次测量结果之差不应超过3 mm,取其3次结果的平均值记入测量手簿中。

天线的定向标志线应指向正北,并顾及当地磁偏角的影响,以减弱相位中心偏差的影响。

②开机、观测。天线安置完成后,在离开天线适当位置的地面上安放GPS接收机,接通接收机与电源、天线、控制器的连接电缆,并经过预热和静置,即可启动接收机进行观测。

通常来说,外业观测的顺序如下:

确认外接电源电缆及天线等各项连接完全无误,接通电源,启动接收机。

接收机有关指示显示正常并通过自检后,输入测站、卫星截止高度角、卫星信号采样间隔等控制信息,接收机就开始自动工作。

一般情况下,GPS接收机只需3 min即可锁定卫星进行定位。若仪器长期不用,超过3个月,仪器内的星历将过期,仪器要重新捕获卫星,这大约需要12.5 min。GPS接收机的自动化程度很高,一般不需要工作人员的参与,工作人员只需定期监视接收机的工作状况,发现问题及时排除,并做好记录。

一个时段的测量结束后,检查仪器高、测站名是否正确输入,确保无误后关机、关电源,再迁站。

③观测数据的下载及数据预处理。观测成果的外业检核是确保外业观测质量和实现定位精度的重要环节。所以外业观测数据在测区时要及时进行严格检查，对外业预处理成果要按规范要求严格检查、分析，根据情况进行必要的重测和补测。确保外业成果无误后方可离开测区。

(4)GPS 接收机应记录的数据。GPS 观测信息资料的记录形式主要有以下两种。

①观测记录。观测记录由 GPS 接收机自动进行，均记录在存储介质(如硬盘、硬卡或记忆卡等)上，其主要内容有：载波相位观测值及相应的观测历元；同一历元的测码伪距观测值；GPS 卫星星历及卫星钟差参数；实时绝对定位结果；测站控制信息及接收机工作状态信息。

②测量手簿。测量手簿是在接收机启动前及观测过程中，由观测者随时填写的，其格式和内容视具体的规范要求而定。

观测记录和测量手簿都是 GPS 精密定位的依据，必须认真、及时填写，坚决杜绝事后补记或追记。

外业观测中存储介质上的数据文件应及时拷贝，一式两份，分别保存在专人保管的防水、防静电的资料箱内。存储介质的外面适当处应贴制标签，注明文件名、网区名、点名、时段名、采集日期、测量手簿编号等。

接收机内存数据文件在转录到外存介质上时，不得进行任何剔除或删改，不得调用任何对数据实施重新加工组合的操作指令。

(5)GPS 观测的注意事项

①接收机在开始记录数据后，应注意查看有关观测卫星数量、卫星号、相位测量残差、实时定位结果及其变化、存储介质记录等情况。

②一个时段观测过程中，不允许进行以下操作：关闭又重新启动；进行自测试(发现故障除外)；改变卫星高度角；改变天线位置；改变数据采样间隔；按动关闭文件和删除文件等功能键。

③接收机在观测过程中，不要靠近接收机使用对讲机；雷雨季节架设天线要防止雷击，雷雨过境时应关机停测，并卸下天线。

④观测过程中要随时查看仪器内存或硬盘容量，每日观测结束后，应及时将数据转存至计算机硬、软盘上，确保观测数据不丢失。

⑤观测站的全部预定作业项目，经检查均已按规定完成，且记录与资料完整无误后方可迁站。

三、GPS 网的内业成果处理

1. 基线解算(数据预处理)　对于两台及以上接收机同步观测值进行独立基线向量(坐标差)的平差计算叫作基线解算，有的也叫作观测数据预处理。

预处理的主要目的是对原始数据进行编辑、加工整理、分流并产生各种专用信息文件，为进一步的平差计算做准备。

2. 观测成果的外业检核　对野外观测资料首先要进行复查，内容包括：成果是否符合调度命令和规范的要求；进行的观测数据质量分析是否符合实际。然后进行下列项目的检核：

(1)每个时段同步边的观测数据检核。

(2)重复观测边的检核。

(3)同步观测环检核。

(4)异步观测环检核。

对经过检校超限的基线在充分分析基础上,进行野外返工观测。

3. GPS 网平差处理　在各项质量检核符合要求后,以所有独立基线组成闭合图形,以三维基线向量及其相应方差协方差阵作为观测信息,在此基础上进行 GPS 网的平差计算。

(1)GPS 网的无约束平差。利用基线处理结果和协方差阵,以一个点的 WGS-84 系三维坐标作为起算依据,进行 GPS 网的无约束平差。无约束平差提供各控制点在 WGS-84 系下的三维坐标,各基线向量 3 个坐标差观测值的总改正数,基线边长以及点位和边长的精度信息。

应该注意的是,由于起始点的坐标往往采用 GPS 单点定位的结果,其值与精确的 WGS-84 地心坐标有较大的偏差,所以平差后得到的各点坐标不是真正的 WGS-84 地心坐标。

(2)GPS 网的有约平差。实际工程中所使用的国家坐标或城市、矿区坐标,需要将 GPS 网的平差结果进行坐标转换而得到。

在无约束平差确定的有效观测量基础上,在国家坐标系或城市独立坐标系下进行三维约束平差或二维约束平差。约束点的已知点坐标、已知距离或已知方位,可以作为强制约束的固定值,也可作为加权观测值。平差的结果应输出包括国家或城市独立坐标系中的三维或二维坐标,基线边长及方位角,以及相应精度信息等。

复习题

1. 平面控制网有几种形式?各在什么情况下采用?

2. 导线的布设形式有几种?选择导线点应注意哪些事项?导线的外业工作包括哪些内容?

3. 附合导线的观测数据如图 7-13 所示,已知点 B(1)的坐标为(507.693,215.638),点 C(4)的坐标为(192.450,556.403),AB、CD 边的方位角 $\alpha_{AB}=237°59'30''$,$\alpha_{CD}=97°18'29''$,求点 2 和点 3 的坐标。

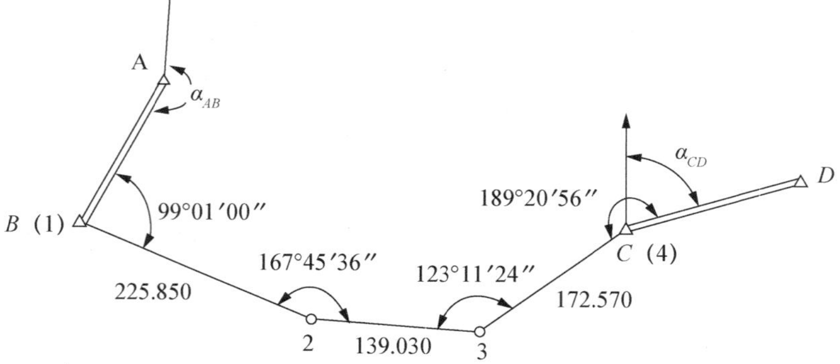

图 7-13

高程控制测量

地面点的高程测量也应遵循“先控制、后碎部”的原则，即先建立高程控制网，再根据控制点的高程测定地面点的高程。

第一节 概述

高程控制点是开展科学研究、测绘地形图和施工放样的基础，我国已在全国范围内建立了一等高程控制网，它与平面控制网一样，分为 4 个等级，分别采用一、二、三、四等水准测量的方法测定(图 8-1)。所以高程控制网也称为水准网，高程控制点又称为水准点。

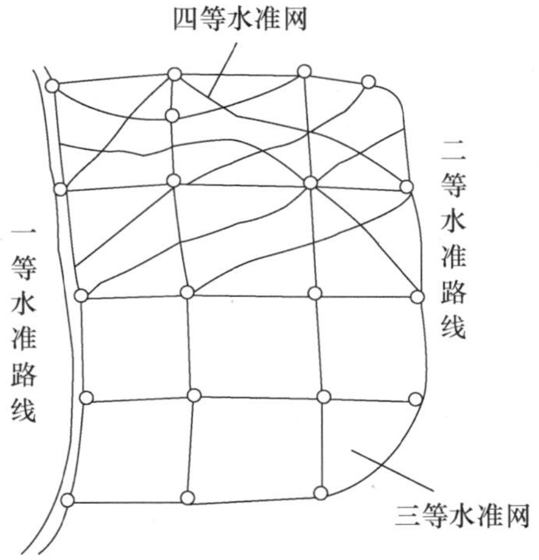

图 8-1 高程控制网

国家一、二等水准网是高程控制的基础，自青岛的水准原点起，沿铁路、公路、河岸等布设成闭合附合水准路线，采用精密的仪器和测量方法定其高程。

三、四等水准路线加密了一、二等水准网，作为工程测量、地形测图或施工放样的高程控制。三、四等水准网一般可布设成闭合或附合水准路线的形式，其技术要求见表 8-1。

表 8-1　三、四等水准测量主要技术要求

等级	附和路线长度/km	水准仪型号	视线长度/m	视线离地面最低高度/m	水准尺	观测次数		往返较差、附合或环线闭合差/mm	
						与已知点联测	附合路线闭合路线	平地	山地
三	50	DS_1 / DS_3	≤75	≥0.3	铟瓦尺 / 双面尺	往、返各 1 次	往 1 次 / 往、返各 1 次	$\pm 12\sqrt{L}$	$\pm 4\sqrt{n}$
四	16	DS_3	≤80	≥0.2	双面尺	往、返各 1 次	往一次	$\pm 20\sqrt{L}$	$\pm 6\sqrt{n}$

注：计算往返较差时，L 为水准点间的路线长度，km；计算附合或环线闭合差时，L 为附合或环线的路线长度，km；n 为测站数。

国家水准点的埋石，根据水准点的等级、保存时间的长短和地区的自然条件，采用不同的标石和不同的埋设深度。永久性水准点一般采用石桩或混凝土桩，埋入冻层以下作为点的标志，如图 8-2 所示。城市、工矿地区也可以在稳固永久性建筑物的墙脚上设置永久性墙脚水准标志，如图 8-3 所示。临时水准点可在建筑物、构筑物或裸露的岩石上凿一个记号作为标志，也可以在地面上钉一个木桩，桩顶钉一个圆头钉作为标志。国家水准点的高程资料可到各省、市测绘管理部门查询。

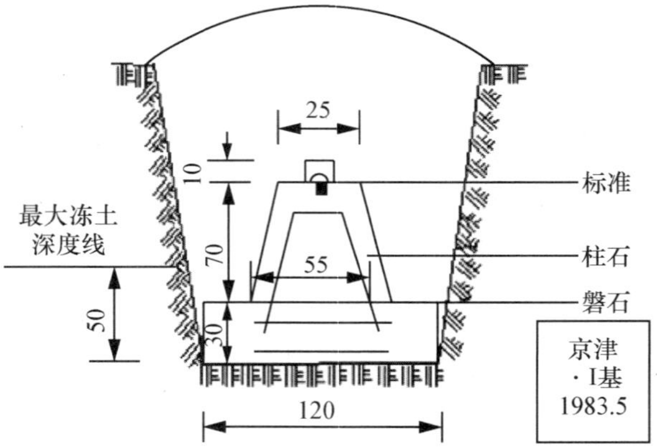

图 8-2　永久性水准点标志(单位：cm)

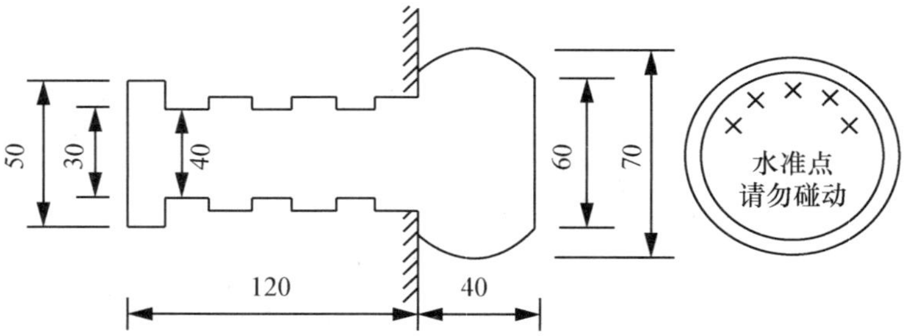

图 8-3　永久性墙脚水准标志(单位：cm)

1987 年起，我国采用“1985 年国家高程基准”，水准原点的高程为 72.260 4 m，但目前大部分地区的资料仍沿用“1956 年黄海高程系”(其水准原点的高程为 72.289 m)，个别地区的测绘部门，为了保持资料完整性和前后一致性，也可能还沿用过去的高程系统，因此，查询高程资料时应特别注意。

第二节　三、四等水准测量

三、四等水准测量使用的水准仪为 DS_3 型，望远镜的放大倍数应大于 28 倍，符合水准器的分划值为 20″/2 mm。

一、三、四等水准测量测站的观测程序(双面尺法)

三、四等水准测量要求使用双面尺观测法，二者观测程序基本相同，即在测站上安置仪器后，分别瞄准后、前视尺的黑面尺，利用视距法检查前、后视距离长度及前、后视距离差(表 8-1 和表 8-2)。如超限，则需移动前视尺或水准仪的位置，以满足需求。然后按下列顺序进行观测，并将观测结果记入记录手簿(表 8-3)。

(1)后视黑面尺，读取下丝(1)、上丝(2)，精平后读取中丝(3)；

(2)前视黑面尺，读取下丝(4)、上丝(5)，精平后读取中丝(6)；

(3)前视红面尺，精平后读取中丝(7)；

(4)后视红面尺，精平后读取中丝(8)。

观测完上述 8 个数据后，应立即进行测站校核计算，各项限差符合技术要求后方可迁站继续测量，否则应重新观测。

表 8-2　三、四等水准测量技术规定

等级	前后视距离差/m	前后视距离累积差/m	黑、红面尺读数差/mm	黑、红面尺高差之差/mm	检测间歇点高差之差/mm
三	≤3	≤6	≤2	≤3	≤3
四	≤5	≤10	≤3	≤5	≤5

二、测站校核计算

测站校核计算包括视距、读数和高差 3 部分，有关的技术要求见表 8-2。

1. 视距部分

(1)后距(9)＝[(1)－(2)]×100；

(2)前距(10)＝[(4)－(5)]×100；

(3)前后视距差(11)＝[(9)－(10)]，绝对值应符合表 8-2 中的规定；

(4)前后视距累积差(12)＝本站的(11)＋前站的(12)，同样应符合表 8-2 中的规定。

2. 黑、红面尺中丝读数差的计算与校核　后视尺的黑、红面中丝读数差(13)＝(3)＋K_{12}－(8)，绝对值应小于表 8-2 中的规定；前视尺的黑、红面中丝读数差(14)＝(6)＋K_{13}－(7)，同

表 8-3　三、四等水准测手簿

自 BM_{51} 测　　观测者________　　记录者________　　仪器型号 S_3211
至 BM_{53}
1993 年 9 月 2 日始：9 时 45 分终：10 时 15 分成像清晰

测站编号	后尺 下丝 上丝 后距/m 视距差/m	前尺 下丝 上丝 前距/m 累积差/m	方向及尺号	标尺读数/m 黑面	标尺读数/m 红面	K+黑减红/mm	高差中数/m	备注
	(1) (2) (9) (11)	(4) (5) (10) (12)	后 前 后－前	(3) (6) (16)	(8) (7) (17)	(13) (14) (15)	(18)	
1	1.571 1.197 37.4 －0.2	0.739 0.363 37.6 －0.2	后 12 前 13 后－前	1.384 0.551 ＋0.833	6.171 5.239 ＋0.932	0 －1 ＋1	0.832 5	$K_{12}=$ 4.787 $K_{13}=$ 4.687
2	2.121 1.747 37.4 －0.1	2.196 1.821 37.5 －0.3	后 13 前 12 后－前	1.934 2.008 －0.074	6.621 6.796 －0.175	0 －1 ＋1	－0.074 5	
3	1.914 1.539 37.5 －0.2	2.055 1.678 37.7 －0.5	后 12 前 13 后－前	1.726 1.866 －0.140	6.513 6.554 －0.041	0 －1 ＋1	－0.140 5	
4	1.965 1.700 26.5 －0.2	2.141 1.874 26.7 －0.7	后 13 前 12 后－前	1.832 1.007 －0.175	6.519 6.793 －0.274	0 －1 ＋1	－0.174 5	
5	0.565 0.127 43.8 ＋0.2	2.792 2.356 43.6 －0.5	后 12 前 13 后－前	0.356 2.574 －2.218	5.144 7.261 －2.117	－1 0 －1	－2.217 5	
计算	$\sum(9)=182.6$ $\sum(10)=183.1$ $\sum(12)=-0.5$ 总视距 $=365.7$		$\sum(3)=7.232$　$\sum(8)=30.968$ $\sum(6)=9.006$　$\sum(7)=32.643$ $\sum(16)=-1.774$　$\sum(17)=-1.675$ $\sum(16)+\left[\sum(17)-0.100\right]=-3.549$ $=2\sum(8)$				$\sum(18)=$ $-1.774\ 5$	

样应符合规定要求。K_{12}，K_{13} 指两水准尺的黑、红面尺起点差，亦称尺常数，表 8-3 中 $K_{12}=$ 4 787 mm，$K_{13}=$4 687 mm。

3. 高差部分

(1)黑面尺高差(16)＝(3)－(6)；

(2)红面尺高差(17)=(8)-(7)；

(3)黑、红面尺高差之差(15)=(16)-[(17±0.100)]=(13)-(14)，其绝对值应符合表 8-2 中的规定；

(4)平均高差(18)=$\frac{1}{2}$[(16)+(17)±0.100]。

由于两水准尺的红面起始读数相差 0.100 m，因此红面尺所测高差应为(17)±0.100 m，两水准尺交替前进，因此，“加”或“减”，应以黑面尺所测高差(16)为准。

平均高差的计算，必须在前 3 项校核计算合格的前提下进行。各项校核计算必须在测站进行，合格后仪器才能搬到下一站，否则应重测。

三、观测结束后的校核计算

当水准路线测量结束后，应进行校核计算，检查测站计算是否存在错误。校核计算的方法如下：

$$\sum(9)-\sum(10)=\sum(12)(\text{末站})$$

如果等式成立，说明距离计算没有问题，水准路线总长度 $L=\sum(9)+\sum(10)$，否则应检查视距计算部分。

当测站为奇数时，$\sum(16)+[\sum(17)\pm0.100]=2\sum(18)$；

当测站为偶数时，$\sum(16)+\sum(17)=2\sum(18)$。

如果水准路线的沿线地面比较坚实，也可以采用“后—后—前—前”的观测顺序，即先读后视尺黑、红面尺读数，然后再读前视尺黑、红面尺读数。

对于四等水准测量，也可以采用单面尺进行，采用变动仪器高的方法观测，2 次所测高差之差应小于 5 mm，前后视距检核计算对双面尺法相同。

四、三、四等水准测量的成果整理及高程计算

外业工作结束后，经校核外业记录、计算无误即可转入内业计算。

1.单一水准路线高差闭合差的调整及高程计算　单一水准路线高差闭合差的计算、调整和高程的计算方法与第 2 章介绍的方法相同，不同的是三、四等水准路线高差闭合差的限差，详见表 8-2。

2.具有一个结点的水准路线平差及高程计算　当测区范围较大、同时布设几条水准路线时，为使水准点高程精度均匀，须将几条路线连接成水准网，如图 8-4 所示。3 条水准路线汇集于点 E，点 E 称为单结点。由 A、B、C 3 个已知水准点，分别沿 3 条水准路线所测到结点 E 的高差分别为 h_{AE}、h_{BE}、h_{CE}，则结点 E 的高程为

$$H_{AE}=H_A+h_{AE}$$
$$H_{BE}=H_B+h_{BE}$$
$$H_{CE}=H_C+h_{CE}$$

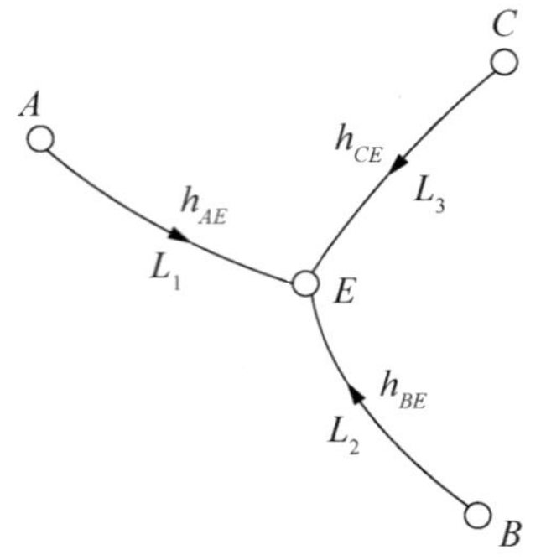

图 8-4　具有一个结点的水准路线示例

如果水准测量是等精度观测，由于 3 条水准路线的长度不相同，所产生的误差也不相同，所以分别由 3 条路线计算结点 E 的高程精度也是不相同的。设 L_1、L_2、L_3 是 3 条水准路线的长度，P_1、P_2、P_3 是观测值的权，则

$$P_1=\frac{1}{L_1},P_2=\frac{1}{L_2},P_3=\frac{1}{L_3} \tag{8-1}$$

根据公式加权平均值计算，结点 E 的高程为

$$H_E=\frac{P_1H_{AE}+P_2H_{BE}+P_3H_{CE}}{P_1+P_2+P_3} \tag{8-2}$$

单位权中误差为

$$u=\pm\sqrt{\frac{[PVV]}{n-1}} \tag{8-3}$$

结点 E 高程的中误差为

$$M_{H_E}=\pm\frac{u}{\sqrt{[P]}} \tag{8-4}$$

例 8-1　在表 8-4 中，已知 3 个水准点的高程分别为 $H_A=52.127$ m，$H_B=47.328$ m，$H_C=52.201$ m，高差 $=h_{AE}=-1.567$ m，$h_{CE}=-1.639$ m，水准路线长度分别为 $L_1=2.0$ km，$L_2=4.0$ km，$L_3=2.5$ km。试计算结点 E 的高程及其中误差。

表 8-4　单线点水准网平差计算

水准路线	已知点	已知点高程/m	观测高差/m	结点高程/m	路线长/km	权 $P=1/L$	V/mm	PV	PVV
1	A	52.127	−1.567	50.560	2.0	0.50	+2.4	+1.2	2.88
2	B	47.328	+3.240	50.568	4.0	0.25	−5.6	−1.4	7.84
3	C	52.201	−1.639	50.562	2.5	0.40	+0.4	+0.2	0.06
合计					8.5	1.15		0	10.78

解 设3条水准路线的权分别为 P_1、P_2、P_3，则

$$P_1=\frac{1}{2.0}=0.50, P_2=\frac{1}{4.0}=0.25, P_3=\frac{1}{2.5}=0.40$$

$$H_E=\frac{50.560\times0.50+50.568\times0.25+50.562\times0.40}{0.50+0.25+0.40}=50.5624(\text{m})$$

$$\text{单位权中误差 } u=\pm\sqrt{\frac{10.78}{3-1}}=\pm2.32(\text{mm})$$

$$\text{结点 } E \text{ 高程中误差 } M_{H_E}=\pm\frac{2.32}{\sqrt{1.15}}=\pm2.17(\text{mm})$$

第三节 三角高程测量

在地面起伏较大的山区，进行水准测量往往比较困难，而且速度慢、精度低。在小区布设平面控制网，图根控制点的高程必须观测，控制点间的高差观测就比较困难。采用三角高程测量的方法定2点间的高差，来推算控制点的高程就较为方便，而且可以与平面控制测量同时进行。

一、三角高程测量原理

如图8-5所示，点 A 高程 H_A 已知，欲测定点 B 高程 H_B，可在点 A 安置一台经纬仪，在点 B 安置觇标（或花杆），照准觇标顶点高测得竖直角 α，量取仪器高 i，觇标高 l，则可根据 A、B 2点间的平距 D 计算出 AB 之高差

$$h=D\cdot\tan\alpha+i-l \tag{8-5}$$

则 B 点高程

$$H_B=H_A+h=H_A+D\cdot\tan\alpha+i-l \tag{8-6}$$

2点间地球曲率及大气折光影响的改正数为

$$f=0.43\cdot\frac{D^2}{R}$$

表8-5为两差改正数查用表，根据不同的 D 值即可查到两差改正数。

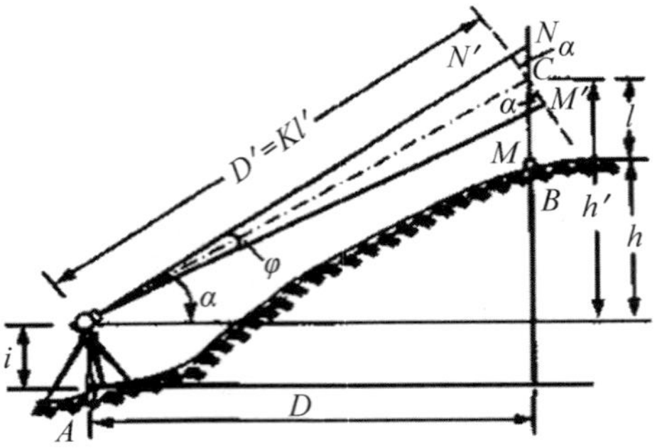

图 8-5　三角高程测量

表 8-5　地球曲率与大气折光改正数

D/m	$f(=0.43\cdot D^2/R)$/cm	D/m	$f(=0.43\cdot D^2/R)$/cm
100	0.1	600	2.4
200	0.3	700	3.3
300	0.6	800	4.3
400	1.1	900	5.5
500	1.7	1 000	6.8

三角高程测量一般要求往、返观测，既需由 A 向 B 观测(称为直觇)，也需由 B 向 A 观测(称为反觇)，这样的观测方法称为对向观测法。对向观测法取其正、反高差绝对值的平均值，可以消除两差的影响。

二、三角高程的观测及高程的计算

1. 安置仪器于测站点 A，对中，整平后量取仪器高 i、觇标高 l，同一高度一般用小钢尺测量 2 次，当 2 次测量差值小于 5 mm 时，取其平均值记入记录表 8-6 中相应栏内。

2. 照准觇标，观测竖直角 1 或 2 测回，测回间竖盘指标差互差应小于容许值(DJ_6 型为 ±15″)，取其平均值记入表 8-6 中。

表 8-6　三角高程计算

觇法	直觇	反觇
平距 D/m	242.43	242.43
竖直角 α	+12°13′45″	−11°59′03″
$D\cdot\tan\alpha$/m	+52.54	−51.46
仪器高 i/m	1.45	1.40
觇标高 i/m	2.00	2.00
两差改正数/m	0.004	0.004
高差 h/m	+51.99	−52.05
平均高差/m	+52.02	
起算点 A 高程/m	139.43	
所求点 B 高程/m	191.45	

3. 在点 B 安置仪器，重复上述步骤，测得反觇观测数据。

4. 根据观测数据及 2 点 A、B 间的水平距离，计算直觇、反 2 点 A、B 间的高差。对于 DJ_6 型光学经纬仪，对向观测，直觇、反觇高差绝对值之差，每 100 m 应小于 4 cm。

三角高程路线也应布设成闭合或附合路线，每边均采用对向观测。路线闭合差的限差为

$$f_{允} = \pm 0.1h\sqrt{n} \tag{8-7}$$

式中：h 为测图基本等高距；n 为三角高程路线边数。

三角高程测量中，若边长采用光电测距仪实测，竖直角采用 DJ_2 型经纬仪观测，其高差在平原地区可代替三等水准测量，在山区可代替四等水准测量。

第四节　过河水准测量

水准路线过河时，由于水面受阳光照射而蒸发成水汽，视线通过水面上空时受大气折光影响较大，河面较宽时前后视距相差过大，并且水准仪的视准轴与水准管轴不完全平行，因此产生的误差（i 角误差）将显得更为突出，所以 i 角的校正必须严格进行。对于河宽小于 600 m 的中小型河道，过河水准测量可采用三、四等水准测量方法进行。

过河水准测量的过河地点，应选择在水面较窄、地面坚固、两岸高差不大的地方，同时还应注意视线不宜通过草丛、干丘、沙滩的上方，视线应高出水面 3 m 以上。采用 2 台同精度仪器在两岸对向观测时，要求 2 台仪器 i 角绝对值之和应小于 6″。

两岸测站点和立尺点可布设成图 8-6 所示的对称图形。图中 I_1，I_2 为测站点，A、B 为立尺点。I_1A、I_2B 和 I_1B、I_2A 的距离尽量相等，且 I_1A、I_2B 均不应小于 10 m。为了消除地球曲率及大气折光的影响，最好采用 2 台同精度的仪器在两岸进行对向观测。观测时应先读取近尺读数，再读远尺读数 2～4 次，取其平均值计算 2 点高差。如采用 1 台仪器观测，应先在河的一岸进行，观测顺序同样先近尺、后远尺，然后迅速将仪器搬到另一岸，在不改变物镜对光螺旋的情况下，先远尺、后近尺，这样完成一测回的观测。

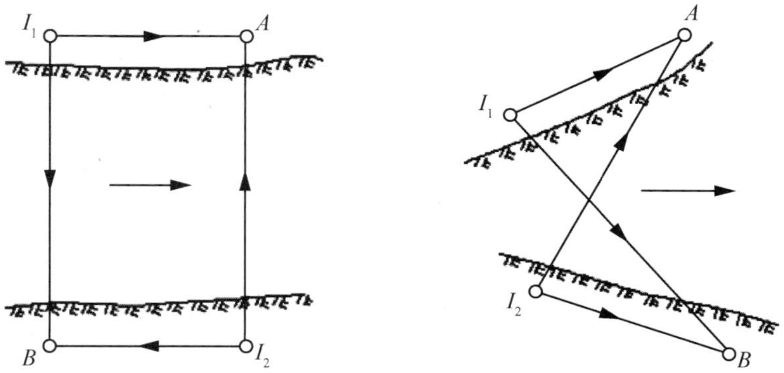

图 8-6　过河水准测量中测站点与立尺点的布设

过河水准测量观测的测回数、远尺读数次数及限差详见表 8-7。如所测高差在容许值范

围内,取其平均值作为最后结果。

表 8-7　过河水准测技术规定

河宽/m	半测回远尺读数次数	测回数	测回容许限差/mm	
			三等	四等
200 以内	2	1	—	—
200～400	3	2	8	12
400～600	4	4	20	30

由于距离远,过河水准测量远尺读数不能直接读出,此时需在水准尺上安装一觇标,如图 8-7 所示,观测者指挥扶尺者上下移动觇标,当觇标上中线正好落在十字丝的横丝上时,由扶尺人员根据觇标牌中线在水准尺上读数。

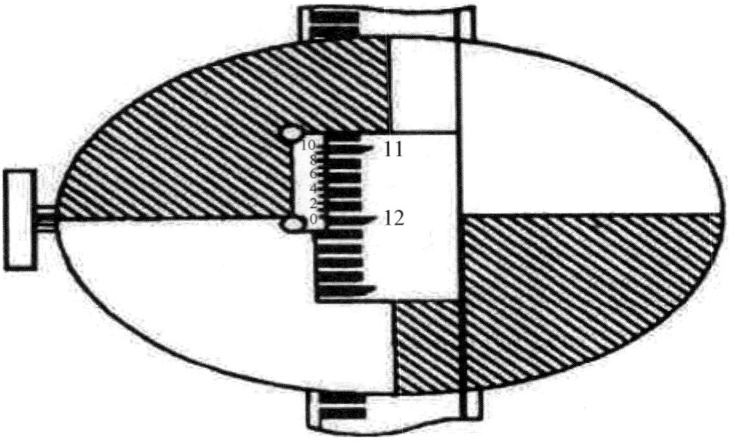

图 8-7　在水准尺上安装觇标

复习题

1. 高程控制测量是测定______,国家水准网分______个等级,三、四等水准测量是直接提供______所必需的高程控制点。

2. 我国的高程控制网从______年确定以______为高程基准面。水准原是设在______与黄海的平均海水面高差为 72.260 4 m。

3. 四等水准测量中,一个测站上的计算和校核工作包括哪几项?限差各为多少?

4. 三、四等水准测量中,有时黑、红面尺高差会出现负号,是否是观测错误?举例说明。

5. 在三角高程测量中,已知 $H_A=78.29$ m,$D_{AB}=642.42$ m,$\alpha_{AB}=+2°38'07''$,$i_A=1.42$ m,$l_B=3.50$ m,从点 B 向点 A 观测时 $\alpha_{AB}=-2°23'15''$,$i_B=1.51$ m,$l_A=2.26$ m,试计算点 B 高程。

6. 由 A、B、C、D 4 个水准点向结点 E 做水准测量,4 个点的高程及 4 条路线所测高差和测站数见表 8-8,试求结点 E 的高程及其中误差。

表 8-8　水准路线结点平差计算

水准路线	已知点	高程/m	高差/m	结点的高程/m	测站数 N/站	权 P	V	PV	PVV	备注
1	A	26.779	−2.463		2					
2	B	24.481	+3.770		10					
3	C	29.249	+0.010		5					
4	D	27.720	+1.513		4					
$\sum$						[P]=		[PV]=	[PVV]=	

Chapter 第九章

大比例尺地形图测绘

本章主要介绍地形图的基本知识和大比例尺地形图测绘的工作和基本要求。碎部测量是完成控制测量后，根据测得的控制点继续测定测区内地形（地物和地貌）特征点的平面位置和高程，并按比例尺和符号的要求绘制成地形图的工作。其目的就是将测区内真实的地形展绘在图纸上，即形成地形图。

第一节　地形图的基本知识

地物和地貌统称为地形。地物是指地面上天然和人造的物体，如道路、房屋、河流、湖泊等；地貌是地面高低起伏的自然状态，如山峰、山谷、洼地、悬崖等。由于地物和地貌代表的实际物体的本质不同，在地形图上需用不同的方式表达地物和地貌。

一、地物的表示方法

由于地面上各种地物实际形状、大小、意义等的不同，在表达地物时，需要根据其特性和大小用地物符号，即依比例尺符号、半依比例尺符号、不依比例尺符号和注记符号等不同方式表示。

1. 依比例尺符号　根据实际地物的大小，其 x 向及 y 向均按比例缩绘于图上，以表示地物的大小、位置和属性特征，此种表示方法为比例符号表示法。如需采用比例符号表达地物，需按照地形图的比例要求进行。

2. 半依比例尺符号　当地形图比例尺相对较小，需要表达的地物较长（如河流等），而宽度尺寸不能够准确按照地形图比例尺要求绘制时，可对其采用半比例尺符号绘制，即长度尺寸按比例尺缩放、宽度用线表示。

3. 不依比例尺符号　当地物尺寸均较小且无法按照比例绘制时，如三角点、水准点、里程碑、井盖、路灯等，需要用一种符号代替其平面位置及属性，这种符号称为非比例符号。非比例符号仅能够表示其平面位置，不能表达其实际形状和尺寸。

4. 注记符号　除需采用某种符号对地物进行表示外，还要用文字、数字对其名称、属性等加以说明，称为注记符号。注记符号能够对地形图阅读和应用起到辅助作用，如建筑的名称、街道的宽度、桥梁的载重、水库的水位等。

绘图的比例尺要求不同，个别符号的大小和详细程度也不同。常见的 1∶500、1∶1 000 等比例尺地形图图式(GB/T 20257.1—2017)如表 9-1 所示。

表 9-1　地形图图式(1∶500,1∶1 000)

符号说明	符号	符号说明	符号	符号说明	符号
三角点 土堆上的 张湾岭-点名 156.718-高程	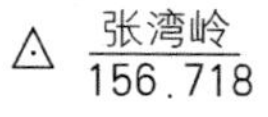	门墩 a.依比例尺的 b.不依比例尺的	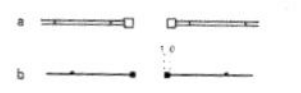	稻田 a.田埂	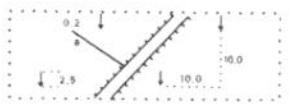
导线点 土堆上的 Ⅰ16-等级、点号 84.46-高程	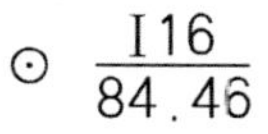	栅栏、栏杆	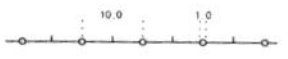	草地 天然草地	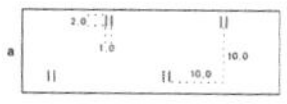
水准点 Ⅱ-等级 京石 5-点名点号 32.805-高程	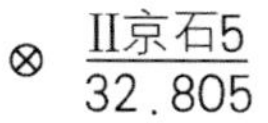	篱笆		围墙 a.依比例尺的 b.不依比例尺的	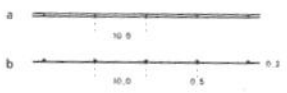
一般房屋 a.一般房屋 混-房屋结构 3-房屋层数		铁丝网、电网	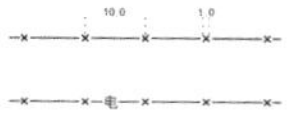	沟堑 a.已加固的 b.未加固的 2.6-比高	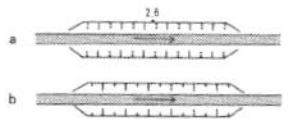
建筑中房屋		标准轨铁路 a.地面上的 a1.电杆	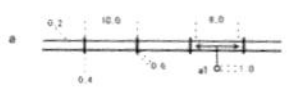	湖泊 龙湖-湖泊名称 咸-水质	
棚房 a.四边有墙的 b.一边有墙的	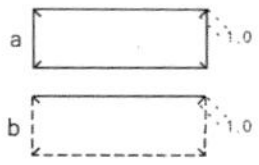	专用公路 有路肩的 ②-技术等级代码 Z301-专用公路代码及编号		冲沟 3.4,4.5-比高	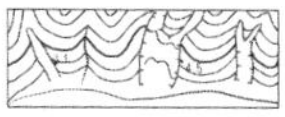
水塔 a.依比例尺的		内部道路	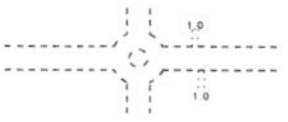	等高线及注记 a.首曲线 b.计曲线 c.间曲线 d.助曲线	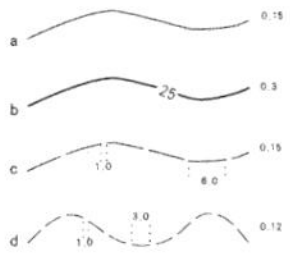
假石山	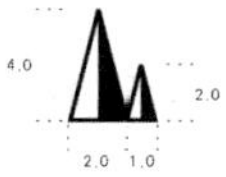	乡村路 a.依比例尺的 b.不依比例尺的	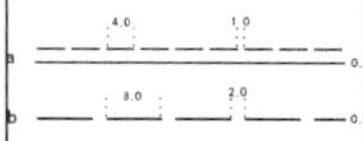		
变压器 a.依比例尺的	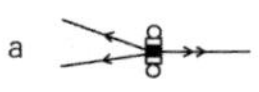	露天货、栈材料场 a.有平台的 b.无平台的	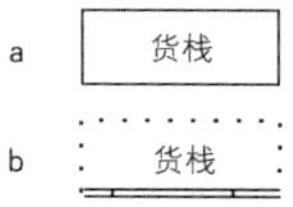	乡、镇界限 a.已定界 b.未定界	
花圃、花坛		菜地			
医疗点	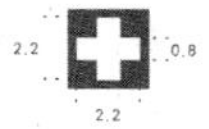	灌木林 a.大面积的 b.独立灌木丛 c.狭长灌木林	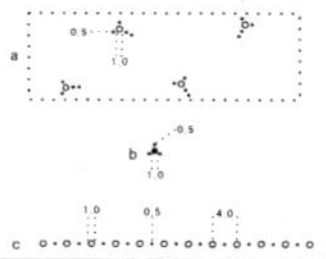	省级行政区界线和界标 a.已定界 b.未定界 c.界标	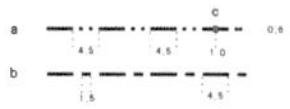

二、地貌的表示方法

地貌是地面高低起伏的自然状态。如何能够在水平面(x、y)上表达第三坐标(H)是本部分要介绍的主要内容。在地形图的绘制中，采用等高线法表示地貌特征。

1. 等高线　图 9-1 为一个山头，假设有一组高差相等的水平面对其进行截切，各截平面均会与山头产生截交线，截交线上各点高程与其对应的截平面高程相等。对这些截交线进行水平正投影(投影线与水平面垂直)，会得到一组闭合的曲线，然后对这些曲线进行高程注记，在图上就显示出了山头的形状。而这些地面上高程相同的相邻点所连接成的连续闭合曲线就称为等高线，等高线上各点的高程相等。

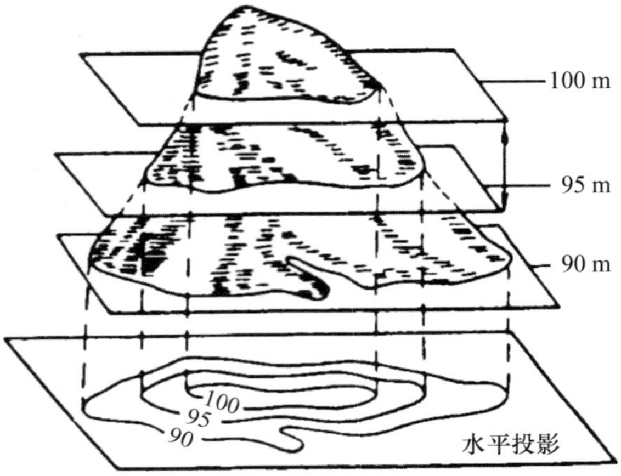

图 9-1　等高线形成原理

2. 等高距和等高线平距　相邻两条等高线间的高差称为等高距，用 h 表示。根据地形图的比例尺和地面起伏的情况，常用的等高距有 1 m、2 m、5 m、10 m 等几种。在同一张地形图上，等高距一般是统一的，如图 9-1 的等高距为 5 m。

相邻的两条等高线之间的水平距离称为等高线平距，简称平距，用 d 表示。坡度 $i=h/d$，由于在同一张地形图上等高距是相同的，等高线平距的大小能够直接反映出该处地面的坡度。等高线平距越小，地面坡度就越大；平距越大，坡度越小。所以可以根据等高线的疏密程度判断地面坡度的相对大小。

3. 等高线的分类

(1)首曲线。按照地形图规定的等高距勾绘的等高线称为首曲线或基本等高线。用宽度为 0.15 mm 的细实线绘制。

(2)计曲线。每隔 4 条首曲线加粗一条等高线，被加粗的等高线称为计曲线，以便读图。例如当等高距为 1 m 时，高程为 5 m、10 m、15 m、20 m 等的等高线需要被加粗。

(3)间曲线和助曲线。为了更清楚地反映某些地区的详细地貌情况，可在相邻两条等高线之间用长虚线加绘等高距一半的等高线，称为 1/2 等高线，亦称为间曲线。如间曲线仍不能满足实际工程需要，为了能够更准确、详细地表达该地区地貌，可在间曲线的基础上用短虚线加绘出高差为 1/4 等高距的等高线，这一等高线称为 1/4 等高线，亦称助曲线。

4. 几种典型地貌等高线的特征　图 9-2(a)和图 9-2(b)为山丘和洼地的等高线，是由若干闭合的曲线组成，表面上两者等高线形状类似，但高程数据变化的方向相反。由外向内逐渐升高的是山丘，由内向外逐渐升高的是洼地。图中除等高线和高程注记外，还需要绘制示坡线，示坡线由高处指向低处，示坡线与等高线垂直。

图 9-2(c)为山脊与山谷的等高线，类似于抛物线形状。山脊的等高线凸向低处，凸处拐点的连线称为山脊线或分水线。山谷的等高线凸向高处，凸处拐点的连线称为山谷线或集水线。

鞍部由两个相邻的山头组成，呈马鞍或双驼峰的形状，其等高线的形状类似于一组大的等高线包围着两组小的等高线，如图 9-2(d)所示。

图 9-2(e)、图 9-2(f)为梯田和峭壁(陡峭的崖壁，$i \geqslant 70°$)的等高线及其表示方法。

悬崖(上部突出、下部凹进的陡峭崖壁)的等高线存在相交的情况，覆盖部分用虚线表示，如图 9-2(g)所示。

冲沟为雨水冲刷坡地形成的狭窄而深陷的沟，如图 9-2(h)所示。

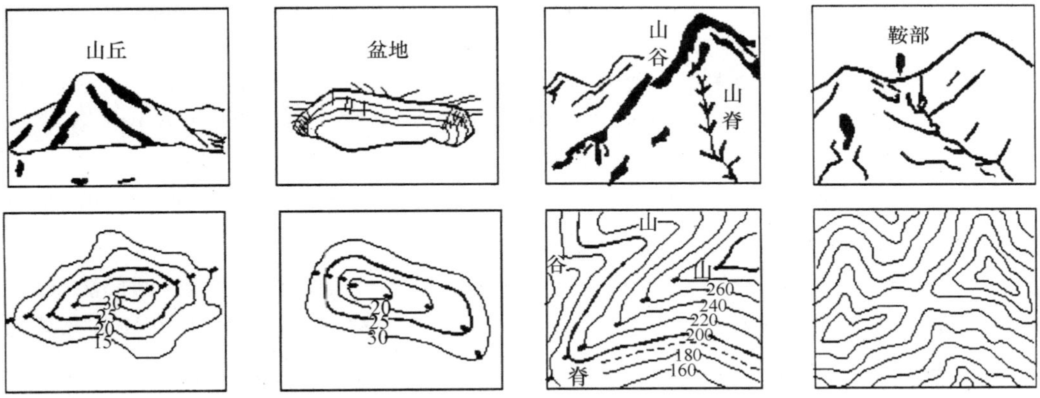

(a) 山丘　(b) 盆地　(c) 山脊与山谷　(d) 鞍部

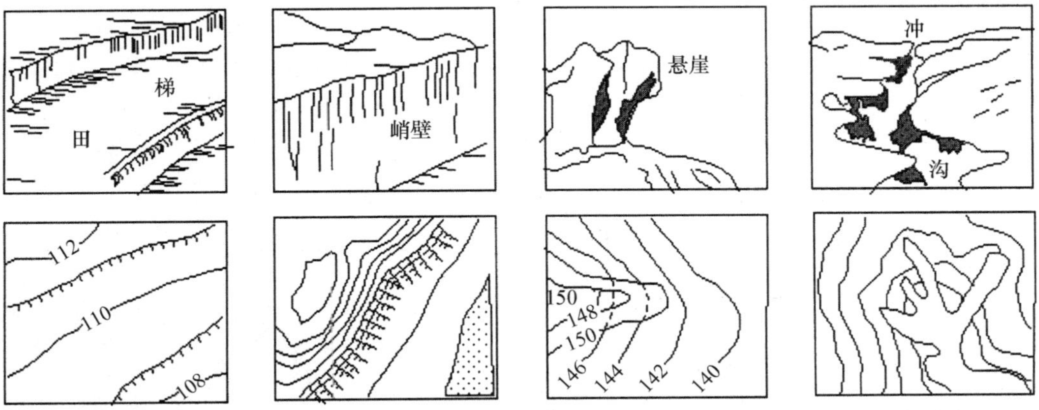

(e) 梯田　(f) 峭壁　(g) 悬崖　(h) 冲沟

图 9-2　几种典型地貌

5. 等高线的特性

(1)在同一等高线上，各点的高程相等。

(2)等高线是闭合的曲线，同一条等高线若不在图内闭合，则必然在与其相邻地区的地形图上闭合。

(3)等高线只有在悬崖处相交，在坡度为 90°的峭壁处重合。

(4)等高线与山脊线和山谷线正交。

(5)在等高距不变的情况下，平距越小，坡度越大；反之，平距越大，坡度越小；平距相等，坡度相等。

第二节　测图前的准备工作

为保证工作的顺利进行，在进行地形图测绘前必须进行必要的准备工作，充分了解测区情况，收集测区详细的相关资料，准备充足的测量仪器及工具，绘制坐标格网及控制点展绘等。具体步骤如下。

1. 收集资料　掌握并抄录测区内所有控制点的数据(x，y，H)，收集现有的图集，准备测图规范及地形图图式等。

2. 准备图纸　地形图的图幅一般有 40 cm×40 cm、40 cm×50 cm 及 50 cm×50 cm 等几种。将图纸(目前，图纸大部分为出厂自带网格的聚酯薄膜图纸，厚度为 0.07～0.1 mm)固定在图板上。薄膜上已有标准的坐标格网。

3. 绘制坐标格网　所谓坐标网格，即以 10 cm×10 cm 的网格形式体现测区的高斯平面直角坐标系。采用的比例尺不同，每个网格代表的 x、y 的距离也不同。根据控制点的直角坐标值 x、y，将其展绘在图纸上。网格绘制的方法主要有对角线法和坐标格网尺法等。

4. 展绘控制点　根据控制点的坐标，确定其所在的方格，然后根据 A 点的坐标值即可确定其具体坐标。注意：需在点的右侧以分数形式注明点号及高程，如图 9-3 中 1～5 点。在图纸上用比例尺测量各相邻控制点的水平距离，并与两点的实际水平距离进行比较，误差不应超过 0.3 mm。

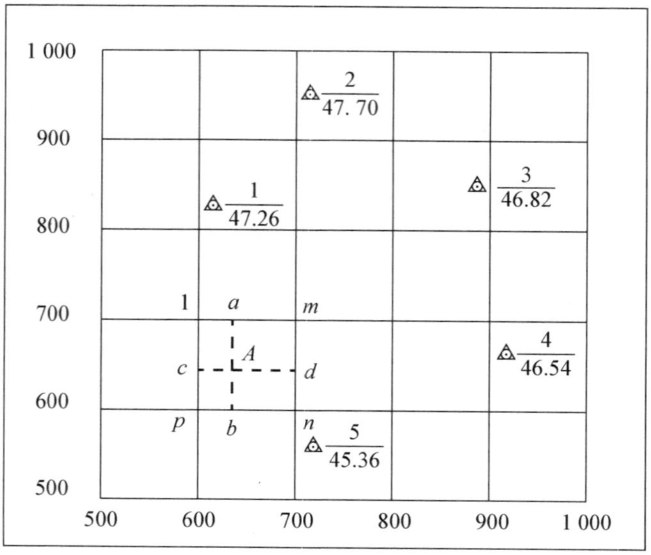

图 9-3　控制点展绘

第三节 碎部测量

碎部测量就是测定碎部点的平面位置和高程。碎部测量是根据比例尺要求，运用地图综合原理，利用图根控制点对地物、地貌等地形图要素的特征点，用测图仪器进行测定并对照实地，采用等高线、地物、地貌符号和高程注记、地理注记等绘制成地形图的测量工作。目前常用的测量方法有经纬仪法、全站仪法和 GNSS（动态）法等。

一、碎部点的选择

碎部点选择恰当与否，直接影响地形图的质量，碎部点应选地物、地貌的特征点。

1. 地物点的选择　对于地物，碎部点应选在地物轮廓线的方向变化处，如房角点、道路转折点、道路交叉点、河岸线转弯点以及独立地物的中心点等。连接这些特征点，便得到与实地相似的地物形状。由于地物形状极不规则，一般规定主要地物凸凹部分在图上大于 0.4 mm 均应表示出来，小于 0.4 mm 时，可用直线连接。

(1)点状地物。按比例缩小后不能在图上表示，或测出的轮廓在图上小于 1 mm 的地物称为点状地物。点状地物用非比例符号表示。

(2)线状地物。宽度很小，仅需用线型表示的地物称为线状地物。线状地物用半比例符号表示。

(3)有轮廓地物。能够在图上用完整轮廓表示的地物称为有轮廓地物。有轮廓地物用比例符号表示。

2. 地貌特征点的选择　对于地貌来说，碎部点应选在最能反映地貌特征的山脊线、山谷线等地性线上，如山顶、鞍部、山脊、山谷、山坡、山脚等坡度变化及方向变化处。在地面坡度变化不大的地方，每相隔一定距离也应立尺，根据这些特征点的高程勾绘等高线。

碎部点的密度和最大视距长度要求应符合表 9-2 的规定。

表 9-2　碎部点的密度和最大视距长度

测图比例尺	地形点间隔/cm	测站到地形点最大视距长度/m
1∶500	1～3	70
1∶1 000	1～2	120
1∶2 000	1～2	200
1∶5 000	1～1.5	300

3. 立尺方法　立尺人员依次将尺立在地物、地貌特征点上。立尺前，立尺员应弄清实测范围和实地情况，选定立尺点，并与观测员、绘图员共同商定跑尺路线。一般原则是：线路应由近到远，再由远到近，立尺结束后回到测站附近。为了使测图员在图上连线方便，立尺员要尽量不跳点立尺，如测房屋时尽量不要只立了一个房角就又到另一地物立尺。

二、碎部点平面位置的测量方法

测量碎部点平面位置的基本方法主要有以下 4 种。

1. 极坐标法　如图 9-4 所示，将经纬仪安置在控制点 A 上，在控制点 B 上立花杆。观测 B、A 及 a 之间的水平角 β，丈量 A、a 之间的水平距离，则 a 点的位置就可以确定。

2. 直角坐标法　如图 9-4 所示，当 b（或 c）距离 AB 线较近时，可由 b（或 c）点向控制边 AB 作垂线，量得控制点 A 至垂足的距离，再量得 b（或 c）点至垂足的距离，根据这两个距离即可在图纸上定出点位。

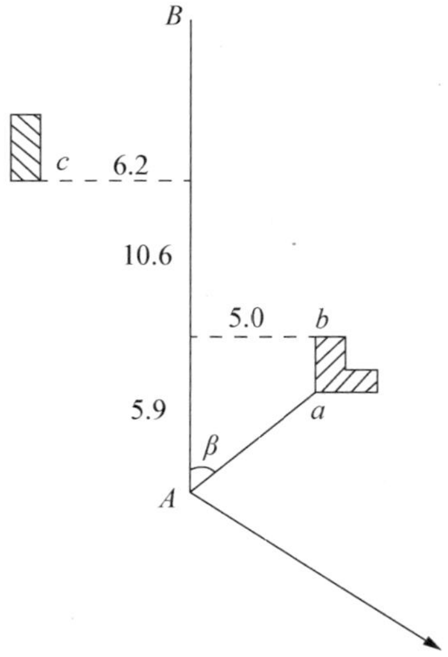

图 9-4　测定碎部点平面位置示意图

3. 角度交会法　先将经纬仪安置在 A 点上，再将经纬仪安置在 B 点上，分别观测水平角 α 与 β，进而确定 a 点的平面位置。

4. 距离交会法　要测定 b 点的平面位置，分别从控制点 A 及 B 丈量 Ab 及 Bb 的距离，进而可以在图上交会出 b 点的平面位置。

三、经纬仪测绘法

经纬仪测绘法的实质是按极坐标定点进行测图，观测时先将经纬仪安置在测站上，绘图板安置于测站旁，用经纬仪测定碎部点的方向与已知方向之间的夹角、测站点至碎部点的距离和碎部点的高程。然后根据测定数据用量角器和比例尺把碎部点的位置展绘在图纸上，并在点的右侧注明其高程，再对照实地描绘地形。此法操作简单、灵活，适用于各类地区的地形图测绘。操作步骤如下。

（1）安置。仪器置于测站点 A（控制点）上，量取仪器高 i 填入表 9-3 手簿。

（2）定向。后视另一控制点 B，置水平度盘读数为 $0°00'00''$。

（3）立尺。立尺员依次将尺立在地物、地貌特征点上。立尺前，立尺员应弄清实测范围和实地情况，选定立尺点，并与观测员、绘图员共同商定跑尺路线。

（4）观测。转动照准部，瞄准标尺，读视距间隔、中丝读数、竖盘读数及水平角。

（5）记录。将测得的视距间隔、中丝读数、竖盘读数及水平角依次填入手簿。对于有特殊作用的碎部点，如房角、山头、鞍部等，应在备注中加以说明。

(6)计算。根据视距、竖盘读数或竖直角度，用计算器计算出碎部点的水平距离和高程。

(7)展绘碎部点。用细针将量角器的圆心插在图上测站点 A 处，转动量角器，将量角器上等于水平角值的刻画线对准起始方向线，此时量角器的零方向便是碎部点方向，然后用测图比例尺按测得的水平距离在该方向上定出点的位置，并在点的右侧注明其高程。

同法，测出其余各碎部点的平面位置与高程，绘于图上，并随测随绘等高线和地物。

为了检查测图质量，仪器搬到下一测站时，应先观测前站所测的某些明显碎部点，以检查由两个测站测得该点平面位置和高程是否相同，如相差较大，则应查明原因，纠正错误，再继续进行测绘。

若测区面积较大，可分成若干图幅，分别测绘，最后拼接成全区地形图。为了相邻图幅的拼接，测图时每幅图的西南两边应测出图框以外 2 cm 左右。

表 9-3　碎部测量手簿

____测区　观测者____　记录者____

____年____月____日　天气____　测站 A　方向 B　测站高程 50.000 m

仪器高 i= 1.45 m　乘常数 100　加常数 0　指标差 x= 0

测点	水平角 /(° ′ ″)	尺上读数/m		视距间隔 l/m	竖盘读数 /(° ′ ″)	竖直角 /(° ′ ″)	高差/m	水平距离/m	测点高程/m	备注
		下丝 上丝	中丝							
1	82 25 06	1.476 1.178	1.327	0.298	90 32 12	−0 32 12	−0.156	29.797	49.844	
2	83 19 54	0.704 0.381	0.542	0.323	91 47 00	−1 47 00	−0.097	32.269	49.903	
3	307 19 42	1.203 1.035	1.119	0.168	89 50 24	−0 09 36	−0.378	16.800	50.378	

四、数字化测绘法

随着电子全站仪和计算机的发展与广泛应用，以及测图软件的迅猛发展与完善，使得数字化地形图测绘成为可能。

1.数字化测绘的原理　数字化测图(Digital Surveying and Mapping，DSM)是以电子计算机为核心，以测绘仪器和打印机等输入、输出设备为硬件，在测绘软件的支持下，对地形空间数据进行采集、传输、处理编辑、入库管理和成图输出的一整套过程。它是近 20 年发展起来的一种全新的测绘地形图方法。

根据空间数据来源、使用的仪器设备及采集数据的方法不同，数字化测图包括利用电子全站仪或其他测量仪器进行野外数字化测图；利用手扶数字化仪或扫描数字化仪对传统方法测绘的原图的数字化；借助解析测图仪或立体坐标量测仪对航空摄影、遥感像片进行数字化测图等技术。数字化测图系统组成见图 9-5。

地形图测绘由以前的模拟测图变革为数字测图，不仅改变了测图方式，减轻测绘人员的劳动强度，保证地形图绘制质量，提高绘图效率，测绘成果能够以数据的形式进行传输、处理与共享，使管理和工程设计人员极大地提高了工作效率，为建立数字地球提供可靠的原始数据，也使得测量工作者由以前的仅仅是测量图纸的提供者，变为地理数据的获得、管理与使

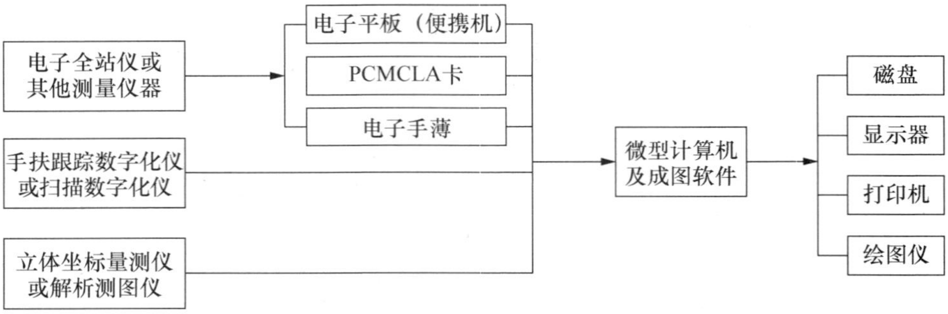

图 9-5　自动化数字测图系统

用者。在一些政府管理部门和工程设计、建设单位中，地图数字图像等信息资料已成为必不可少的资料，数字化测图正越来越受到各行各业的普遍重视，具有明显的优势和广阔的发展前景。

一般情况下，将利用电子全站仪或其他测量仪器在野外进行数字化地形数据采集，并借助成图软件绘制大比例尺地形图的工作，简称为数字化测图。

数字化测图是一种先进的测图方法，与传统的图解法相比，具有以下几方面的优点。

(1)自动化程度高。由于采用电子全站仪或其他测量仪器在野外采集数据，自动记录存储，并直接传输给计算机进行数据处理、绘图，提高了工作效率，减少了测量错误的发生。

(2)点位精度高。数字化测图的精度主要取决于对地物和地貌点的野外数据采集的精度，而其他因素的影响，如微机数据处理、自动绘图等，其误差对地形图成果的影响都很小。

数字化测图的成果以数字信息保存，图纸不会因时间的推移发生变形而产生误差，提高了地形图的精度。

(3)使用方便，便于成果的深加工。计算机与显示器、打印机联机时，可以显示或打印各种需要的资料信息。与绘图仪联机，可以方便地绘制不同比例尺的地形图或不同用途的专题地图，实现一测多用，满足了不同用户的需要。

由计算机处理地形信息，建立数据和图形数据库，并能生成数字地图和电子地图，有利于后续的成果应用和信息管理工作，便于成果的深加工利用，为地理信息系统(GIS)的建立奠定了基础。

(4)便于成果更新。数字测图的成果是以点的定位信息和绘图信息存入计算机，当实地有变化时，只需输入变化信息的坐标、代码，经过编辑处理，可以得到更新后的图。数字测图便于地形图的检查、修测和更新，从而确保地形图的可靠性和现势性。

在一般工程中，使用较多的数字化测图方法为地面数字化测图和普通地形图的数字化。

地面数字化测图是利用电子全站仪或其他测量仪器，在野外采集地形数据，通过便携式电子计算机或野外电子手簿与野外草图，利用测图软件进行野外数字化测图。

普通地形图的数字化是将采用常规测图方法测绘的，目前已有的图解地图，通过地图数字化，转换成计算机可以存储和处理的数字地图。它是一种折中的方式，主要是由于目前很多单位有大量的图解地图，且在一些设备和技术力量不太雄厚的单位，仍是采用平板测图，而某些工程项目却又需要数字地图(例如用计算机做城市规划等)。采用普通地形图数字化，地形要素的位置精度不会高于原地图的精度。地图数字化方法按采用的数字化仪(digitizer)不同分为手扶跟踪地图数字化和扫描屏幕数字化。

2. 地面数字化测图

(1)地面数字化测图的作业模式。地面数字化测图依其发展过程看，主要可分为数字测记模式和电子平板模式。

数字测记模式，就是将野外采集的地形数据传输给电子手簿，利用电子手簿的数据和野外详细绘制的标注测点号的草图，在室内计算机屏幕上进行人机交互编辑、修改，生成图形文件或数字地图。

这种作业模式为绝大部分软件所支持，可以提高外业工作的效率。当用全站仪或 GPS 进行数据的采集时，测站和镜站的距离可以拉得较远，因而给草图的绘制带来一定的困难，若能到镜站点绘制草图，就能既保证了数据的可靠性又大幅度地提高了外业工作的效率，是一种较理想的作业模式。

电子平板模式的基本思想是用便携计算机屏幕来模拟图板，用软件中内置的功能来模拟铅笔等，完成图纸的绘制工作。具体作业时，将便携机带至野外，将采集到的地形数据传输给它，测量工作者在野外实时地在屏幕上进行人机对话，对数据、图形进行处理、编辑，最后生成图形文件或数字地图，所显即所测，实时成图，内外业一体化，如图 9-6 所示。

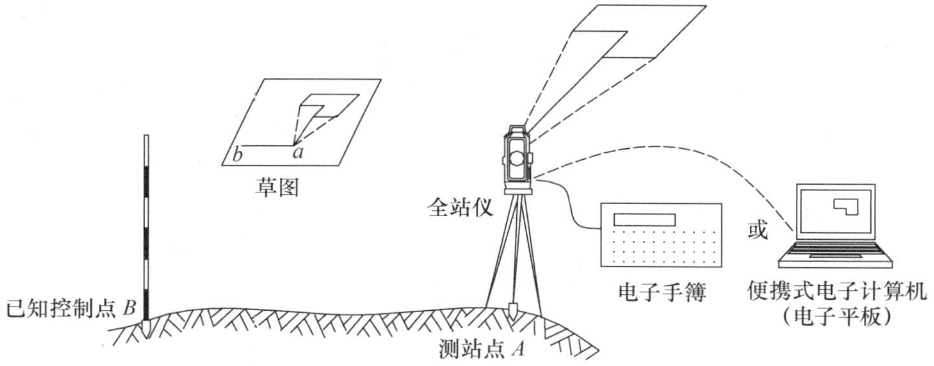

图 9-6　全站仪配合便携式计算机测图

这种模式的突出优点是现场完成大部分工作，现测现绘，因而不易漏测，且可不需要作业人员记忆输入数据编码。另外，内业编辑工作量小，较符合传统的测图观念。它的不足在于对便携机要求较高，电池的供电时间必须较长。随着便携机价格的下降和性能的提高，这种模式将成为地面数字测图的主流。

(2)地形信息的编码。野外测量所得到的各种数据，除数值本身外，还必须赋予它一定的属性（地物点的连接关系和地物类别等绘图信息，即地形信息编码），这样，由计算机软件自动处理（自动识别、检索、连接、自动调用图式符号等）时，才能得到正确的地形图。

地形信息编码的方式较多，随各软件厂商不同而有所区别，但一般的编码方式应包括点的三维坐标、测点的属性（特征）和点间的连接关系。

测点的属性（特征）主要是依据地形图图式符号，对地形要素进行分类、排序和编码。

一般按照《国家基本比例尺地形图图式第 1 部分：1∶500、1∶1 000、1∶2 000 地形图图式(GB/T 20257.1—2017)》标准，把地形要素分为八大类，如表 9-4 所示。

表 9-4 地形要素的分类

类别	代表的地形要素	类别	代表的地形要素
1	定位基础	5	管线
2	水系	6	境界
3	居民地及设施	7	地貌
4	交通	8	植被与土质

按照《基础地理地理信息要素分类与代码》(GB/T 13923—2006),地形要素分类代码由六位数字码组成,如图根点分类代码为 110103,普通建成房屋分类代码为 310301,围墙分类代码为 380201。按地形图图式符号分类,便于操作人员记忆和输入,符合测图人员作业的习惯;与图式符号一一对应,编码就带有图形信息,计算机可自动识别,自动提取绘制图式符号。

点间的连接关系是对绘图指令的进一步描述,它用来告诉计算机各点间的连接线型。如 0 代表独立点、1 代表直线、2 代表曲线、3 代表圆弧。

对测量数据进行编码,给测量人员野外工作带来了一定的困难,因此,数据的编码必须较简单、位数要较少。但对数字测图及其应用来讲,不论用什么方式、方法,地物编码都是绝对必要的。编码是计算机自动识别地物的唯一途径。

3. 地面数字化测图的实施　地面数字化测图和普通图解法测图一样,首先应进行测图前的准备工作,即对所使用仪器的各项指标和各种轴线关系进行检验和校正,并安装和调试好测图所使用的软件。

传统的测图作业步骤是"先控制、后碎部"。数字测图同样可以采取相同的作业步骤,但考虑到全站仪的特点,为充分发挥其优越性,还可以采用图根导线与碎部测量同时作业的"一步测量法"。即在一个测站上先测导线的数据,接着就测碎部点。这是一种少安置一轮仪器、少跑一轮路,大大地提高外业工作效率的测量方法。

"一步测量法"的图根控制测量与传统的作业方法相同,所不同的是在进行图根控制测量的同时,即在施测每个图根点的测站上,同步测量图根点站的碎部地形,并实时计算出各图根点和碎部点坐标。如图 9-7 所示,A、B、C、D 为已知点,1、2、…为图根导线点。a、b、c、d、…为碎部点。作业步骤如下:

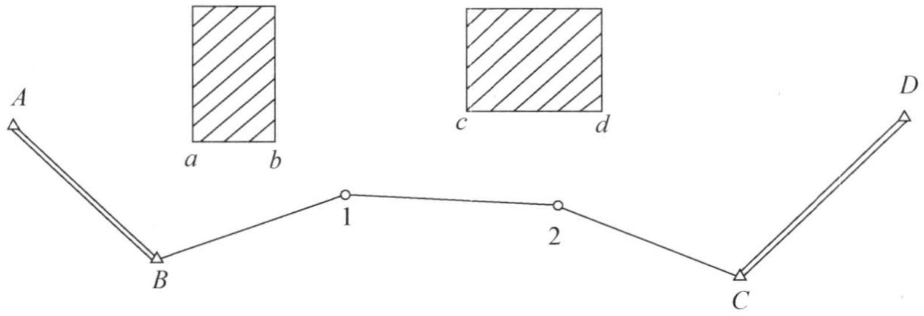

图 9-7 全站仪配合便携式计算机测图

①全站仪置于 B 点。先后视 A 点,再照准导线点 1,测量其水平角、垂直角和距离,可求得 1 点坐标。

②不搬动仪器。再后视 A 点为零方向。施测 B 站周围的碎部点 a、b、…,根据 B 点坐

标可得到碎部点的坐标(未经平差的近似坐标)。

③B 站测量完毕,将仪器搬到 1 点,后视 B 点。前视 2 点,根据 1 点坐标,可得到 2 点及 1 点周围碎部点坐标;同理,可依次测得各导线点坐标和该站周围的碎部点坐标。

④待图根控制导线测毕后,由系统程序对图根导线进行平差计算。若闭合差在容许范围之内,则认可计算出的各导线点的坐标。若平差后坐标值与现场测图时计算出的坐标值相差无几,则不必重新计算;若两者相差很大,则根据平差后的坐标值重新计算各碎部点的坐标,然后再显示成图。若闭合差超限,则应查找症结,进行返工,直至闭合差在限差容许的范围之内,然后根据平差所得各图根导线点的坐标值重新计算各碎部点的坐标并显示成图。

(1)测站设置。仪器安置在测站后,应按要求对中整平仪器,量取仪器高;连接好便携式计算机,启动野外测图软件,按菜单要求输入测站点号、后视点号以及测站的仪器高。然后,用全站仪瞄准目标点,进行野外数据的采集。

(2)碎部点的采集。地面数字测图采用极坐标法、勘丈支距法、距离交会法和方向交会法进行碎部测量,并记录全部测点信息。如遇特殊情况,则可选用软件所提供的其他碎部点的测量方法施测。记录碎部点全部信息后,自动计算出该点坐标值,并可实时展点、显示、成图。

地性线是地貌形态的骨架线,是描述地貌形态时的控制线,它主要包括山脊线、山谷线。现在的电子测图软件,能够在现场根据地形信息编码,将相应的地物特征点自动连成地物轮廓线,根据地貌特征点连成地性线,等高线则通过建立数字高程模型而得到,从而完成自动成图工作,碎部点测完后,图也全部显示出来了。经过现场的编辑、修改,可确保测图的正确性,真正做到内外业一体化。全站仪测量数据导入南方数字化地形地籍成图软件 CASS 见图 9-8,成图见图 9-9。

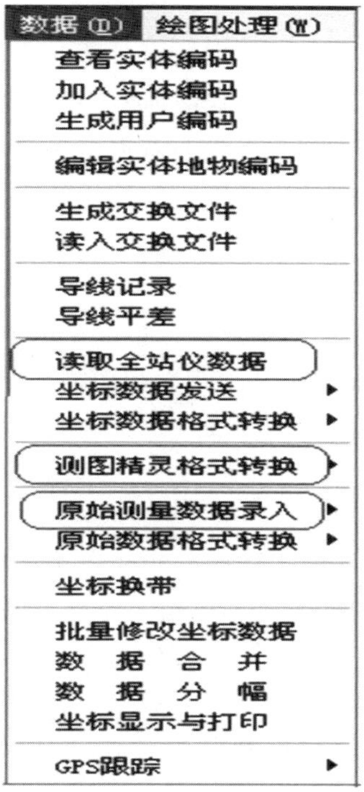

图 9-8　数据导入

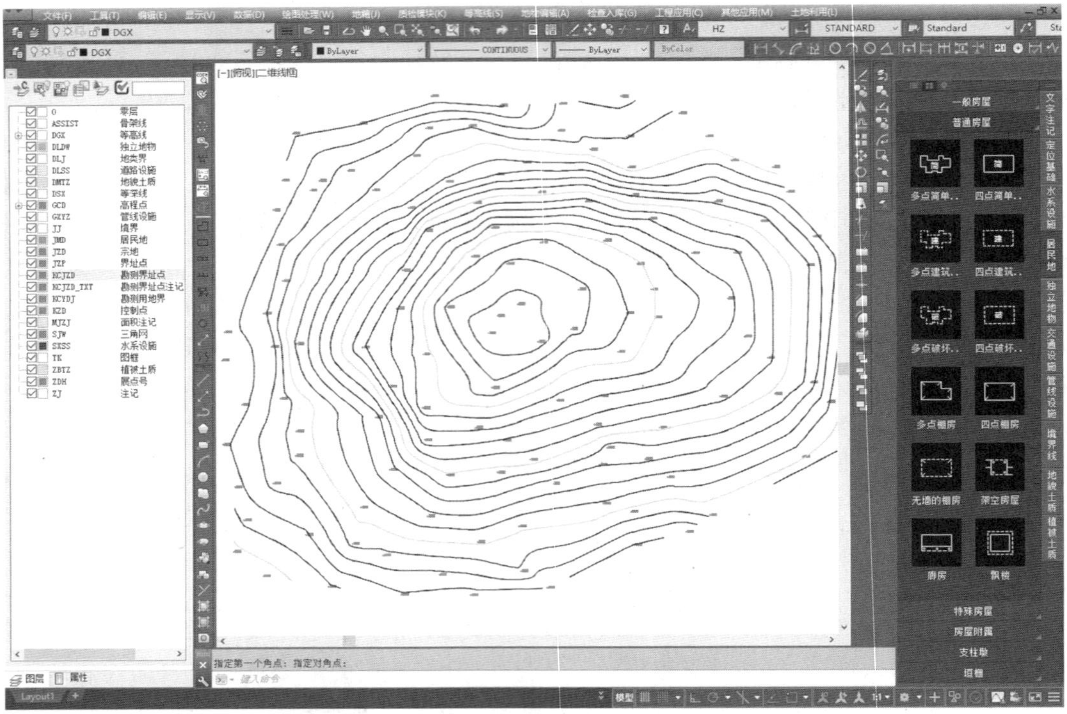

图 9-9　CASS 成图

第四节　地形图绘制

将碎部点展绘到图上，对照实地后即可描绘地物和等高线。如果测区较大，需要将多幅图拼接，还要对图幅间的衔接处进行检查，进而获得合乎要求的地形图。

一、地物描绘

在进行地物描绘时，对于已测的地物点应连接起来的要随测随连，以便将图上测得的地物与地面上的实体相对照，这样可及时发现错测和漏测并及时修正或补测。

二、等高线勾绘

在测出地貌特征点后，即可勾绘等高线。勾绘等高线时，先用铅笔轻轻地描绘出山脊线、山谷线等地性线，如图 9-10 中的虚线。在相邻地形点间，用线性内插法定出基本等高线的通过点，如图 9-11 所示。再将相邻各同高程的点参照实际地貌用光滑曲线进行连接，即得到等高线。等高线一般应在现场及时勾绘，要运用等高线的特性，至少应勾绘出计曲线，以控制等高线的走向，以便与实地地形相对照，同时可以当场发现错误和遗漏，并能及时纠正。

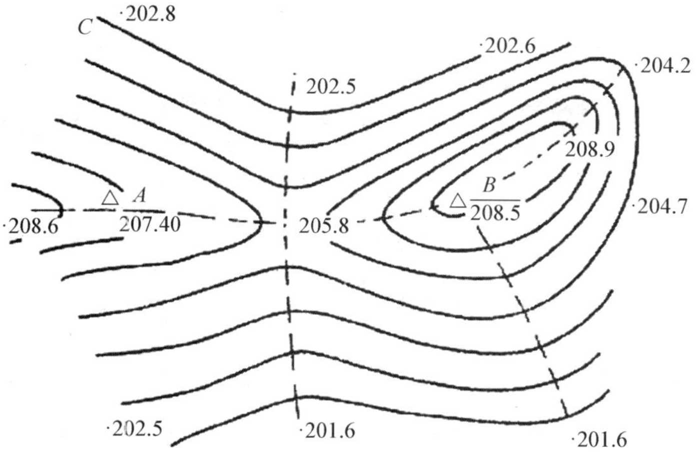

图 9-10　等高线的勾绘

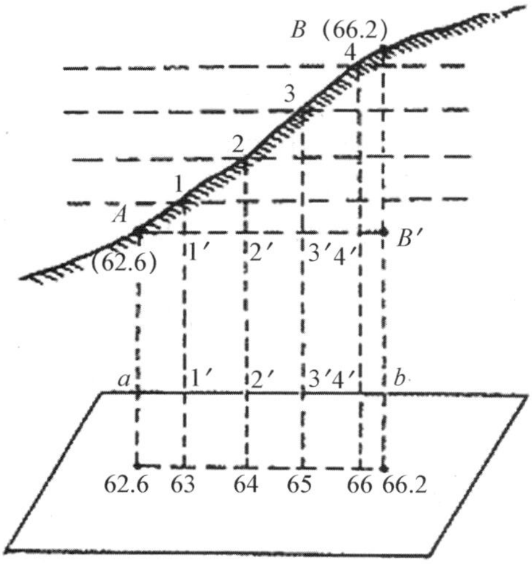

图 9-11　等高线的内插

三、地形图的拼接

当测区较大时，要分块、分图幅测图，需对测得的地形图进行拼接。为了拼接方便，测图时每幅图的西南两边应测出图框以外 2 cm 左右。用宽约 5 cm 的透明图纸蒙在左(上)边图幅的图边上，用铅笔把坐标格网线、地物、地貌勾绘在透明纸上，然后再把透明纸按坐标格网线位置蒙在右(下)边图幅衔接边上，同样用铅笔勾绘地物和地貌，同一地物和等高线在两幅图上的不重合量就是接边误差(图 9-12)。当用聚酯薄膜进行测图时，不必勾绘图边，利用其自身的透明性，将相邻两幅图的坐标格网线重叠，就可量化地物和等高线的接边误差。若地物位置相差不到 2 mm，等高线相差不大于相邻等高线的平距时，则可取平均位置做修正，使图形和线条衔接，然后按透明纸上衔接好的图形转绘到相邻的图纸上去。如发现漏测或有错误，必须补测或重测。

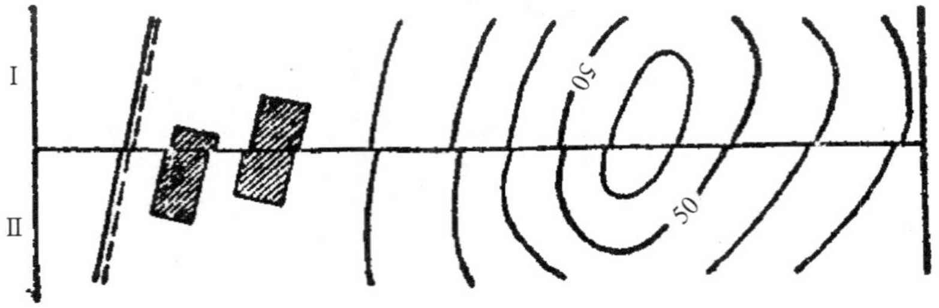

图 9-12 地形图的拼接

图的接边限差，不应大于规定的碎部点平面、高程中误差的 $2\sqrt{2}$ 倍（表 9-5 和表 9-6）。若接边误差超过规定限差，则应分析其原因，到实地测量检查，以便纠正错误。在大比例尺测图中，关于碎部点（地物点与等高线插求点）的中误差规定如表 9-5 和表 9-6。

表 9-5 地物点点位中误差

地区类别	地物点点位中误差
建筑区、平地及丘陵地	图上 0.6 mm
山地及旧街坊	0.8 mm

表 9-6 等高线插求点的高程中误差

地形类别	平地	丘陵	山地	高山地
高程中误差/m	1/3 H_0	1/2 H_0	2/3 H_0	1 H_0

注：H_0 为等高距（m）。

四、地形图的检查

为了保证地形图的质量，除在测量过程中进行检查外，在地形图测完后，必须检查成图质量。

1. 室内检查　检查图上地物、地貌的清晰度；符号注记的正确性；等高线需与地形点的高程相符；接边误差等。如存在错误或误差过大，应到野外进行实地检查并给予解决。

2. 外业检查

（1）巡视检查。在整个测区范围内，带图沿线路巡视，将图纸上的地物、地貌和实际的地物、地貌进行对照。查看有无遗漏之处，名称注记是否正确等。对接边时所遗留的问题和室内图面检查时发现的问题作重点检查。发现问题后应当场解决，否则应设站检查纠正。

（2）应用仪器对室内检查和巡视检查中发现的遗漏、错误和疑点进行补测、检查和修改。另外，需把测图仪器重新安置在图根控制点上，对一些主要地物和地貌进行重测（10%），如发现点位误差超过容许范围，应按正确的观测结果修正。

五、地形图的整饰

地形图经拼接检查后，擦去图上不需要的线条与注记，修饰地物轮廓线与等高线，使图面更加合理、清晰、美观。图内应先注记、后符号，先地物、后地貌，并按规定的图式进行整饰。图廓外的书写应符合图式要求，还应写出图名、图号、比例尺、坐标系统和高程系统、测量单位和日期等。如采用地方独立坐标系，还应画出真北方向。

六、地形图的验收

上述工作全部完成后，将观测过程中的测量记录、计算资料、手稿等整理好，作为测区测图的原始档案和后期用图的技术依据，也便于相关单位审核、评定质量。验收是在委托人检查的基础上进行的，以鉴定各项成果是否合乎规范及有关技术指标的要求（或合同要求）。首先检查成果资料是否齐全，包括测量记录、计算资料、手稿等，抽出部分资料做全面的检查（内业、外业），对其余部分进行一般性检查。成果质量分为优、良、合格和不合格 4 级。

复习题

1. 地物的表示符号有哪几种？
2. 等高线具有哪些特性？
3. 测量碎部点平面位置的方法有哪些？
4. 碎部测量碎部点立尺时，为什么要考虑选择在地物、地貌特征点立尺？
5. 简述大比例尺数字化测图的基本思想，它有什么意义？
6. 地面数字化测图和普通的模拟测图在测图方法上有什么区别？
7. 简述内插法勾绘等高线的具体步骤。
8. 图幅的拼接与整饰有哪些具体要求？相邻图幅进行拼接时，应检验哪些内容？

Chapter 第十章

地形图阅读与应用

第一节 概述

地形图作为测绘工作的主要成果，包含自然、地理要素以及社会经济要素，因此在国民经济建设的各个部门发挥着重要的作用。地形图的应用极其广泛，各种经济建设和国防建设，都需要地形图进行规划和设计。因为地形图是对地面实际情况的客观反映，在地形图上处理和研究问题，比实地更方便、迅速和直观；在地形图上可以确定点位、高程，确定两点间距离、高差，确定直线的方向，同时还可以了解各类地物分布地貌的高低变化等，从而使我们能够在全局的高度上来认识实际地形情况，提出科学的设计与规划方案。在进行地形图阅读和应用时，应注意以下几个方面。

1. 地形图的比例尺　地形图的比例尺，可以分为大、中、小 3 种，根据用途的不同，可以采用不同比例尺的地形图。例如，进行水利工程规划时，为了掌握整个流域情况，全盘合理地安排水工建筑物的位置，通常采用中、小比例尺的地形图；而在工程设计或建筑物布置时，由于需要计算土、石方量及工程量，则需要大比例尺地形图。

2. 地形图的分幅与编号　地形图的比例尺不同，其图幅大小、分幅基础和编号的方法是不同的。当工程范围较大、使用图幅较多时，需要根据图纸的分幅示意图（位于图纸的左上角）来了解上、下、左、右相邻连接图幅的编号，以便能顺利找到相邻图幅拼接使用。

3. 地形图的图式　在地形图上地物、地貌均采用线条和符号来表示。各种线条和符号所代表的地物和地貌则需要通过地形图图式来了解。原国家测绘地理信息局于 2017 年出版了新的各种比例尺的地形图图式，可以以此为判读依据。另外，对于各行业、各系统内一些习惯使用的符号也必须了解，以便正确判读。

4. 坐标系统和高程系统　大比例尺地形图，一般采用国家统一的高斯平面直角坐标系和以黄海平均海水面起算的黄海高程系统；也有极少部分图纸，因与国家控制点联测有困难而采用独立坐标系和相对高程系。所以，在使用时应特别注意。

第二节 地形图的分幅与编号

为了便于测绘、印刷、保管、检索和使用，所有的地形图须按规定的大小进行统一分幅和编号。地形图的编号简称为图号，它是根据分幅的方法而确定。地形图的分幅方法有 2 种：一种称为国际分幅法（又称梯形分幅法），是按一定的经差和纬差将整个地球表面划分为一幅幅梯形图幅，这种分幅法主要用于国家基本地形图的分幅；另一种称为矩形分幅法，是按坐标格网划分成矩形图幅，主要用于工程建设的大比例尺地形图的分幅。

一、国际分幅法

我国基本比例尺地形图[1∶(5 000～100 万)]采用经纬线分幅，地形图图廓由经纬线构成。它们都是以 1∶100 万比例尺地形图为基础，按规定的经差和纬差划分图幅，行列数和图幅数成简单的倍数关系。

1. 1∶100 万地形图的分幅与编号　1∶100 万地形图的分幅采用国际 1∶100 万地形图分幅标准，由 180°子午线起算，自西向东经差 6° 为一行（纵），将全球划分为 60 个纵行，依次用阿拉伯数字 1、2、3、…、60 表示，相应的为行号；由赤道起，向北（南）按纬差 4° 划分为一列，至北（南）纬 88° 共划分为 22 列（横），依次用英文字母 A、B、C、…、V 表示，相应的为列号。以两极为中心，以纬度 88° 为界的圆用 Z 表示。

由此可知，一幅 1∶100 万比例尺的地形图，是由纬差 4° 的纬圈和经差 6° 的子午线所围成的梯形，其编号由该图所在的列号与行号组合而成，列号写在前，行号写在后，中间用一短横线隔开，为区别南、北半球的图幅，分别在编号前加 N 或 S。因我国领土全部位于北半球，故省注 N。例如北京所在 1∶100 万图幅编号为：J-50，如图 10-1 所示，五角星所在的位置是北京市所在的图幅。

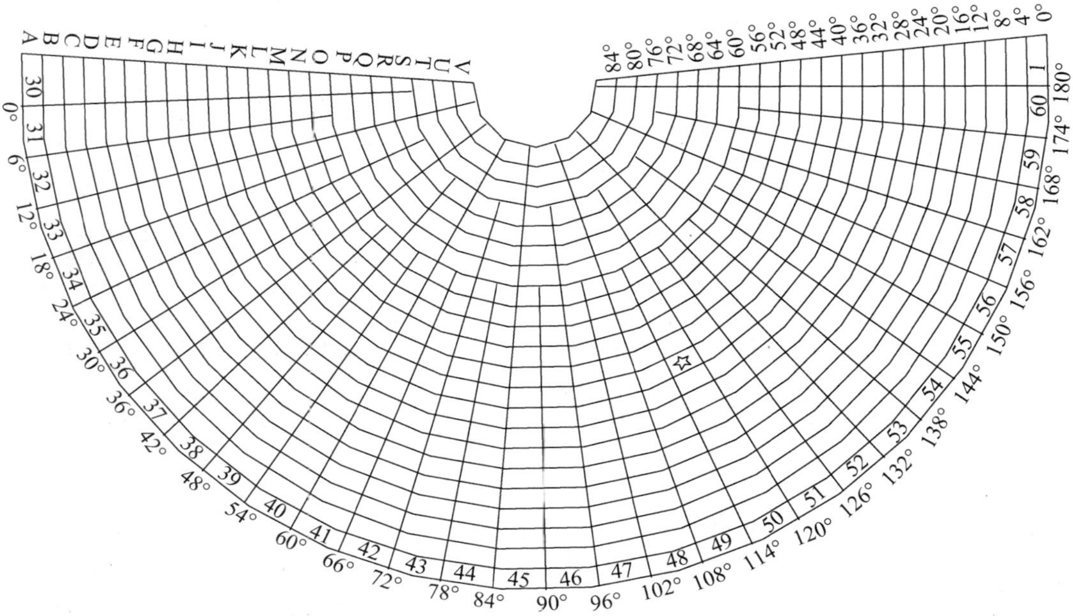

图 10-1　1∶100 万地图的分幅与编号

由于图幅面积随纬度增高而迅速减小，规定在纬度 60°～76° 双幅合并，即每幅图为经差 12°、纬差 4°。在纬度 60°～88° 四幅合并，即每幅图经差 24°、纬差 4°。我国位于北纬 60° 以下，故没有合幅图。

如果知道某地的经度和纬度，欲求所在 1∶100 万图幅的编号，可按下式计算求出其列号和行号。

$$\left.\begin{aligned}\text{列号}&=\frac{\text{纬度}}{4^\circ}(\text{取整商数})+1\\ \text{行号}&=\frac{\text{经度}}{6^\circ}(\text{取整商数})+31\end{aligned}\right\}\qquad(10\text{-}1)$$

2.1∶50 万、1∶25 万、1∶10 万地形图的分幅与编号　这 3 种比例尺地形图的编号都是在 1∶100 万地形图的基础上进行的。

将一幅 1∶100 万地形图分为 2 行 2 列共 4 幅 1∶50 万地形图，经差为 3°，纬差为 2°，分别用 A、B、C、D 来表示。例如某地所在的 1∶50 万比例尺地形图的编号为 J-50-A，如图 10-2 所示。

将一幅 1∶100 万地形图分为 4 行 4 列共 16 幅 1∶25 万地形图，经差为 1°30′，纬差为 1°，分别用[1]、[2]、…、[16]来表示。例如某地所在的 1∶25 万比例尺地形图的编号为 J-50-[2]，如图 10-2 所示。

将一幅 1∶100 万地图划分为 12 行 12 列共 144 幅 1∶10 万地形图，经差为 30′，纬差为 20′，分别用 1、2、3、…、144 来表示。例如某地所在的 1∶10 万比例尺地形图的编号为 J-50-5，如图 10-2 所示。

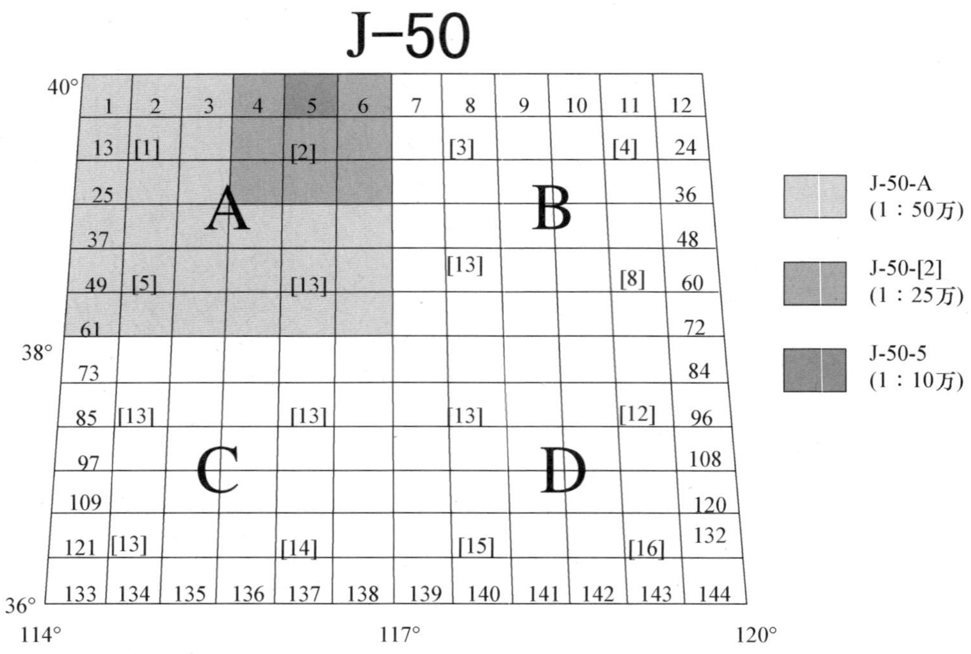

图 10-2　1∶50 万、1∶25 万、1∶10 万比例尺地形图的分幅与编号

3.1∶5 万、1∶2.5 万、1∶1 万地形图的分幅和编号　1∶5 万和 1∶1 万地形图的编号

是在 1∶10 万图号后分别加上自己的代号组成。

将一幅 1∶10 万地形图分成 4 幅 1∶5 万地形图，经差 15′，纬差 10′，分别用 A、B、C、D 表示。例如某地所在的 1∶5 万比例尺地形图的编号为 J-50-5-B，如图 10-3 所示。

将一幅 1∶10 万地形图分成 8 行、8 列、64 幅 1∶1 万地形图，经差为 3′45″，纬差为 2′30″，分别用(1)、(2)、…、(64)表示。例如某地所在的 1∶1 万比例尺地形图的编号为 J-50-5-(24)，如图 10-3 所示。

1∶2.5 万地形图的编号是在 1∶5 万地形图基础上划分为 4 幅，经差为 7′30″、纬差为 5′，分别用 1～4 表示。例如某地所在的 1∶2.5 万比例尺地形图的编号为 J-50-5-B-4，如图 10-3 所示。

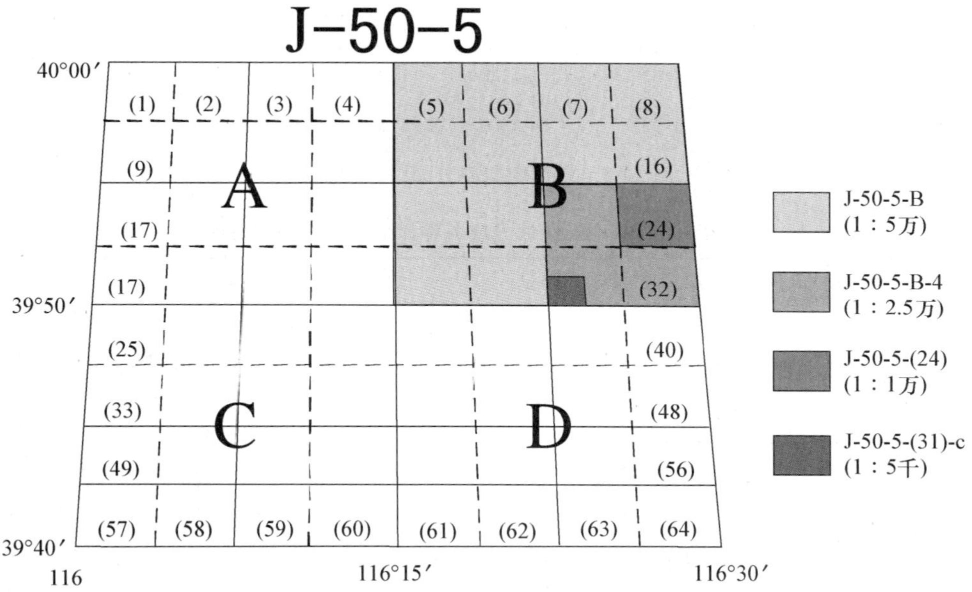

图 10-3　1∶5 万、1∶2.5 万、1∶1 万、1∶5 千比例尺地形图的分幅与编号

4. 1∶5 000 比例尺地形图分幅与编号　1∶5 000 地形图编号是将一幅 1∶1 万地形图划分为 4 幅，经差为 1′52.5″、纬差为 1′15″，分别用 a、b、c、d 表示。例如某地所在 1∶5 000 地形图图幅编号为 J-50-5-(31)-c，如图 10-3 所示。

各种比例尺地形图的图幅划分情况如图 10-4 所示。

5. 现行的国家基本比例尺地形图分幅与编号方法　为了便于计算机管理和检索，国家技术监督局发布了《国家基本比例尺地形图分幅和编号 GB/T 13989—2012》的国家标准。

(1)1∶(5 000～100 万)比例尺地形图分幅与编号。新标准仍以 1∶100 万比例尺地形图为基础，1∶100 万比例尺地形图的分幅经、纬差不变，但由过去的纵行、横列改为横行、纵列，编号由其所在的行号(字符码)与列号(数字码)组合而成，中间不加连字符，例如北京所在 1∶100 万地形图的原图号为 J-50，现改为 J50。其他各种比例尺地形图均以 1∶100 万地形图为基础进行分幅，各种比例尺地形图的分幅情况如表 10-1 所示。

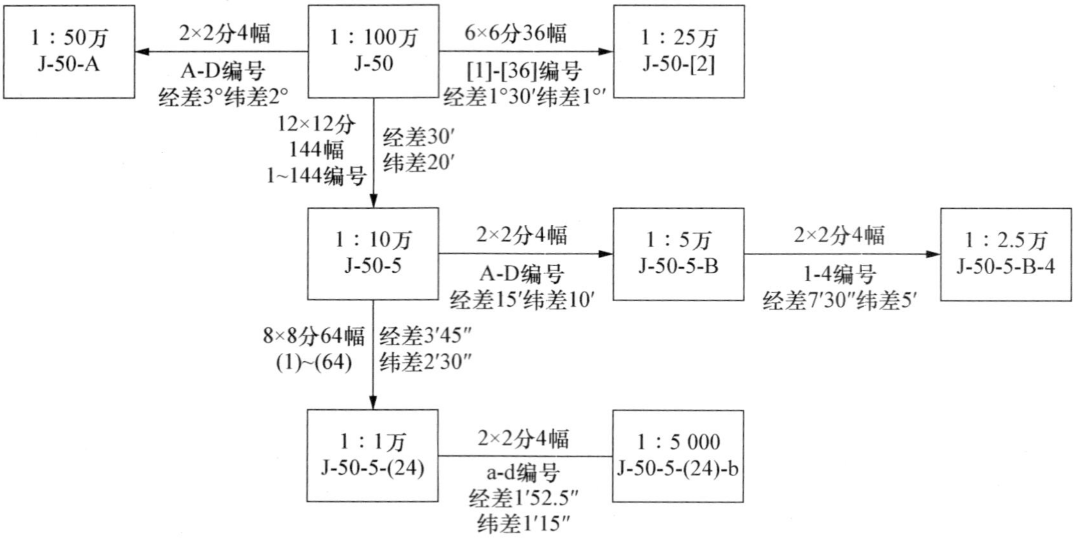

图 10-4　地形图国际分幅法分幅框图

表 10-1　1：100 万地形图划分成各种比例尺地形图的分幅情况

比例尺	1：100 万	1：50 万	1：25 万	1：10 万	1：5 万	1：2.5 万	1：1 万	1：5 000
行列数	1×1	2×2	4×4	12×12	24×24	48×48	96×96	192×192
图幅数	1	4	16	144	576	2 304	9 216	36 864
经差	6°	3°	1°30′	30′	15′	7′30″	3′45″	1′52.5″
纬差	4°	2°	1°	20′	10′	5′	2′30″	1′15″

1：(5 000～50 万)各种比例尺地形图的编号均由五节 10 位代码组成。第一节为 1：100 万地形图行号(字符码)，第二节为 1：100 万地形图列号(数字码)，第三节为地形图比例尺代码(字符 1 位)，第四节为该图幅的行号(数字码 3 位)，第五节为该图幅的列号(数字码 3 位)，共 10 位(表 10-2)。

表 10-2　1：(5 000～50 万)比例尺地形图图号代码构成

字符码 1 位	数字码 2 位	字符码 1 位	数字码 3 位	数字码 3 位
英文 纬行代码	阿拉伯数字 经列代码	英文 比例尺代码	阿拉伯数字 行代码	阿拉伯数字 列代码

例如：北京某地原 1：10 万地形图图幅编号为 J-50-5，现新编号为 J50 D 001005。

各种比例尺代码见表 10-3。

表 10-3　各种比例尺代码表

比例尺	1：50 万	1：25 万	1：10 万	1：5 万	1：2.5 万	1：1 万	1：5 000	1：2 000	1：1 000	1：500
比例尺代码	B	C	D	E	F	G	H	I	J	K

(2)计算图幅编号。已知图幅内某点的经纬度或图幅西南图廓点的经纬度，可按式(10-2)计算 1：100 万比例尺地形图图幅编号。

$$
\left.\begin{aligned} a &= \left[\frac{\varphi}{4^\circ}\right]+1 \\ b &= \left[\frac{\lambda}{6^\circ}\right]+31 \end{aligned}\right\} \tag{10-2}
$$

式中：[ ]表示取整，a 为 1∶100 万比例尺地形图图幅所在纬度带字符码对应的数字码，b 为 1∶100 万的地形图图幅所在经度带的数字码，λ 为图幅内某点的经度或图幅西南图廓点的经度，φ 为图幅内某点的纬度或图幅西南图廓点的纬度。

计算各比例尺相应的行代码见式(10-3)

$$
c=\frac{4^\circ}{\Delta\varphi}\left[\frac{\varphi}{4^\circ}\div\Delta\varphi\right]\text{(不足三位向前补零)} \tag{10-3}
$$

计算各比例尺相应的列代码为

$$
d=\left[\left(\frac{\lambda}{6^\circ}\right)\div\Delta\lambda\right]+1 \quad \text{(不足三位向前补零)} \tag{10-4}
$$

式中：()表示商取余，[ ]表示商取整，c 表示所求比例尺地形图在 1∶100 万比例尺地形图图号后的行号，d 表示所求比例尺地形图在 1∶100 万地形图图号后的列号，λ 表示图幅内某点的经度或图幅西南图廓点的经度，φ 表示图幅内某点的纬度或图幅西南图廓点的纬度，$\Delta\lambda$ 表示所求比例尺地形图分幅的经差，$\Delta\varphi$ 表示所求比例尺地形图分幅的纬差。

例如，某地的经度和纬度为东经 112°48″，北纬 32°54′，求该点所在 1∶25 万图幅上的编号。

$$
\Delta\varphi=1^\circ,\Delta\lambda=1^\circ30'
$$

$$
a=\left[\frac{\varphi}{4^\circ}\right]+1=\left[\frac{32^\circ54'}{4^\circ}\right]+1=9\text{(字符码为 I)}
$$

$$
b=\left[\frac{\lambda}{6^\circ}\right]+31=\left[\frac{112^\circ48'}{6^\circ}\right]+31=49
$$

$$
c=\frac{4^\circ}{\Delta\varphi}-\left[\frac{\varphi}{4^\circ}\div\Delta\varphi\right]=\frac{4^\circ}{1^\circ}-\left[\frac{32^\circ54'}{4^\circ}\div1^\circ\right]=004
$$

$$
d=\left[\left(\frac{\lambda}{6^\circ}\right)\div\Delta\lambda\right]+1=\left[\left(\frac{112^\circ48'}{6^\circ}\right)\div1^\circ30'\right]+1=004
$$

1∶25 万地形图的图号为 I49C004004。

二、矩形分幅法

大比例尺地形图的图幅通常采用矩形分幅，图幅的大小一般为 40 cm×50 cm、40 cm×40 cm、50 cm×50 cm 几种，图幅的图廓线平行于纵、横坐标轴的直角坐标格网线，以整千米或整百米进行分幅，分幅基础为 1∶5 000 比例尺的地形图。图幅的编号按图幅西南角坐标 x 和 y(以 km 为单位)的数字，中间用短线连接。例如，图 10-5 是一幅 1∶5 000 的地形图，图号为 180.0-374.0，其西南角坐标 $x=180.0$ km；$y=374.0$ km，图幅尺寸为 40 cm×40 cm。

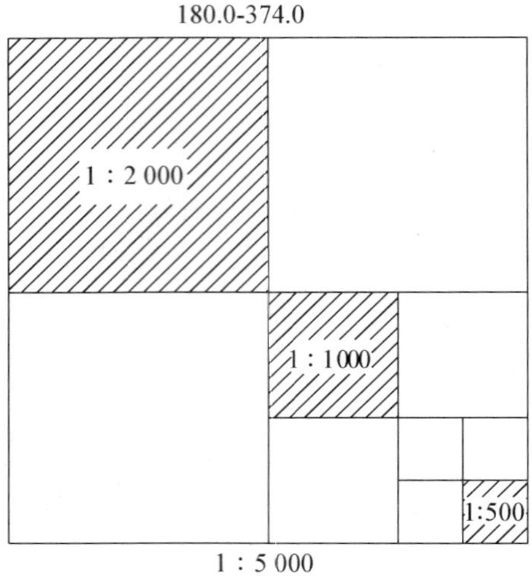

图 10-5　1：5 000 地形图矩形分幅与编号

另一种情况是测区未与国家网联测，采用假定坐标，则分幅与编号可自由进行，如图 10-6 所示，全测区共分为 16 幅图，每幅图编号均标注于图上。

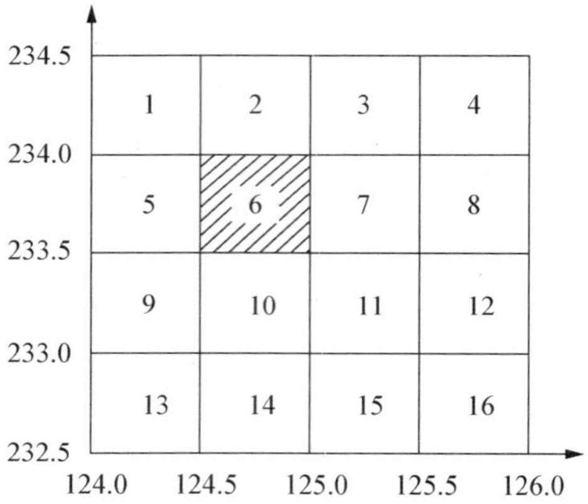

图 10-6　相对坐标系的分幅与编号

第三节　地形图阅读

地形图能反映地表的各种自然和社会经济要素，其基本内容包括：①数学要素，即图的数学基础，如坐标系、高程系、投影方式和比例尺等；②自然地理要素，即地球表面的自然状态，如地貌、水系、植被等；③社会经济要素，即人类活动所形成的变化，如居民地、道路、工业设施、经济文化及行政标志等；④注记和整饰要素，即图上各种说明和注记，如图名、图号、测量单位、测图日期等。

一、地物判读

地物在地形图上是采用地物符号表示的，为了方便地形图的识读，原国家测绘地理信息局统一了地物与地貌符号标准，编制了各种比例尺的《地形图图式》。比例尺不同，地物的大小、符号也不相同。因此，必须首先熟读《地形图图式》。地物判读时要注意区分比例符号和非比例符号，对于非比例符号应注意其定位点、地物的类型；对于比例符号应注意其位置、结构、建筑材料等，充分利用地形图上的注记，了解地物之间、地物与地貌之间的相对逻辑关系。对于室内判读不了的地物，可根据实地的相关位置实地对照判读。

二、地貌判读

地貌在地形图上主要是用等高线表示的，地貌判读根据地形图上的等高线来判明实地的地势形态。因此，必须要熟悉等高线的特性，掌握各种各样典型地貌等高线的形态。在进行地貌判读时，应根据地形图上地性线及典型地貌等高线的表示方法进行判读，根据山脊线找出连绵不断的山脉，根据山谷线找出复杂分布的水系，根据特殊地貌符号了解复杂多变的地形。

地形图的判读，除首先应判明地形图上各种地物符号和地貌符号的含义外，还应注意读图的顺序。一般首先了解图幅内地物、地貌的整体概况，如图内地势形态的基本类型、主要山脉的走向、主要水系的分布、河流的大小及流向、居民点的分布、电力、通信及主要交通情况等。在此基础上，再根据用图的具体要求，对局部内容进行详细观察分析，弄清地物结构、形态、尺寸等相对位置及其有关的地貌变化状态等。在进行地形图判读时，要有整体概念，不能将地物和地貌的判读完全分开，既不能将不同地物孤立判读，也不能将各个山头分开来看，应将图内所有信息综合起来，根据判读信息确定社会经济要素。如根据地形图上的居民点大小、房屋的结构、交通情况、电力及管线情况，可以判断出该地区的经济发展状况。

三、判读举例

图 10-7 是某地区 1∶1 万地形图一部分的缩图，图名为“佟家店”，图号为 K-52-28-(59)。

内外图廓线间格网线上标明其坐标及经、纬度。采用 1954 年北京坐标系，1956 年黄海高程系，等高距为 5 m。该地区为山区小镇，总的地势为东西两面为高山，最高山脉红石山顶有国家三角点，高程为 484.5 m，等高线除首曲线、计曲线外，还有用长虚线表示的间曲线，特殊地貌有陡崖、冲沟等。

图幅内主要村镇为佟家店，占地面积约为 166 698 m^2，镇内道路整齐，固定性、永久性建筑物不少，特殊地物有纪念碑、凉亭、宇宙、宝塔、无线电塔、加油站、气象站等；面状地物有河东水库、沼泽地、水田、旱田、树林、荒草地等。

总体分析，该地区为中等发达的农村村镇，山坡植被较差，交通条件较好，电力条件较差（无高低线通过），清水河两侧有大片的荒草地和沼泽地及村镇附近的山坡，具有开发的潜力。

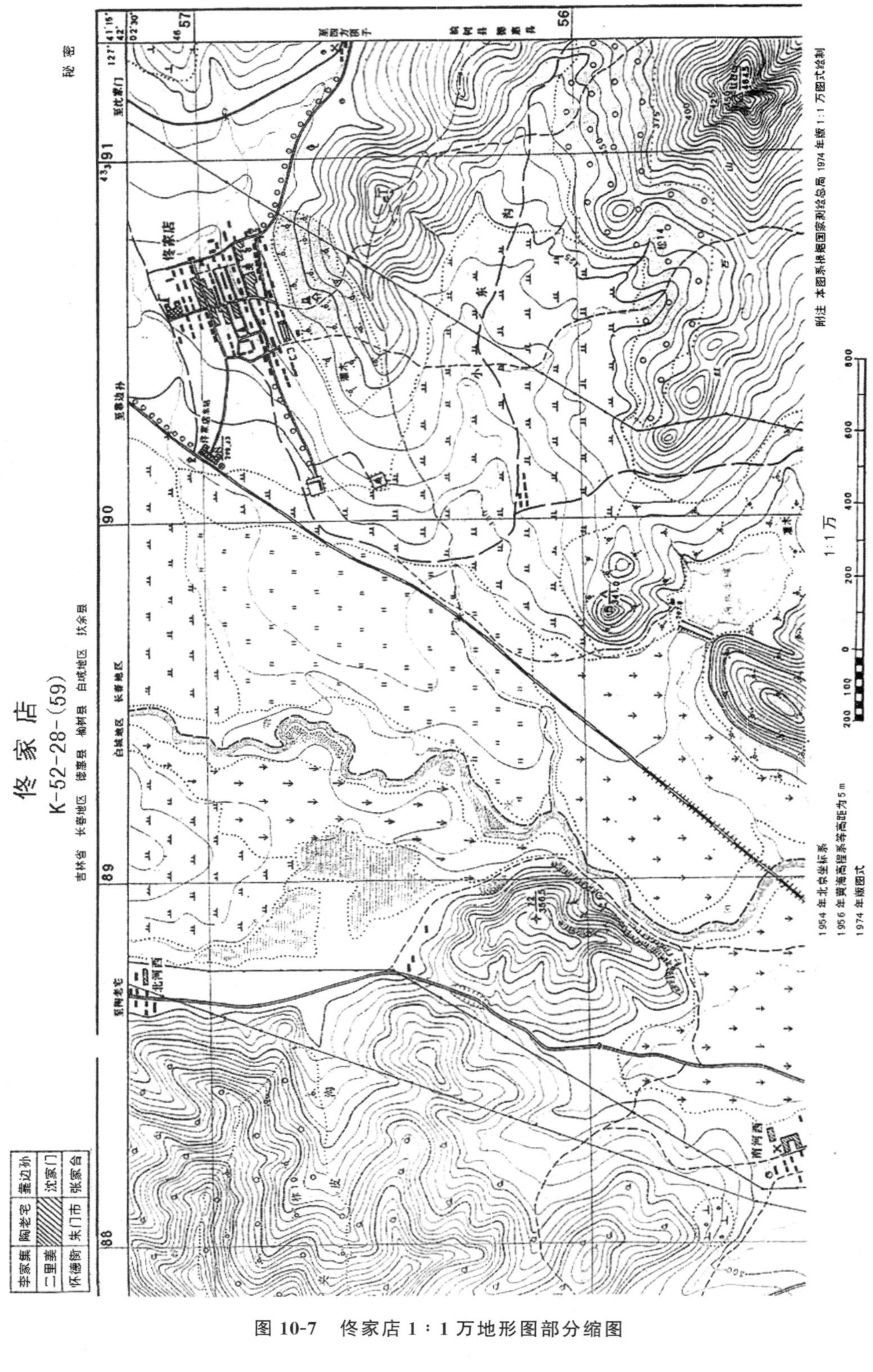

图 10-7 佟家店 1：1 万地形图部分缩图

第四节　地形图的应用

一、在图上量取某点的坐标

在工程规划设计时，常需要在地形图上量取某一设计点的坐标。坐标的量取可根据坐标格网来进行。如图 10-8 所示，欲在图上量取 C 点的坐标，可在 C 点所在的方格，过 C 点分别作平行于 x 轴和 y 轴的直线 ef 和 gh，按地形图比例尺量取 ef 和 gh 的长度，则 C 点坐标值即可确定。

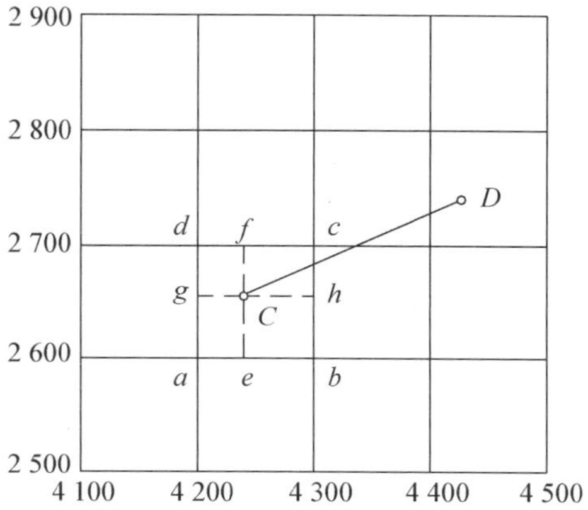

图 10-8　图上量取点的坐标

例如，在图 10-8 中 $Ce=52.3$ m，$Cg=48.6$ m，则 A 点的坐标为

$$X_C=2\,600+52.3=2\,652.3(\text{m})$$
$$Y_C=4\,200+48.6=4\,248.6(\text{m})$$

由于图纸长期保存会出现伸缩变形现象，因此，在量取坐标前应首先检查坐标格网线的长度误差，然后再进行改正计算，即 $ae+eb=ab=10$ cm，$ag+gd=ad=10$ cm，则

$$\left.\begin{aligned} x_C&=x_a+\frac{ag}{ag+gd}\cdot 10\cdot M\\ y_C&=y_a+\frac{ae}{ae+eb}\cdot 10\cdot M\end{aligned}\right\}\qquad(10\text{-}5)$$

式中：M 为地形图比例尺分母。

二、在图上量取某点的高程

可以利用等高线在地形图上确定某点的高程，若该点正好在等高线上，则该点高程与所在的等高线高程相同，如图 10-9 中的 C 点高程 $H_C=64$ m；若点位于两条等高线之间，则需要过该点作一条与相邻两条等高线相互垂直的线段，再根据高差与平距成正比的关系计算

出该点的高程，如图10-9中的D点，过D点作64 m、65 m等高线的垂线，分别交于c、d两点，量取cD和Dd的长度，按式(10-6)计算D点高程

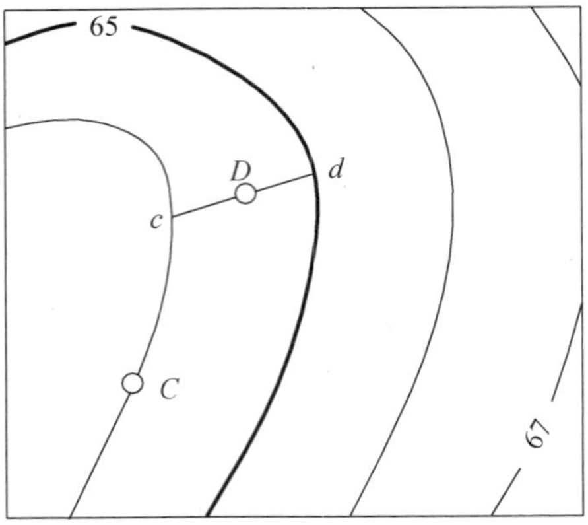

图10-9　图上确定点的高程

$$H_D = H_C + \frac{cD}{cD + Dd} \cdot h \tag{10-6}$$

式中：h为基本等高距。

例如，量得$cD=1.6$ cm，$Dd=0.9$ cm，基本等高距$h=1$ m，则

$$H_D = 64 + \frac{1.6}{1.6+0.9} \times 1 = 64.64 \text{(m)}$$

三、在图上量测两点间的距离

在地形图上确定某一线段的长度，最常见的有2种情况：一种为直线长度，另一种为曲线长度，现分别叙述如下。

1. 直线长度的量测

(1)图解法。在地形图上量测两点之间的水平距离，采用直尺在地形图上量得两点间的直线长度，将量得结果乘以相应的比例尺分母，可得到实地距离。例如，实地两点间水平距离为：$D=46.33$ mm×10 000=463 300 mm=463.3 m。

为了减少因图纸伸缩变形引起的误差，也可利用图示比例尺量取，用两脚规在图上量取两点间距离，在图示比例尺直接读出与之对应的实地距离。

(2)解析法。若两点相距较远或两点不在同一幅地形图上，此时可分别求出两点的平面直角坐标，然后按坐标反算公式计算出两点间的距离，即

$$D_{AB} = \sqrt{(x_B - x_A)^2 + (y_B - y_A)^2} \tag{10-7}$$

2. 曲线距离量测　在地形图上量取曲线长度(如河流、道路等)。最简便的方法是用线绳沿待量的曲线，使其严格密合，并做好始、末两端标记，然后将线绳拉直在比例尺上量测。

四、在地形图上确定某一直线的方向

在地形图上确定某一条直线的方向，主要是确定该直线的坐标方位角。

1. 图解法　如图 10-10 所示，欲求线段 CD 的方向，可用量角器在图上直接量取其坐标方位角，若 C、D 两点在同一幅图内，可通过 C、D 两点连一条直线(若 C、D 两点在同一方格内，可延长直线到格网线)。然后用量角器量取，若坐标方位角小于 180°，将量角器置于坐标纵线的右方，圆心对准 CD 直线与纵线的交点，零度分划线朝北，且与坐标纵线垂合，根据两点连线通过量角器边缘的分划，即可读出其坐标方位角。当坐标方位角大于 180°时，应将量角器置于坐标纵线的左侧，量角器零分划线朝南读出角值，并加上 180°即可。

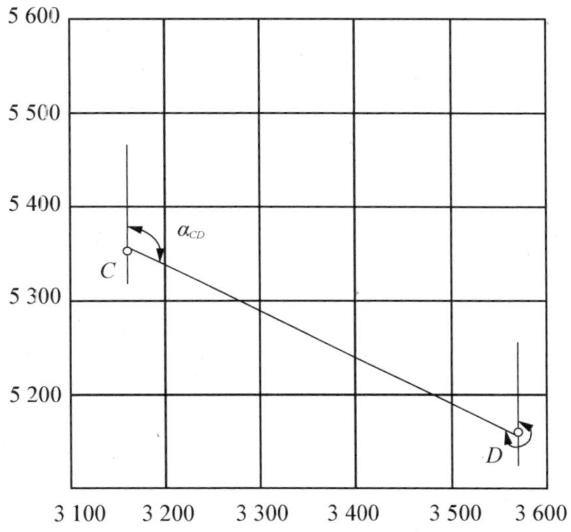

图 10-10　图上量测坐标方位角

2. 解析法　当 C、D 两点不在同一幅地形图内时，可按前述方法分别求出 C、D 两点的平面直角坐标，然后按坐标反算公式求出该直线 CD 的坐标方位角

$$\alpha_{CD}=\arctan\frac{y_D-y_C}{x_D-x_C} \tag{10-8}$$

利用式(10-8)计算直线 CD 坐标方位角时，应根据直线 CD 所在的象限来确定方位角的最后角值。

五、在图上确定两点间的坡度

在地形图上确定两点间的坡度，是根据两点间的高差和平距的比值求得。如图 10-11 所示，在比例尺为 1∶5 万的地形图上求 A、B 两点间地面坡度。首先根据前述方法求出 A、B 两点高程 H_A、H_B，然后，量得 A、B 两点间直线长度(也可以量图上长度 d_{AB})则地面坡度 i 为

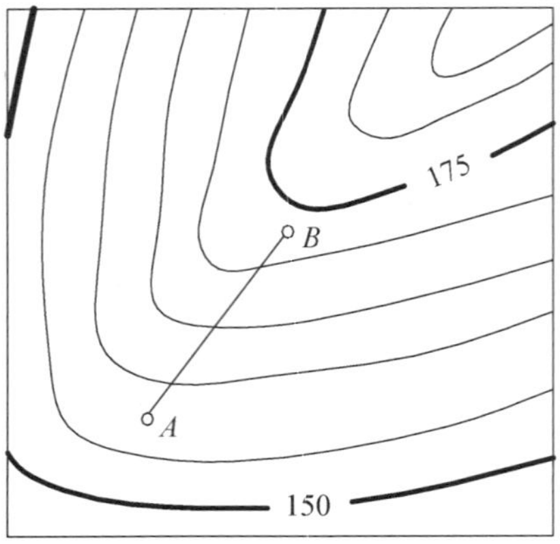

图 10-11　图上求 A、B 两点间的坡度

$$i=\frac{h}{D}=\frac{h}{d_{AB}\cdot M} \tag{10-9}$$

式中：d_{AB} 为图上直线长度，h 为直线两端点间的高差，D 为该直线实地水平距离，M 为比例尺分母。坡度 i 一般用百分比（%）或千分率（‰）表示，上坡为正，下坡为负。

图 10-11 中，$H_A=157.5$ m，$H_B=172.6$ m，$d_{AB}=1.9$ cm，则

$$i=\frac{h}{dM}=\frac{(172.6-157.5)\times 100}{1.9\times 50\,000}=\frac{1}{62.9}=1.69\%$$

以上计算仅为 A、B 两点间地面平均坡度，其精度取决于图纸精度及高差和平距的量测精度。

六、地形图的实地对照应用

在工程建设中，常需要持图纸到实地进行判读，根据实际地形与图纸上对照进行规划、设计及施工放样等工作。地形图在野外应用中，最重要的是首先使图纸的方向与实地方向相一致，然后根据图纸上与实地相关的建筑物的位置来确定需定点的位置。

1. 地形图实地定向方法　地形图定向，就是使图纸方向与实地方向一致，以便在图纸上准确地判读出实际地物，或确定图上点的位置。地形图实地定向方法有以下几种。

（1）方位点定向。首先将图纸按上北、下南、左西、右东与实地方向大致一致放正。然后根据实地的独立地物，如烟囱、水塔、电杆或独立树等作为目标点，根据站立点附近的房屋、道路或河流的交叉点作为测站点，将图纸置于测站点上，并在图纸上找出对应的目标点与测站点，则图纸方位就可以确定。

（2）罗盘定向。在地形图实地对照判读时，若位于地物稀少的山区或森林地区，没有特征地物可参照时，可采用罗盘定向。定向时，将长盒罗盘的边缘对准磁子午线方向，置平并转动图纸，使磁针与零分划线相重合即可。使用罗盘定向时，应注意磁针附近不可有铁器，也不能位于铁矿区或高压线附近。

（3）线状地物定向。利用图纸上的线状地物，如公路、铁路、电力线、河流、堤坝等直线部分，按其特征点（转折点、交叉点）在实地找出其位置，图的线状地物上放准三棱尺，转动图

纸，使得三棱尺的上棱边与实际线状地物方向一致即可。

2.在地形图上确定地面点位的方法　地形图一般要定期更新或修改，如何将新增地物点在图纸上确定下来，经常使用的方法有以下2种。

(1)极坐标法。是利用图纸上的特征地物的位置与方向确定待定点的一种方法。如图10-12所示，房屋长边延长线上确定C点的位置，并按地形图的比例尺，在图上标出C点，将仪器安置在C点以远处房角D点定向，采用极坐标法，即可测定待定点P的位置。

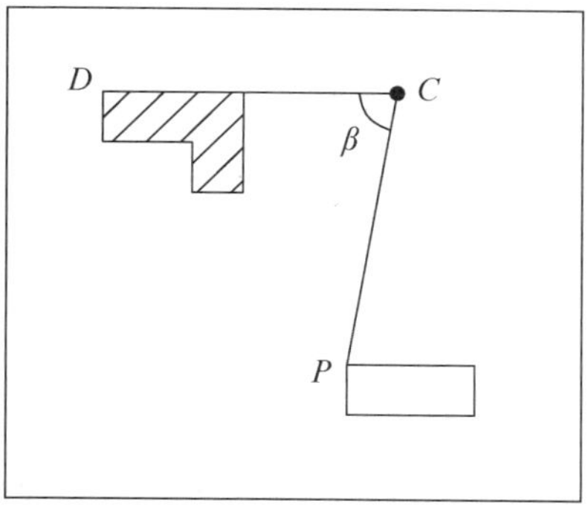

图10-12　极坐标法确定地面点位置

(2)距离交会法。根据2个以上明显特征到待定点的距离，在图上交会出点位。如图10-13所示，先在实地量出待定点P与房角C点和路口交叉点D的距离，如$D_{CP}=35.3$ m，$D_{DP}=37.7$ m。然后用两脚规在与图纸相同的比例尺上量取相同距离，分别以C、D为圆心划弧，两弧交点即为待定点P的位置。

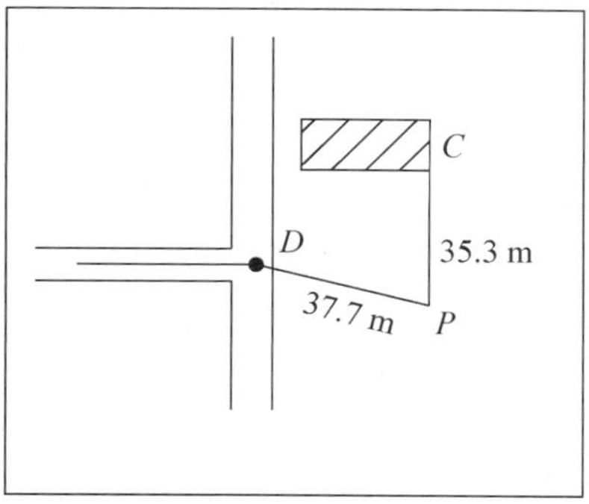

图10-13　距离交会法确定地面点位置

七、地形图在水利工程中的应用

1.利用地图绘制某一方向线的断面图　在道路、管线、渠道等线路工程的规划设计中，为了进行设计方案的比较，常需要合理地选择线路的纵坡，进行土方量和工程量的概预算等。利用大比例尺地形图上绘制工程方向线的断面图，可以迅速、准确地做出正确的选择。

如图10-14所示，绘制直线AB方向的纵断面图时，首先在地形图上绘出直线AB，并标出直线AB与各等高线的交点1、2、…点。然后在另一张纸上(或方格纸)绘制坐标轴横轴代表水平距离，纵轴代表高程。为了能充分地反映出地面高程的变化，两轴比例尺可不相同。横轴比例尺可与图纸比例尺相同，纵横比例尺可根据情况扩大 5～10 倍。横轴自 A 点开始，将图上 AB 方向线与等高线各交点间的平距依次展绘到横轴上，得到 1、2、…、B 点的位置。通过这些点作横轴的垂线，并根据各交点的高程在垂线上截取地面点的位置，将各地面点用圆滑的曲线连接起来，就得到了 AB 方向的线断面图。

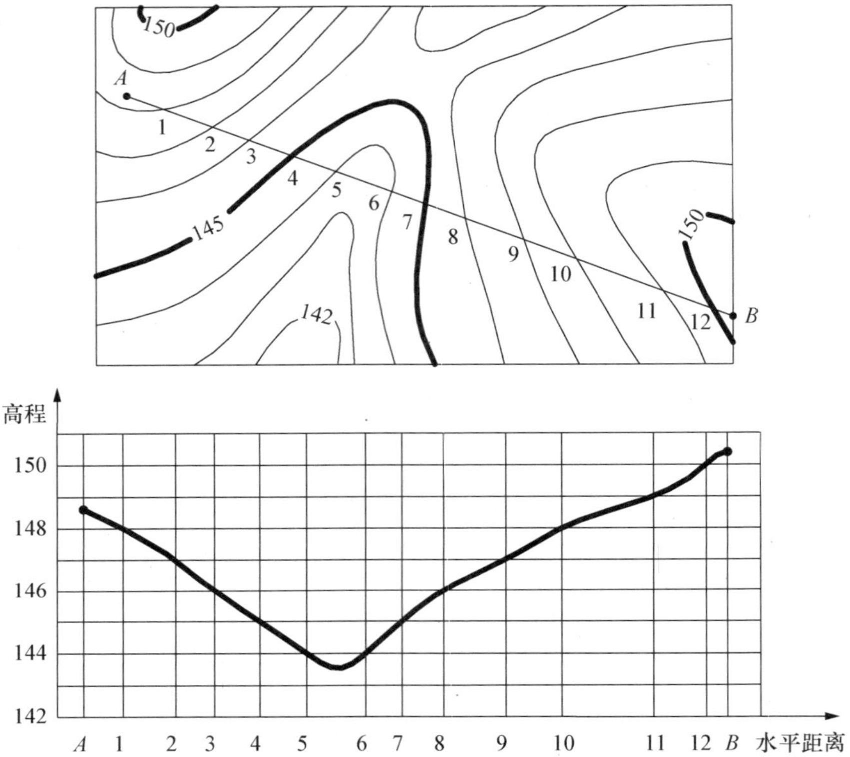

图 10-14　绘制纵断面图

2. 在地形图上确定汇水面积　在水利工程规划设计时，常需要知道某一建筑物上游的流域面积，即建筑物上游分水线所围成的面积，称为汇水面积。如图 10-15 所示，图中 AB 是坝址位置，坝址上游虚线所包含的部分就是汇水面积。确定汇水面积时，应首先勾绘分水线，分水线的勾绘应注意以下几点。

①分水线应通过山谷、山顶及鞍部的最高点。

②分水线与等高线正交。

③分水线是一条闭合的环线，自建筑物的一端开始，最后应回到建筑物的另一端点。

3. 在地形图上计算水库库容　在进行水库设计时，如果大坝溢洪高程已定，就可以确定正常水位以下淹没面积，如图 10-15 中的阴影部分，淹没面积以下的蓄水量即为水库的库容。

水库库容的计算一般采用等高线法。首先根据地形图求出正常水位以下各条等高线和大坝断面所围成图形的面积（面积的量算详见第五节），然后计算出相邻两条等高线之间的体积，各体积的总和即为库容。

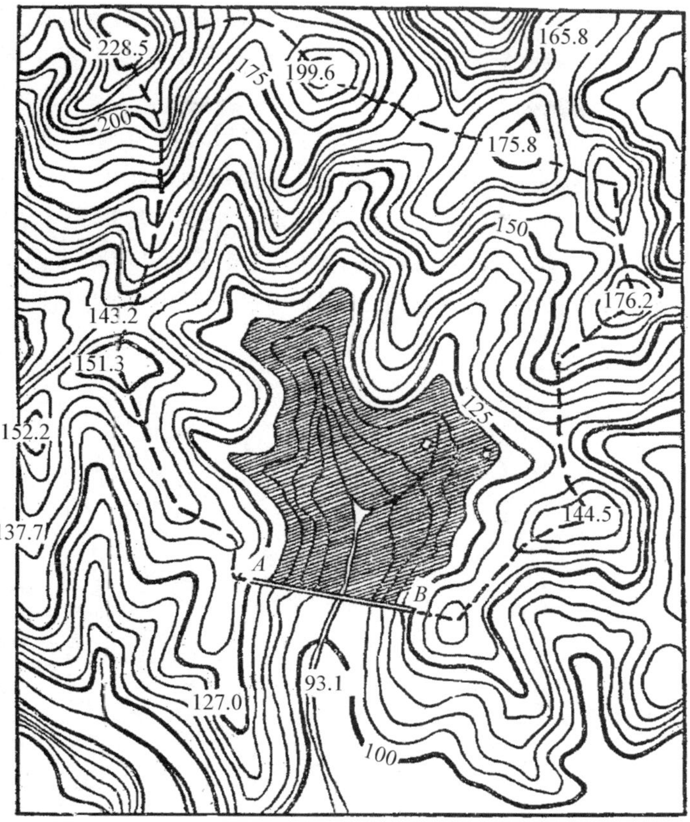

图 10-15　确定汇水面积

设 S_1 为正常水位所围成的面积，S_2、S_3、…、S_n 为淹没线以下各等高线所围成的面积。相邻两条等高线之间库容计算公式如下。

$$\left.\begin{aligned} V_1 &= \frac{1}{2}(S_1+S_2)\cdot h \\ V_2 &= \frac{1}{2}(S_2+S_3)\cdot h \\ &\vdots \\ V_{n-1} &= \frac{1}{2}(S_{n-1}+S_n)\cdot h \\ V_n &= \frac{1}{3}S_n\cdot h' \qquad \text{（库底库容）} \end{aligned}\right\} \tag{10-10}$$

式中：h 为等高距；h'为最低一条等高线的高程与库底高程之差。

水库库容为

$$\begin{aligned} V &= V_1+V_2+\cdots+V_n \\ &= \left(\frac{1}{2}S_1+S_2+\cdots+\frac{1}{2}S_n\right)\cdot h+\frac{1}{3}S_n\cdot h' \end{aligned} \tag{10-11}$$

如果溢洪道顶高程不等于某条等高线的高程，则需根据溢洪道高程用内插法求出水库淹没线，然后再计算库容。若水库淹没线与其下一条等高线高差不等于高距，则 V_1 计算公式中应做相应的变动。

4. 在地形图上确定土坝坡脚线　土坝坡脚线是指坝坡面与地面的交线，在地形图上可以用图解法确定坡脚线的位置。如图 10-16 所示，根据坝轴线及坝顶宽，可在图上确定坝顶位置。图 10-16 中坝顶高程为 200 m，顶宽为 5 m，迎水坡设计坡度为 1 : 3，背水坡设计坡度为 1 : 2。然后根据前、后坝顶线及迎水面与背水面的坡度作出与地形图上等高距相同的坝坡面等高线，求出坝坡面等高线与地形图上高程相等的等高线的交点，将此交点用曲线连接起来，就是土坝的坡脚线。

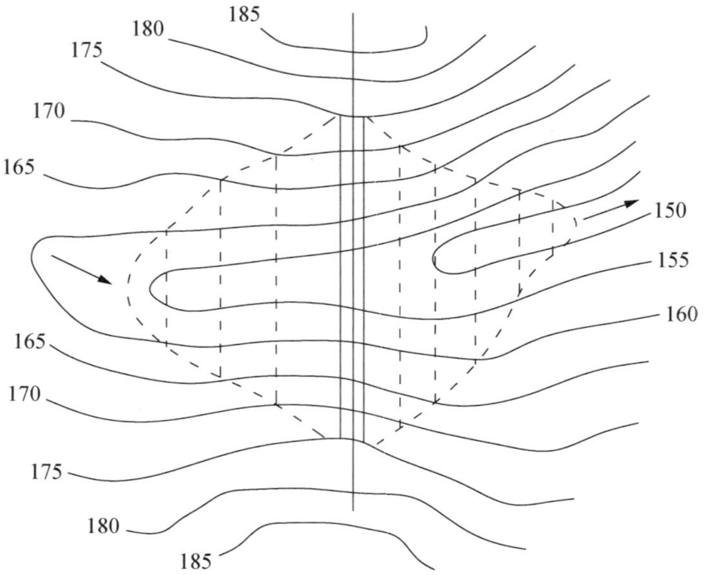

图 10-16　土坝坡脚线的确定

第五节　图形面积的量算

在图上量算面积是地形图应用的一项重要内容。量算面积的方法较多，有图解法、透明方格纸法、几何图形法、求积仪法、网点法、坐标解析法等。这里仅介绍图解法(精度较低)、透明方格纸法和求积仪法。

一、图解法

对于规则几何图形可采用此法。

1. 几何图解法　此法是将规则的多边形分解成若干个三角形或长方形，如图 10-17(a)所示，将六边形化分为 4 个三角形和 2 个长方形，则图形面积为

$$S=S_1+S_2+\cdots+S_6 \tag{10-12}$$

用与图纸相同的比例尺，分别量测三角形和梯形的各边边长，分别按三角形和梯形面积计算公式，求出各部分的面积，则总面积可由式(10-12)求得。

2.坐标图解法　此法是直接量测各转折点的坐标值，见图 10-17(b)，然后按式(10-13)计算图形面积

$$\left.\begin{aligned} S&=\frac{1}{2}\sum_{i=1}^{n}(x_i+x_{i+1})\cdot(y_{i+1}-y_i) \\ S&=\frac{1}{2}\sum_{i=1}^{n}(y_i+y_{i+1})\cdot(x_{i+1}-x_i) \end{aligned}\right\} \tag{10-13}$$

式中：n 为多边形边数，可用式(10-12)和式(10-13)算出的结果互作计算校核。

在图 10-17(b)中五边形的面积为

$$\begin{aligned} S_{12345}&=S_{122'1'}+S_{233'2'}-S_{344'3'}-S_{455'4'}-S_{511'5'} \\ &=\frac{1}{2}(x_1+x_2)\cdot(y_2-y_1)+\frac{1}{2}(x_2+x_3)\cdot(y_3-y_2)+\frac{1}{2}(x_3+x_4)\cdot(y_4-y_3) \\ &\quad+\frac{1}{2}(x_4+x_5)\cdot(y_5-y_4)+\frac{1}{2}(x_1+x_5)\cdot(y_1-y_5) \end{aligned}$$

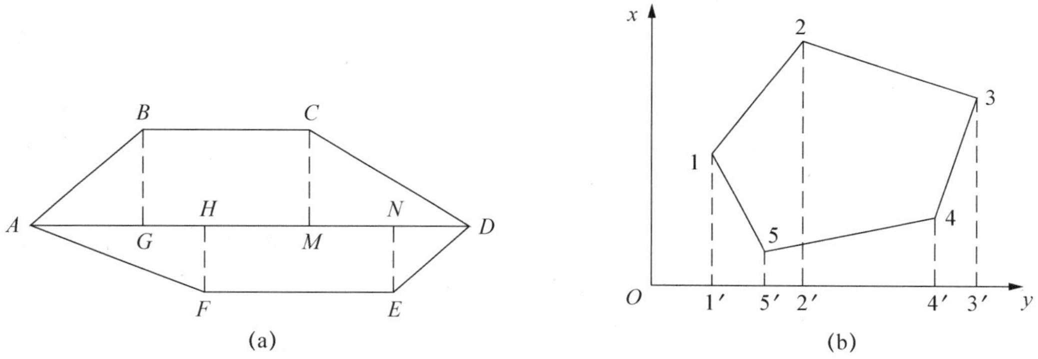

图 10-17　图解法量测面积

二、透明方格纸法

对于不规则的图形常采用此法。将一张绘有单位面积的标准的透明方格纸蒙放在待测图形上，如图 10-18 所示。数出曲线内的整方格数 N，再估读出边缘上不足一格合并成一格的数 N'，两者之和即为该图形的图上面积。设每个方格的面积为 a(当为毫米方格时，$a=1\ \text{mm}^2$)，则图形的实地面积按式(10-14)计算

$$S=(N+N')\cdot aM^2 \tag{10-14}$$

式中：M 为比例尺分母，计算时应注意 a 的单位。

例 10－1：图 10-18 是 1∶1 000 比例尺地形图上某一池塘边界线，求该池塘的实地面积。

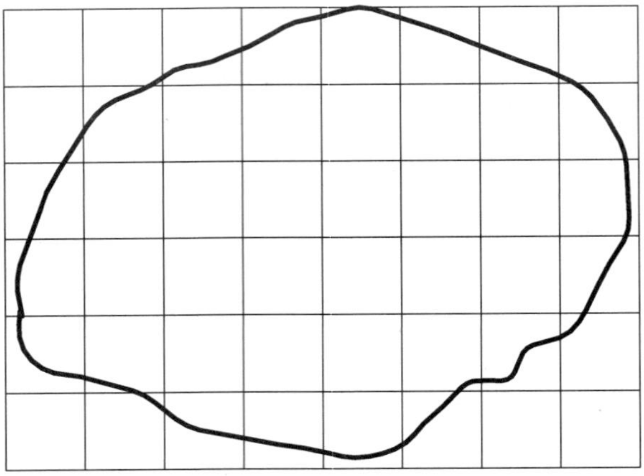

图 10-18　透明方格纸法求面积

解:将 1 cm×1 cm 的透明方格纸蒙在图形上,查得:$N=20$,$N'=11.8$,则

$$S=(N+N')\times aM^2=(20+11.8)\times 10^{-4}\times 1\,000^2=3\,180(\mathrm{m}^2)$$

三、求积仪法

求积仪有机械求积仪和电子求积仪两种,都是在地形图上沿着面状轮廓描绘而求得图形的面积,其构造和原理基本相同。

1. 电子求积仪　电子求积仪一般采用微型编码器作为检测元件,将检测的模拟量转换成电信号,经专用的电子计算器运算后,直接由 8 位液晶显示器显示出实地面积。

图 10-19(a)为定极式求积仪(KP-80N),是日本测机舍生产的 KP-N 系列产品,若基极在图形内,一次可测量直径 800 mm 的范围;若基极在图形外,一次可测量直径 300 mm 的范围。图 10-19(b)为动极式求积仪,在动极运动方向上测量范围没有限制,而在垂直于动极运动方向上,其最大测量幅度为 325 mm。

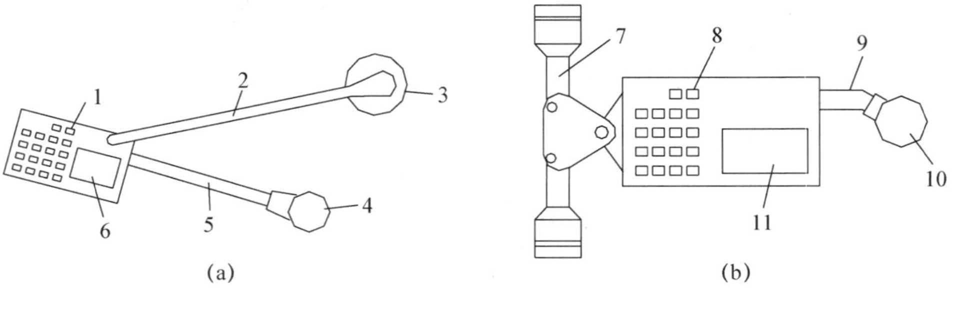

1. 功能键　2. 极臂　3. 极锤　4,10. 描迹放大镜　5,9. 航臂
6,11. 显示窗　7. 动极轴　8. 功能键

图 10-19　KP-N 系列电子求积仪

2. 面积测量方法　图 10-20 为 KP-90N 操作面板,各功能键说明如下。

ON、OFF 为电源开关键;0～9 为数字键;START 为启动键;HOLD 为锁定键;MEMO

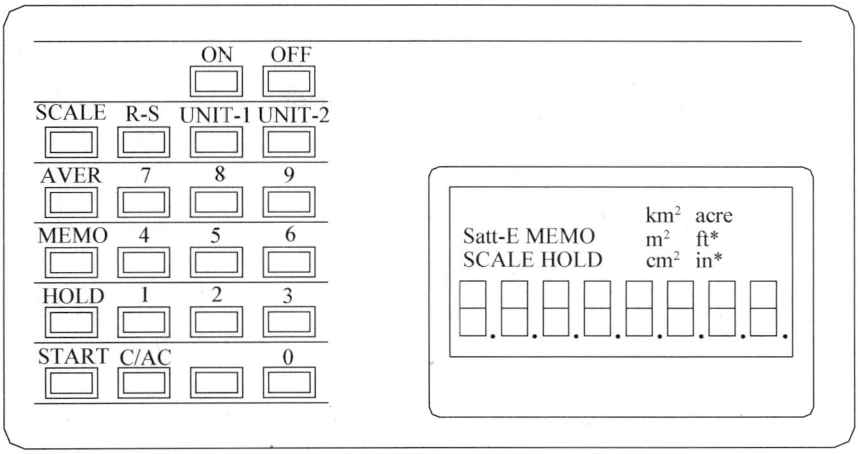

图 10-20 KP-90N 的操作面板

为存储键；AVER 为平均键、测量结束键；UNIT-1 为单位键 1；UNIT-2 为单位键 2；SCALE 为比例尺键；R-S 为比例尺确认键；C/AC 为清除键。

测量面积时，首先将图纸展平固定在图板上，将描迹放大镜放在待测图形中央，并使航臂与动极轴成 90°(图 10-21)，然后拿着描迹放大镜沿图形外轮廓线转动 1～2 圈检查移动是否平滑，如出现转动不灵活，可调整动极轴(或极锤)位置，以期平滑转动，然后按下列步骤操作。

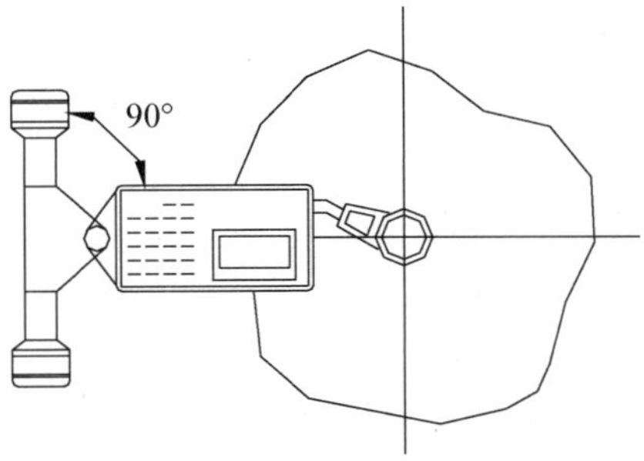

图 10-21 求积仪的准备示意图

①开机。按 ON 键，显示窗显示出 O。

②面积单位的设置。按 UNIT-1 键、UNIT-2 键可直接显示所需单位(米制、英制、日制)。

③比例尺设置。若图纸比例尺为 1∶M，则用数字键设定 M 值后，按 SCALE 键，若纵横比例尺不相同，例如：横向为 1∶X，纵向为 1∶Y，则应先设定 X 值后，按 SCALE 键；再设定 Y 值后，按 SCALE 键，然后再重新设定。

④面积测量。在待测图形边界上任选一点，作为起始点，并将描迹放大镜中心点与该点重合，按下 START 键，蜂鸣器发出音响，显示窗显示 O。然后拿着描迹放大镜，使其中心点准确地沿着图形的边界线顺时针方向匀速移动，一直回到起始点，按 AVER 键，显示数值便是所测图形面积。

⑤累加测量。利用 HOLD 键可以进行 2 个以上图形的累加。首先前述方法测量完第一个图形后，按 HOLD 键，进行面积值锁定并存储，然后将仪器移到第二个图形后，再按

HOLD 键解除锁定，测量第二个图形，如此进行下去。最后按 AVER 键或 MEMO 键显示累加面积。

⑥重复测量。为提高面积量测精度，对同一面积进行重复测量(10 次以内)，每次测量结束后按 MEMO 键，显示测量结果，最后按 AVER，则显示出几次量测的平均值。

3. 电子求积仪使用注意事项及量测精度

(1)电子求积仪在图上可量测各种形状的图形，而且量测速度快，操作方便。使用时应注意以下几点。

①量测时，台面与图纸应平整、光滑，不能有皱褶或异物，以免影响测轮的正常转动。

②描迹时，拉力要均匀，描迹放大镜中心点应严格沿图形轮廓线动行，观察时眼睛应下正视，不可下压放大镜。

③定极式求积仪最好采用极左(显示器位于极锤、描迹放大镜连线的左侧)，极右(显示器位于极锤、描迹放大镜连线的右侧)进行测量，以清除仪器误差。同时应注意极点位置的选择，应使极臂与航臂之间夹角保持在 60°～120°，最差也应为 30°～150°。

④若图上面积小于 5 mm^2，不宜采用电子求积仪量测。若图形面积过大，可将图形分割，然后分别测定。

⑤若图纸因长期保存出现伸缩现象，可调整图纸的比例尺。例如原图比例尺为 1∶1 000，经检测图纸线膨胀率为 0.005，则比例尺可设置为 1∶(1 000/1.005)。

(2)量测精度。电子求积仪在图上量测面积的精度，受到多种因素的影响，如台面是否平滑、图纸是否有皱褶、测轮轴与航臂交角的大小、运转是否自由、描迹过程中放大镜的中心点是否沿图形轮廓行走等，另外还有仪器本身的误差、最小读数取舍误差等。实验数据经回归分析后，求积仪量测面积的精度可按下面的经验公式[式(10-15)]来计算

$$m_p = 0.018\,0 + 0.020\,6\sqrt{p} \tag{10-15}$$

式中：m_p 为面积量测中误差；p 为图上面积，单位为 cm^2。

第六节 地形图在场地平整中的应用

在建筑工程、水利工程、道路建设以及矿山地面工程中，需要进行土地平整工作。在地形图上，或在数字地面模型上进行平整工作，估算土石方工程量是比较方便而经济的。大多数工程要求将地面平整为水平面，并且挖方和填方工程量要求平衡。利用地形图平整场地常用方格法。方格的大小应根据地形变化情况和施工方法不同来确定，一般人工施工多采用 10 m×10 m、20 m×20 m 的方格，机械施工采用 50 m×50 m 的方格。

一、方格网绘制

在地形图上画出方格。方格的边长取决于地形的复杂程度和土方的估算精度，一般为 10 m 或 20 m。根据等高线采用内插或目估法求出各方格点的高程，并注记于各方格右上角，如图 10-22 所示。

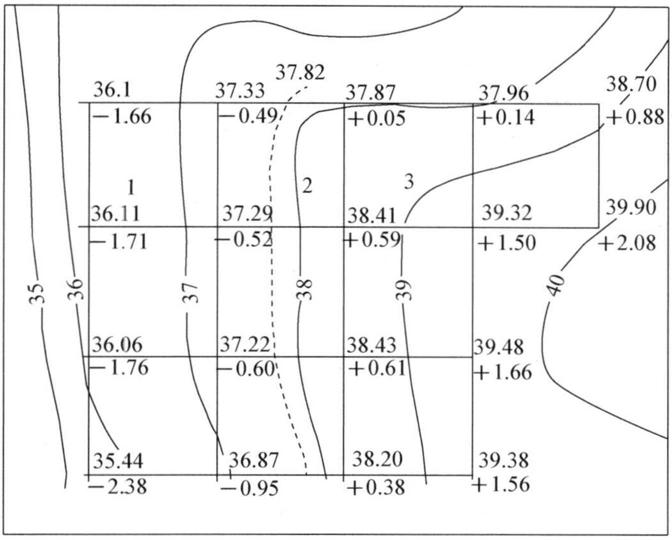

1 : 1 000

图 10-22　方格法估算土方量

二、设计高程计算

应根据工程的具体要求确定设计高程，设计高程计算公式为

$$H_0=\frac{1}{4n}\left(\sum H_{角}+2\sum H_{边}+3\sum H_{拐}+4\sum H_{中}\right) \tag{10-16}$$

式中：n 为该地段方格的总数；$\sum H_{角}$ 为各角点高程总和；$\sum H_{边}$ 为各边点高程总和；$\sum H_{拐}$ 为各拐点高程总和；$\sum H_{中}$ 为各中点高程总和；H_0 为设计高程。

如图 10-22 所示，将各顶点高程代入式(10-16)，求得设计高程为 37.82 m。在地形图上内插绘出 37.82 m 等高线(图中虚线)，即为不填不挖施工零线。

三、填、挖高度计算

方格顶点挖、填高度是根据方格地面高程和设计高程之差来决定的，即

$$h_i=H_i-H_0 \tag{10-17}$$

式中：h_i 为挖、填高度；H_i 为地面高程。

计算结果 h_i 若为正值，表示该顶点为挖高；若 h_i 为负值，表示该顶点为填深。

四、填、挖土方量计算

各方格内的挖、填土方量应分别单独计算，计算公式如下

$$V_i=\frac{\sum h_{角}}{4}\cdot S_i \tag{10-18}$$

式中：$\sum h_{角}$是方格四角挖、填总和；S_i 是该方格面积。

若方格四角有挖、有填，则应根据施工零线分别计算挖、填土方量。

从图 10-22 可以看出，有的方格都为填方或挖方，有的方格既有填方又有挖方，因此要分别进行计算。对于都为挖方或都为填方的方格，如方格 1 都为填方，则

$$V_{1填}=\frac{1}{4}\times(-1.66-0.49-1.71-0.52)A_{1填}=\frac{1}{4}\times(-4.38)\times20\times20=-438.0(m^3)$$

对于既有填方又有挖方的方格，如方格 2，则

$$V_{2填}=\frac{1}{4}\times(0+0-0.49-0.53)A_{2填}=\frac{1}{4}\times(-1.02)\times20\times\frac{1}{2}\times(11+9)=-51.0(m^3)$$

$$V_{2挖}=\frac{1}{4}\times(0+0+0.05+0.59)A_{2填}=\frac{1}{4}\times(0.64)\times20\times\frac{1}{2}(11+9)=32.0(m^3)$$

填、挖区的面积 $A_{i填}$、$A_{i挖}$ 可在地形图上量取。

根据各方格填、挖方量，即可求得场地平整的总填、挖方量。

本例中，$V_{填}=\sum V_{i填}=1\,665.7\ m^3$，$V_{挖}=\sum V_{i挖}=1\,679.6\ m^3$，填、挖方总量基本平衡。

复习题

1. 地形图阅读注意事项有哪些？

2. 地形图的分幅与编号方法有几种？各适用于哪些比例尺的地形图？

3. 设某地的地理坐标为东经 123°53′29″，北纬 40°10′29″，试求该地 1∶1 万比例尺地形图图号与新图号。

4. 在地形图上量算图形面积的方法有几种？各有什么优缺点？

5. 图 10-23 为 1∶1 000 比例尺地形图，请在图上完成以下量算工作：

(1)求 A、B 两点坐标；

(2)求直线 AB 的方位角及两点间的距离；

(3)求 A、B 两点的高程及地面坡度；

(4)绘制 AB 方向线的纵断面图。

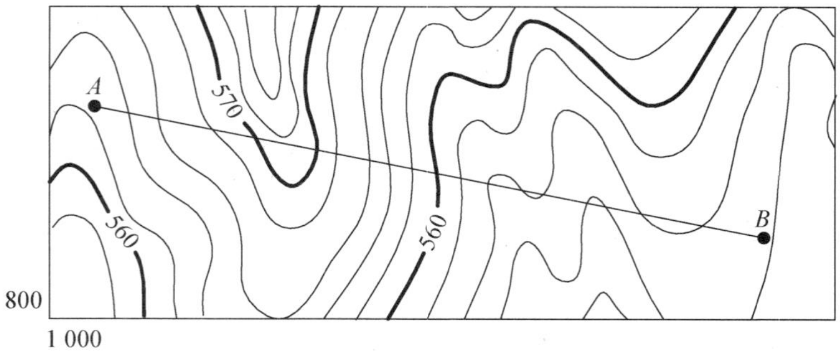

图 10-23　习题 5 地形图

6. 在已给定的地形图 10-24 上完成下列作业：

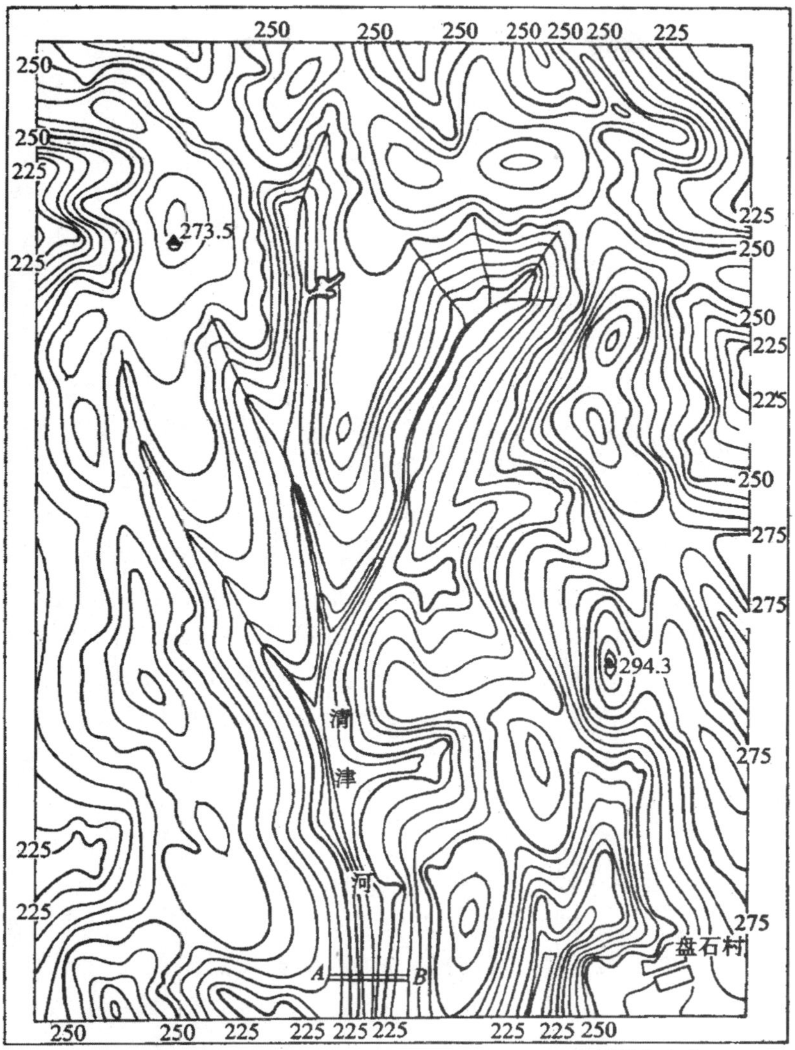

图 10-24　习题 6 地形图

(1)用虚线画出大坝 AB 以上的汇水面积边界线；

(2)设溢洪道高程为 235 m，在图上用红笔画出水库淹没范围；

(3)用 CAD 软件和求积仪求出汇水面积和淹没面积；

(4)计算水库库容。

7. 在土地平整测量中，如何确定平整后地面高程？

Chapter 第十一章

施工放样

第一节 基本放样

施工放样时，根据工程设计图纸上待建的建筑物和构筑物的轴线位置、尺寸及高程，算出待放点位与控制点（或原有建筑物的特征点）之间的距离、角度、高程等测设数据，然后以控制点位为依据，将待放点位在实地标定出来，以便施工。由此可见，不论采用哪种放样方法，施工放样实质上都是通过测设水平距离、水平角和高程（高差）来实现的。因此，我们把水平距离放样、水平角放样和高程（高差）放样称为施工放样的基本放样。

一、已知距离的放样

距离放样是在量距起点和量距方向确定的条件下，自量距起点沿量距方向丈量已知距离定出直线另一端点的过程。根据地形条件和精度要求的不同，距离放样可采用不同的丈量工具和方法，通常精度要求不高时可用钢尺或皮尺量距放样，精度要求高时可用全站仪或测距仪放样。

1. 尺量法距离放样　当距离值不超过一尺段时，由量距起点沿已知方向拉平尺子，按已知距离值在实地标定点位。如果距离较长，则按钢尺量距的方法，自量距起点沿已知方向定线，依次丈量各尺段长度并累加，至总长度等于已知距离时标定点位。为避免出错，通常需丈量 2 次，并取中间位置为放样结果。这种方法只能在精度要求不高的情况下使用，当精度要求较高时，应使用测距仪或全站仪放样。

2. 全站仪距离放样　如图 11-1 所示，设 A 为已知点，欲在 AC 方向上定一点 B，使 A、B 间的水平距离等于 D。具体放样方法如下。

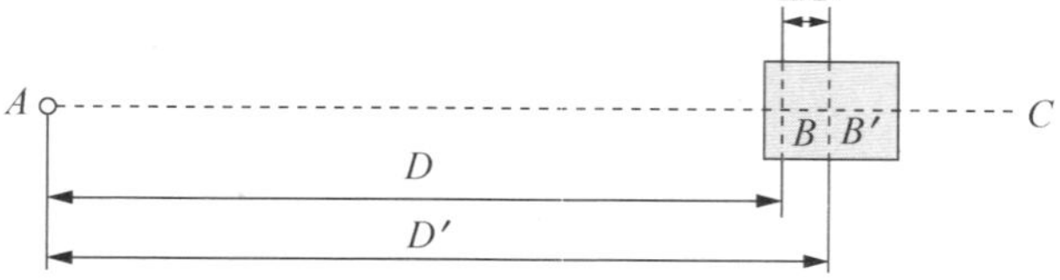

图 11-1　已知距离放样

(1)在已知点 A 安置全站仪，照准 AC 方向，沿 AC 方向在 B 点的大致位置安置棱镜，测定水平距离，根据测得的水平距离与已知水平距离 D 的差值沿 AC 方向移动棱镜，至测得的水平距离与已知水平距离 D 很接近或相等时钉设标桩（若精度要求不高，此时钉设的标桩位置即可作为 B 点）。

(2)由仪器指挥在桩顶画出 AC 方向线，并在桩顶中心位置画垂直于 AC 方向的短线，交点为 B。在 B 点安置棱镜，测定 A、B 间的水平距离 D。

(3)$\Delta D = D - D'$，根据 ΔD 用钢卷尺在桩顶修正点位。

二、已知角度的放样

角度放样（这里指水平角）也称拨角，是在已知点上安置经纬仪，以通过该点的某一固定方向为起始方向，按已知角值把该角的另一个方向测设到地面上。通常可采用正倒镜分中法进行角度放样，当精度要求高时，可在正倒镜分中法的基础上用多测回修正法进行角度放样。

1. 正倒镜分中法　如图 11-2 所示，A、B 为现场已定点，欲定出 AP 方向使 $\angle BAP = \beta$，具体步骤如下。

将经纬仪安置在 A 点，盘左瞄准 B 点并读取水平度盘的读数 a（或配制水平度盘读数为零），逆时针方向转动照准部使水平度盘读数为 $b = a - \beta$（当顺时针方向拨角 β，水平度盘读数应为 $b = a + \beta$），在视线方向上适当位置定出 P_1 点；然后盘右瞄准 B 点，用上述方法再次拨角并在视线上定出 P_2 点，定出 P_1、P_2 的中点 P，则 $\angle BAP$ 就是要放样的 β 角。

正倒镜分中法放样已知水平角时，采用两个盘位拨角主要是为了校核，而精度提高并不明显（尤其是 DJ_2 型经纬仪）。在实际工作中，常用盘左或盘右一个盘位进行角度放样，如偏角法测设曲线等。

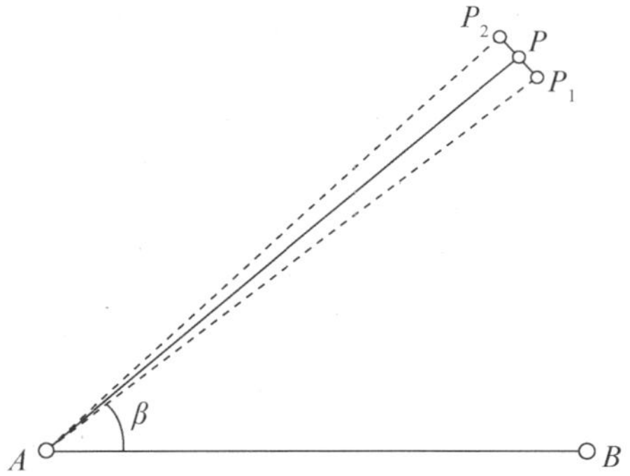

图 11-2　已知角度放样(正倒镜分中法)

2. 多测回修正法　当放样精度要求较高时，可先按上述正倒镜分中法在实地定出 P' 点，如图 11-3 所示。以 P' 为过渡点，根据放样精度选用必要的测回数实测角度 $\angle BAP'$，取各测回平均角值为 β'，则角度修正值 $\Delta\beta = \beta - \beta'$。将 $\Delta\beta$ 转换为 P' 点的垂距来修正角值，垂距计算公式为

$$P'P=\frac{\Delta\beta}{\rho}\cdot AP' \tag{11-1}$$

式中：$\rho=206\ 265''$，$\Delta\beta$ 以秒(s)为单位。长度 AP' 可用尺概略丈量。

在 P' 垂直于 AP' 方向偏移 PP' 定出 P 点，则 $\angle BAP$ 即为放样之 β 角。实际放样时应注意点位的改正方向。

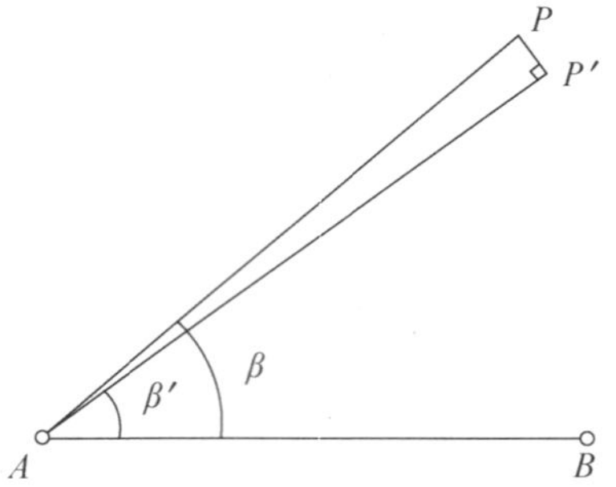

图 11-3 已知角度放样(多测回修正法)

三、高程放样

高程放样主要采用水准测量的方法，有时也采用钢尺直接量取垂直距离或三角高程测量的方法。高程放样时，首先需要在测区内布设一定密度的水准点(临时水准点)作为放样的起算点，然后根据设计高程在实地标定出放样点的高程位置。高程位置的标定措施可根据工程要求及现场条件确定，土石方工程一般用木桩标定放样高程的位置，可在木桩侧面画水平线或标定在桩顶上；混凝土及砌筑工程一般用红漆做记号标定在它们的面壁或模板上。

1. 一般的高程放样　一般情况下，放样高程位置均低于水准仪视线高且不超出水准尺的工作长度。如图 11-4 所示，A 为已知点，其高程为 H_A，欲在 B 点定出高程为 H_B 的位置。具体放样过程为：先在 B 点打一长木桩，将水准仪安置在 A、B 之间，在 A 点立水准尺，后视 A 尺并读数 a，计算 B 处水准尺应有的前视读数 b

$$b=(H_A+a)-H_B \tag{11-2}$$

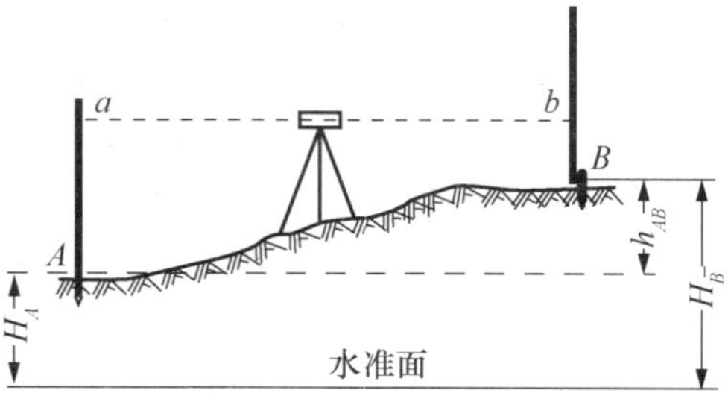

图 11-4 高程放样

靠 B 点木桩侧面竖立水准尺，上、下移动水准尺，当水准仪在尺上的读数恰好为 b 时，在木桩侧面紧靠尺底画一横线，此横线即为设计高程 H_B 的位置。也可在 B 点桩顶竖立水准

尺并读取读数 b'，再用钢卷尺自桩顶向下量 $b-b'$ 即得高程为 H_B 的位置。

为了提高放样精度，放样前应仔细检校水准仪和水准尺；放样时尽可能使前、后视距相等；放样后可按水准测量的方法观测已知点与放样点之间的实际高差，并以此对放样点进行检核和必要的归化改正。

2. 深基坑的高程放样　当基坑开挖较深，基底设计高程与基坑边已知水准点的高程相差较大并超出水准尺的工作长度时，可采用水准仪配合悬挂钢尺的方法向下传递高程。如图 11-5 所示，A 为已知水准点，其高程为 H_A，欲在 B 点定出高程为 H_B 的位置（H_B 应根据放样时基坑实际开挖深度选择，通常取 H_B 比基底设计高程高出一个定值，如 1 m），在基坑边用支架悬挂钢尺，钢尺零端朝下并悬挂 10 kg 重物，放样时最好用两台水准仪同时观测，具体方法如下。

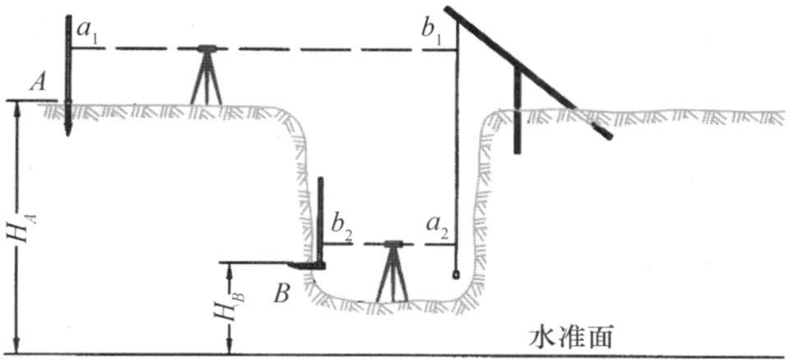

图 11-5　深基坑的高程放样

在 A 点立水准尺，基坑顶的水准仪后视 A 尺并读数 a_1，前视钢尺读数 b_1，基坑底后视钢尺读数 a_2，然后计算 B 处水准尺应有的前视读数：

$$b_2=H_A+a_1-(b_1-a_2)-H_B \tag{11-3}$$

上、下移动 B 处的水准尺，直到水准仪在尺上的读数恰好为 b_2 时标定点位。为了控制基坑开挖深度，一般需要在基坑四周定出若干个高程均为 H_B 的点位。如果 H_B 比基底设计高程高出一个定值 H，施工人员就可用长度为 H 的木条方便地检查基底标高是否达到了设计值。在基础砌筑时，还可用于控制基础顶面标高。

3. 高墩台的高程放样　当桥梁墩台高出地面较多时，放样高程位置往往高于水准仪的视线高，这时可采用钢尺直接量取垂距或“倒尺”的方法。

如图 11-6 所示，A 为已知点，其高程为 H_A，欲在 B 点墩身或墩身模板上定出高程为 H_B 的位置。欲定放样点的高程 H_B 高于仪器视线高程，先在基础顶面或墩身（模板）适当位置选择一点，用水准测量的方法测定其高程值，然后以该点作为起算点，用悬挂钢尺直接量取垂距来标定放样点的高程位置。

当 B 处放样点高程 H_B 的位置高于水准仪视线高，但不超出水准尺工作长度时，可用倒尺法放样。在已知高程点 A 与墩身之间安置水准仪，在 A 点立水准尺，后视 A 尺并读数 a，在 B 处靠墩身倒立水准尺，放样点高程 H_B 对应的水准尺读数 $b_{倒}$ 为

$$b_{倒}=H_B-(H_A+a) \tag{11-4}$$

靠 B 点墩身竖立水准尺，上、下移动水准尺，当水准仪在尺上的读数恰好为 $b_{倒}$ 时，沿水

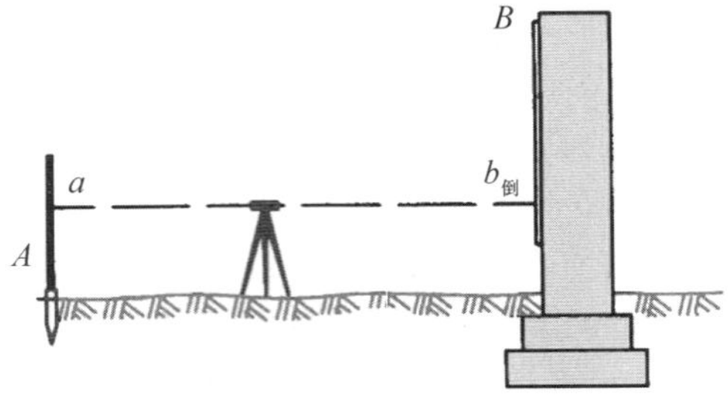

图 11-6　高墩台的高程放样

准尺尺底(零端)画一横线,此处即为高程为 H_B 的位置。

第二节　已知平面点位的放样

平面点位放样的基本操作是距离放样和角度放样。按照距离和角度的组合形式,平面点位放样的基本方法有极坐标法、角度交会法、距离交会法、直角坐标法、方向线交会法等。

一、极坐标法

放样位置附近至少要有 2 个控制点作为放样的起算点,如图 11-7 中的控制点 $A(x_A, y_A)$和 $B(x_B, y_B)$,设放样点 P 的设计坐标为(x_P, y_P),具体放样步骤如下:

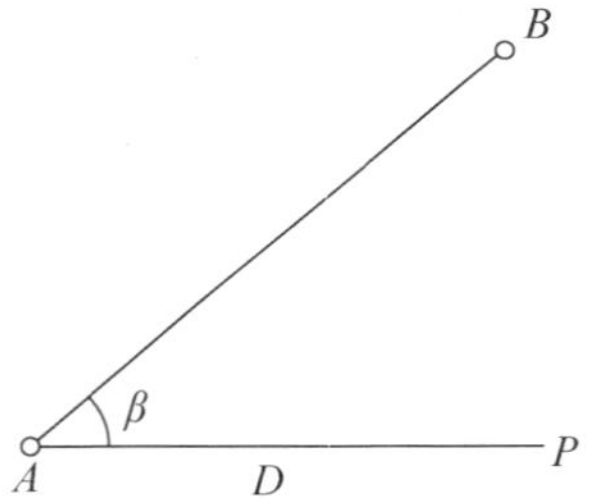

图 11-7　极坐标放样点

1. 计算放样数据　根据 A、B 点的坐标计算 A、B 两点间的坐标差($\Delta x = x_B - x_A$, $\Delta y = y_B - y_A$),再按下列公式计算确定 AB 的坐标方位角 α_{AB}

当$\Delta x_{AB}=0$ 且$\Delta y_{AB}>0$ 时,$\alpha_{AB}=90°$

当$\Delta x_{AB}=0$ 且$\Delta y_{AB}<0$ 时,$\alpha_{AB}=270°$

当$\Delta x_{AB}>0$ 且$\Delta y_{AB}>0$ 时,$\alpha_{AB}=\arctan\dfrac{\Delta y}{\Delta x}$　　(11-5)

当$\Delta x_{AB}>0$ 且$\Delta y_{AB}<0$ 时,$\alpha_{AB}=\arctan\dfrac{\Delta y}{\Delta x}+360°$

当$\Delta x_{AB}<0$ 时,$\alpha_{AB}=\arctan\dfrac{\Delta y}{\Delta x}+180°$

同法，可计算直线 AP 的坐标方位角 α_{AP}。

由 AB 方向顺时针旋转至 AP 方向的水平夹角为

$$\beta=\alpha_{AP}-\alpha_{AB} \tag{11-6}$$

若 $\beta<0°$时，则加 360°。

A、P 两点间的水平距离为

$$D=\sqrt{(x_P-x_A)^2+(y_P-y_A)^2} \tag{11-7}$$

2.放样方法　将经纬仪安置于 A 点，后视 B 点，顺时针方向拨角 β 定出 AP 方向，然后沿 AP 方向量距离 D 即得 P 点。

长期以来，极坐标法放样主要采用经纬仪配合钢尺作业，由于钢尺量距受地形条件影响较大，尤其在距离较长时，量距工作量大，效率低，而且很难保证量距精度，因而用钢尺进行极坐标法放样只能适应于放样点较近且便于量距的地方。

目前，测距仪、全站仪已普及，极坐标法放样时通常采用测距仪（全站仪）进行，用测距仪（全站仪）进行极坐标法放样具有适应性强、速度快、精度高等优点，因而这种方法在高等级公路的路线测量和施工放样中得到了广泛应用。

二、角度交会法

当放样点远离控制点或不便于量距时（如桥墩中心点放样），采用角度交会法较为适宜。如图 11-8 所示，控制点 A、B 及放样点 P 的坐标值均为已知，具体放样步骤如下。

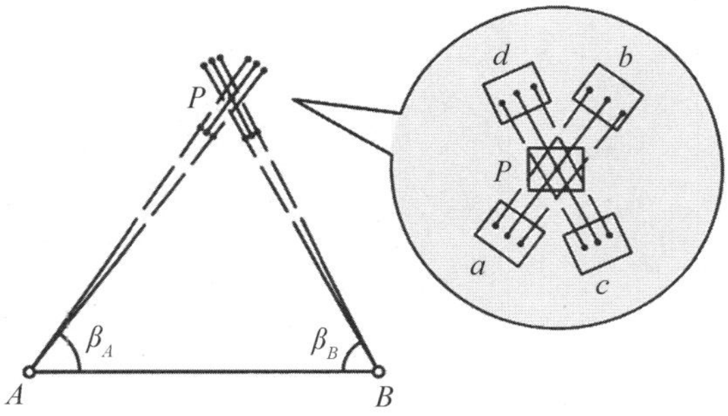

图 11-8　角度交会法放点

1.计算放样数据 β_A、β_B　根据 A、B、P 点的坐标，按公式(11-5)分别计算 AB、AP、BP 的方位角，并按式(11-8)计算交会角

$$\left.\begin{aligned}\beta_A&=\alpha_{AB}-\alpha_{AP}\\ \beta_B&=\alpha_{BP}-\alpha_{BA}\end{aligned}\right\} \tag{11-8}$$

2.放样方法　放样时最好采用两台经纬仪分别在 A、B 点设站，A 点安置的经纬仪后视 B 点，逆时针方向拨角 β_A；B 点安置的经纬仪后视 A 点，顺时针方向拨角 β_B，两台经纬仪视线的交点即为放样点 P。

用角度交会法定点，一般采用打骑马桩的方法。如图 11-8 所示，交会时最好用两台经纬仪，分别安置在 A、B 点，先粗略交会出 P 点的大致位置；然后 A 点的经纬仪逆时针方向拨角 β_A，在 P 点的两侧分别打 a、b 两个木桩，根据盘左、盘右两次拨角定出的方向在 a、b 两个木桩上各定 2 点，取平均位置 1、2 作为 AP 方向；同法 B 点的经纬仪顺时针方向拨角 β_B，在 P 点的两侧分别打 c、d 两个木桩，根据盘左、盘右两次拨角定出的方向在 c、d 两个木桩上各定 2 点，取平均位置 3、4 作为 BP 方向；最后在 1、2 和 3、4 之间拉细线，两线的交点即为 P 的正确位置。

P 点的定位精度主要取决于 β_A、β_B 的拨角精度，除此之外，还与交会角（$\angle APB$）的大小有关。当交会角在 90°左右时，交会精度最高，一般不宜小于 60°或大于 150°。

三、距离交会法

距离交会法是利用放样点到 2 个已知点的距离交会定点。放样时分别以 2 个已知点为圆心、以相应的距离为半径用尺子在实地画弧，两弧线的交点即为放样点位置。此法要求放样点与已知点的距离不超过一整尺长。

在公路勘测阶段，需对路线交点进行固定，并在交点附近的建筑物或树木等物体上做标记，量出标记至交点的距离并记录。施工时，可借助建筑物或树木上所做的标记，用距离交会法寻找交点的位置。如图 11-9 所示，N_1、N_2 是勘测阶段在房屋上作的标记，JD 是路线交点，利用已知距离 D_1、D_2 交会可快速找到 JD 桩位。

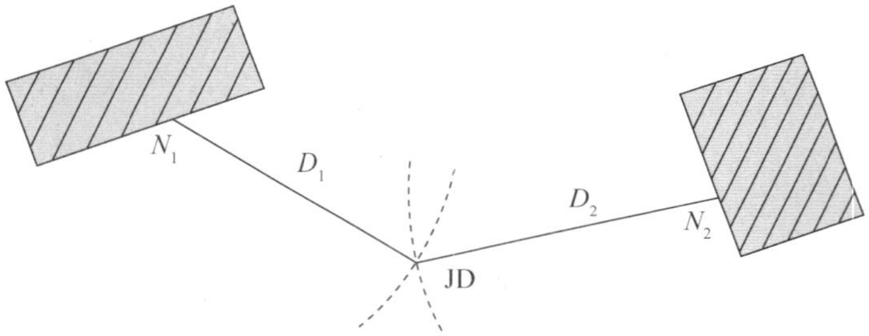

图 11-9　距离交会法放点

第三节　已知设计坡度线的放样

公路路线纵面线型是由一系列直线坡段组合而成的，在相邻坡段交接点（变坡点）设置竖曲线。施工过程中，在同一坡段上的中桩，除可分别按其设计高程放样外，也可根据该坡段的纵坡度进行放样。根据某一坡段的纵坡度同时测定该坡段上各点位置的工作，称为已知设计坡度线放样。

一、测设数据计算

如图 11-10 所示，A、B 为同一坡段上的两点，A 点的设计高程为 H_A，A、B 两点间的水

平距离为 D_{AB}，坡度为 i_{AB}。则 B 点的设计高程应为

$$H_B = H_A + D_{AB} \cdot i_{AB} \tag{11-9}$$

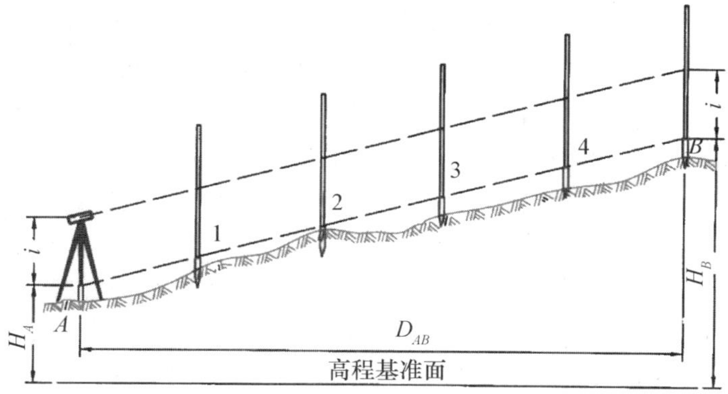

图 11-10　已知设计坡度线放样

二、放样方法

如图 11-10 所示，已知坡度线 AB 的放样步骤如下。

1. 按本章第一节所述方法分别在 A、B 两点测设出高程为 H_A、H_B 的位置。

2. 将水准仪架在 A 点，使水准仪的一个脚螺旋位于 AB 方向上，另两个脚螺旋的连线与 AB 方向垂直，量出望远镜中心至 A 点（高程为 H_A）的铅垂距离即仪器高 i。

3. 在 B 点（高程为 H_B）竖立水准尺，用望远镜瞄准 B 点的水准尺，并转动在 AB 方向上的脚螺旋，使十字丝的横丝对准水准尺上读数为 i 处，这时仪器的视线即平行于设计坡度线。

4. 在 A、B 之间的 1、2、3、…点立尺，上、下移动水准尺使十字丝的横丝对准水准尺上读数为 i 处，此时尺底的位置即在设计坡度线上。

当设计坡度较大时，除上述第一步工作必须用水准仪外，其余工作可改用经纬仪进行测设。

在已知坡度线放样中，也可用木条代替水准尺。量取仪器高 i 后，选择一根长度适当的木条，由木条底部向上量仪器高 i 并在相应位置画红线；把画有红线的木条立在 B 点（高程为 H_B），调节仪器使十字丝横丝瞄准红线；把画有红线的木条依次立在放样位置 1、2、3、…，上、下移动木条，直到望远镜十字丝横丝与木条上的红线重合为止，这时木条底部即在设计坡度线上。用木条代替水准尺放样不仅轻便，而且可减少放样出错的机会。

第四节　管线、道路工程测量

一、管线工程测量

在城镇建设中要铺设给水、排水、天然气、电力、电信、热力、输油等各种管道，管道工程

测量是为各种管道设计和施工服务的。管道工程施工测量主要包括管道中线测设，管道纵、横断面测量，带状地形图测量，管道施工测量和管道竣工测量等。管道工程多属地下构筑物，在较大的城镇街道及厂矿地区，管道相互穿插、纵横交错。在测量、设计或施工中如果出现差错，往往会造成很大损失，所以测量工作必须采用城镇或厂矿的统一坐标和高程系统，按照"从整体到局部、先控制后细部"的工作程序和步步有校核的工作方法进行，为设计和施工提供可靠的测量资料及测设标志。

1. 管线中线测量　管道中线测量的任务是将设计的管道中线位置测设于实地，并标记出来。其主要工作内容是测设管道的主点（起点、终点和转折点）、钉设里程桩和加桩等。

(1)管线主点的测设

①根据控制点测设管线的主点。当管道规划设计图上已给出管线起点、转折点和终点的设计坐标与附近控制的坐标时，可计算出测设数据，然后用极坐标法或交会法进行测设。

②根据地面上已有建筑物测设管线主点。管线一般与道路中心线或永久建筑物的轴线平行或垂直。主点测设数据可由设计时给定或根据给定坐标计算，然后用直角坐标法进行测设，当管道规划设计图的比例尺较大，管线是直接在大比例尺地形图上设计时，往往不给出坐标值，可根据与现场已有的地物（如道路、建筑物）之间的关系采用图解法来求得测设数据。

如图 11-11 所示，AB 是原有管道，1、2 点是设计管道主点。欲在实地定出 1、2 等主点，可根据比例尺在图上量取长度 D、a、b，即得测设数据，然后用直角坐标法测设 2 点。主点测设好以后，应丈量主点间距离和测量管线的转折角，并与附近的测量控制点连测，以检查中线测量的成果。为了便于施工时查找主点位置，一般还要做好点的记号。

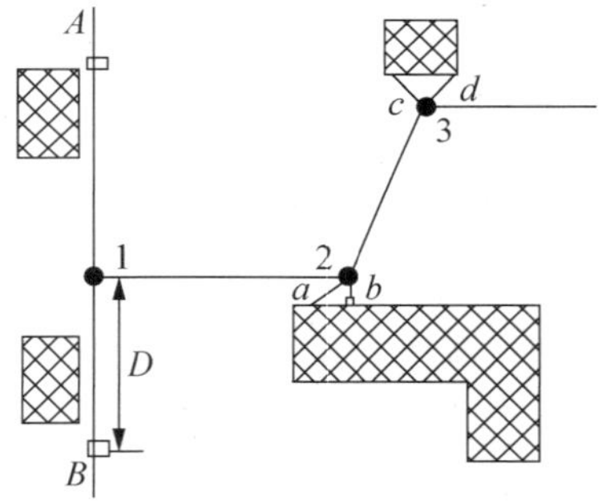

图 11-11　根据已有建筑物测设主点

(2)钉（设）里程桩和加桩。为了测定管线长度和绘制纵、横断面图，沿管道中心线自起点每 50 m 钉一个里程桩。在 50 m 之间地势变化处要钉加桩，在新建管线与旧管线、道路、桥梁、房屋等交叉处也要钉加桩。里程桩和加桩的里程桩号以该桩到管线起点的中线距离来确定。管线的起点：给水管道以水源作为起点；排水管道以下游出水口作为起点；天然气、热力管道以供气方向作为起点。为了给设计和施工提供资料，中线定好后应将中线展绘到现状地形图上，图上应反映出点的位置和桩号，管线与主要地物、地下管线交叉的位置和桩号，各主点的坐标、转折角等。如果铺设管道的地区没有大比例尺地形图，或在沿线地形变化较大的情况下，还需测出管道两侧各 20 m 的带状地形图。如果通过建筑物密集地区，需测绘至两侧建筑物处，并用统一的图式表示。

2. 管道纵、横断面测量

(1)管道纵断面测量。管道纵断面测量是根据管线附近的水准点，用水准测量方法测出管道中线上各里程桩和加桩点的高程，绘制纵断面图，为设计管道埋深、坡度和计算土方量提供资料。为了保证管道全线各桩点高程测量精度，应沿管道中线方向每隔 1～2 km 设一个固定水准点，300 m 左右设置一个临时水准点，作为纵断面水准测量分段闭合和施工引测高程的依据。纵断面水准测量可从一个水准点出发，逐段施测中线上各里程桩和加桩的地面高程，然后附合到邻近的水准点上，以便校核，允许高差闭合差为±12 mm。

(2)管道横断面测量。管道横断面测量是测定各里程桩和加桩处垂直于中线两侧地面特征点到中线的距离和各点与桩点间的高差，据此绘制横断面图，供管线设计时计算土石方量和施工时确定开挖边界之用。横断面测量施测的宽度由管道的直径和埋深来确定，一般每侧为 10～20 m。横断面测量方法与道路横断面测量方法相同。当横断面方向较宽、地面起伏变化较大时，可用经纬仪视距测量的方法测得距离和高程并绘制横断面图。如果管道两侧平坦、工程面窄、管径较小、埋深较浅时，一般不做横断面测量，可根据纵断面图和开槽的宽度来估算土石方量。

3. 管道施工测量　管道施工测量的主要任务是根据工程进度要求，为施工测设各种标志，使施工技术人员便于随时掌握中线方向及高程位置。施工测量的主要内容分施工前的测量工作和施工过程中的测量、架空管道的施工测量、顶管施工测量工作。

(1)施工前的测量工作

①熟悉图纸和现场情况。施工前应收集管道测量所需要的管道平面图、纵横断面图、附属构筑物图等有关资料，认真熟悉施工图纸、精度要求、现场情况，找出各主点桩、里程桩和水准点位置并加以检测。拟订测设方案，计算并校核有关测设数据，并注意对设计图纸的校核。

②恢复中线和施工控制桩的测设。在施工时中桩要被挖掉，为了在施工时控制中线位置，应在不受施工干扰、引测方便、易于保存桩位的地方测设施工控制桩。施工控制桩分中线控制桩和位置控制桩 2 种。

a. 中线控制桩的测设：一般是在中线的延长线上钉设木桩并做好标记，如图 11-12 所示。

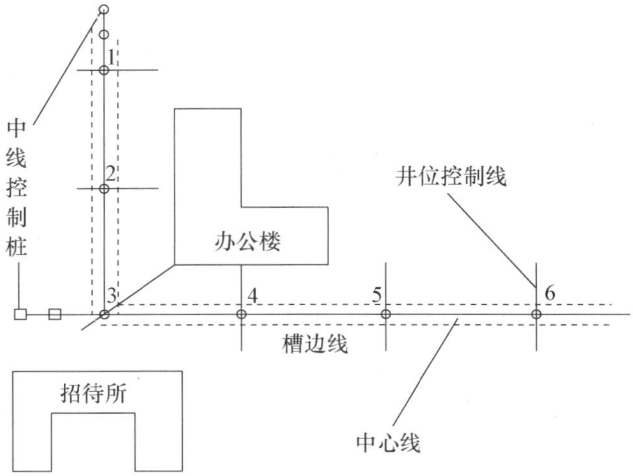

图 11-12　中线控制桩

b. 附属构筑物位置控制桩的测设：一般是在垂直于中线方向上钉 2 个木桩。控制桩要钉在槽口外 0.5 m 左右，与中线的距离最好是整分米数。恢复构筑物时，将两桩用小线连起，则小线与中线的交点即为中心位置。当管道直线较长时，可在中线一侧测设一条与其平行的轴线，利用该轴线标示恢复中线和构筑物的位置。

③加密水准点。为了在施工中引测高程方便，应在原有水准点之间每 100～150 m 增设临时施工水准点。精度要求应根据工程性质和有关规范规定来定。

④槽口放线。槽口放线的任务是根据设计要求的埋深和土质情况、管径大小等计算出开槽宽度，并在地面上定出槽边线位置，以作为开挖槽边界的依据，如图 11-13 所示。

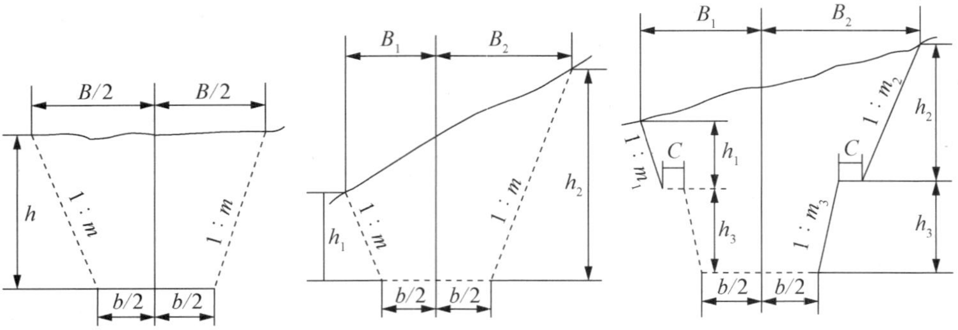

图 11-13　槽口放线

(2)施工过程中的测量工作。管道施工过程中的测量工作，主要是控制管道中线和高程，一般采用坡度板法和平行轴腰桩法。

①坡度板法

a. 埋设坡度板：坡度板应根据工程进度要求及时埋设，其间距为 10～15 m，如遇检查井、支线等构筑物时应增设坡度板。当槽深在 2.5 m 以上时，待挖至距槽底 2.0 m 左右时，再在槽内埋设坡度板。坡度板要埋设牢固，不得露出地面，应使其顶面近于水平。用机械开挖时，坡度板应在机械挖完土方后及时埋设，如图 11-14 所示。

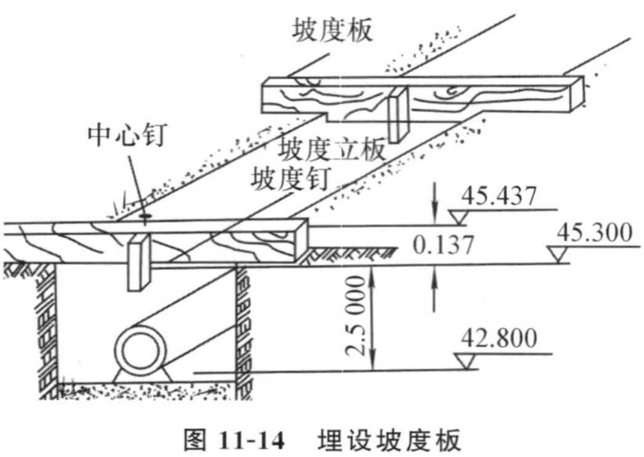

图 11-14　埋设坡度板

b. 测设中线钉：坡度板埋好后，将经纬仪安置在中线控制桩上，将管道中心线钉投测在坡度板上并钉中心钉，中线钉的连线即为管道中线，挂垂线可将中线投测到槽底定出管道平面位置。

c. 测设坡度钉：为了控制管道使之符合设计要求，在各坡度板上中线钉的一侧钉一坡度立板，在坡度立板侧面钉一个无头钉或扁头钉，称为坡度钉。使各坡度钉的连线平行管道设计坡度线，并距管底设计高程为一整分米数，称为下返数。利用这条线来控制管道的坡度、高程和管槽深度。为此按下式计算出每一坡度板顶向上或向下量的调整数，使下返数为预先确定的一个整数。

调整数＝预先确定的下返数－(板顶高程－管底设计高程)

调整数为负值时，从坡度板顶向下量，反之则向上量。

②平行轴腰桩法。如果现场条件不便采用龙门板，对精度要求较低或现场不便采用坡度板法时可用平行轴腰桩法测设施工控制标志。

开工之前，在管道中线一侧或两侧设置一排或两排平行于管道中线的轴线桩，桩位应落在开挖槽边线以外，如图 11-15 所示。平行轴线离管道中线距离为 a，各桩间距以 15～20 m 为宜，在检查井处的轴线桩应与井位相对应。

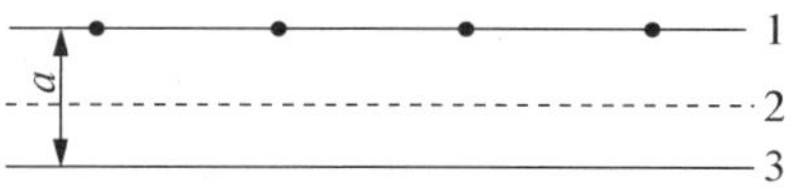

图 11-15　平行轴线桩的设立

为了控制管底高程，在槽沟坡上(距槽底约 1 m 左右)，测设一排与平行轴线桩相对应的桩，这排桩称为腰桩(又称为水平桩)，为挖槽深度、修平槽底和打基础垫层的依据。如图 11-16 所示。在腰桩上钉一小钉，使小钉的连线平行管道设计坡度线，并距管底设计高程为一整分米数，即为下返数。

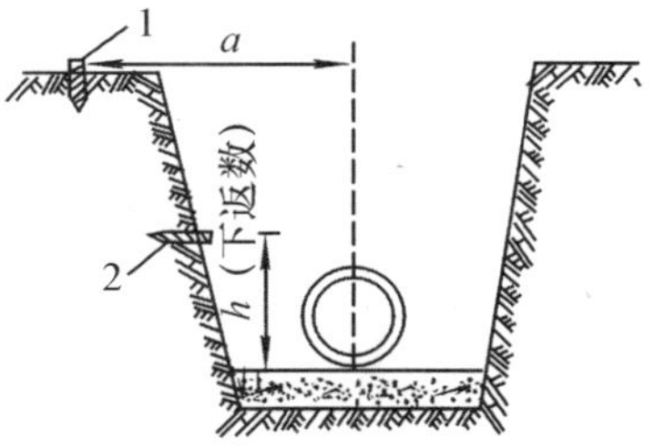

图 11-16　平行轴腰桩法

(3)架空管道的施工测量

①管架基础施工测量。架空管道基础各工序的施工测量方法与桥梁明挖基础相同，不同点主要是架空管道有支架(或立杆)及其相应基础的测量工作。管架基础控制桩应根据中心桩测定。

管线上每个支架的中心桩在开挖基础时将被挖掉，需将其位置引测到互相垂直的 4 个控制桩上，如图 11-17 所示。引测时，将经纬仪安置在主点上，在Ⅰ、Ⅱ方向上钉出 a、b 两控制桩，然后将经纬仪安置在支架中心点Ⅰ，在垂直于管线方向上标定 c、d 两控制桩。根据控制桩可恢复支架中心Ⅰ的位置及确定开挖边线，进行基础施工。

②支架安装测量。架空管道系安装在钢筋混凝土支架或钢支架上。安装管道支架时，应配合施工进行柱子垂直校正等测量方法，精度要求均与厂房柱子安装测量相同(参见第七章相关内容)。管道安装前，应在支架上测设中心线和标高，中心线投点和标高测量容许误

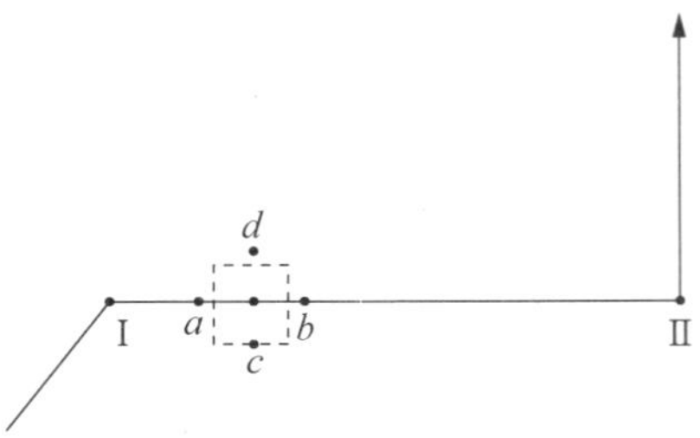

图 11-17　管架基础测量

差均不得超过±3 mm。

(4)顶管施工测量。在管道穿越铁路、公路、河流或建筑物时，由于不允许开槽施工，常采用顶管方法施工。另外，为了克服雨季和严冬对施工的影响，减轻劳动强度和改善劳动条件等也常采用顶管施工方法。顶管施工技术随着机械化程度的提高而不断发展并被广泛采用，是管道施工中的一项新技术。

顶管施工时，应在放顶管的两端先挖好工作坑，在工作坑内安装导轨(铁轨或方木)，并将管材放置在导轨上，用顶镐将管材沿管线方向顶进土中，然后将管内土方挖出来。顶管施工测量的主要任务是控制好顶管中线方向、高程和坡度。

①顶管施工测量的准备工作

a. 中线桩的测设：中线桩是工作坑放线和测设坡度板中线钉的依据。测设时应按照设计图纸的要求，根据管道中线控制桩，用经纬仪将顶管中线桩分别引测到工作坑的前后，钉以大铁钉和木桩，以标定顶管的中线位置(图 11-18)。中线桩钉好后，即可根据它定出工作坑的开挖边界，工作坑的底部尺寸一般为 4 m×6 m。

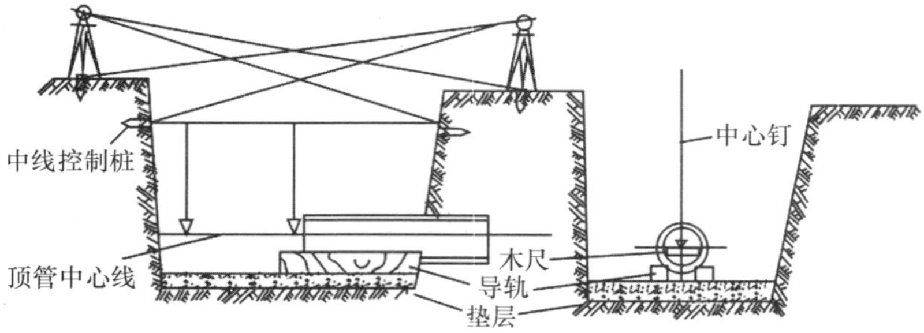

图 11-18　中线桩测设

b. 临时水准点的测设：为了控制管道按设计高程和坡度顶进，应在工作坑内设置临时水准点。一般在坑内顶进起点的一侧钉设一个大木桩，使桩顶或桩一侧的小钉的高程与顶管起点管内底的设计高程相同。

c. 导轨的安装：导轨一般安装在土基础或混凝土基础上。基础面的高程及纵坡都应符合设计要求(中线处高程应稍低，以利于排水和防止摩擦管壁)。根据导轨宽度安装导轨，根据顶管中线桩及临时水准点检查中心线及高程，检查无误后，将导轨固定。

②顶进过程中的测量工作

a. 中线测量：通过顶管的两个中线桩拉一条细线，并在细线上挂两个垂球，然后贴靠两条垂球线再拉紧一条水平细线，这条水平细线即标明了顶管的中线方向，如图 11-19 所示。

为了保证中线测量的精度，两个垂球间的距离尽可能远些。这时在管内前端横放一把水平尺，其上有刻画和中心钉，尺长等于或略小于管径。顶管时用水准器将尺找平。通过拉入管内的小线与水平尺上的中心钉比较，可知管中心是否有差别，尺上中心钉偏向哪一侧，就说明管道也偏向哪个方向。为了及时发现顶进时中线是否有偏差，中线测量以每顶进 0.5～1.0 m 量一次为宜。其偏差值可直接在水平尺上读出，若左右偏差超过 1.5 m，则需要进行中线校正。

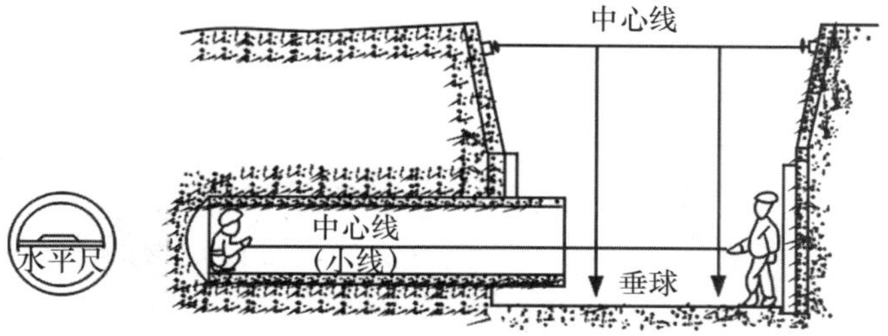

图 11-19　顶进过程中的中线测量

该方法在短距离顶管是可行的，当距离超过 50 m 时，应分段施工，可在管线上每隔 100 m 设一工作坑，在采用对顶施工过程中，可采用激光经纬仪和激光水准仪进行导向，从而保证施工质量，加快施工进度。

b. 高程测量。如图 11-20 所示，将水准仪安置在工作坑内，后视临时水准点，前视顶管内待测点，在管内使用一根小于管径的标尺，即可测得待测点的高程。将测得的管底高程与管底设计高程进行比较，即可知道校正顶管坡度的数值。为了工作方便，一般以工作坑内水准点为依据，按设计纵坡用比高法检验。例如，管道设计坡度为 5‰，每顶进 1.0 m 高程就应升高 5 mm，该点的水准尺上读数就应小 5 mm。

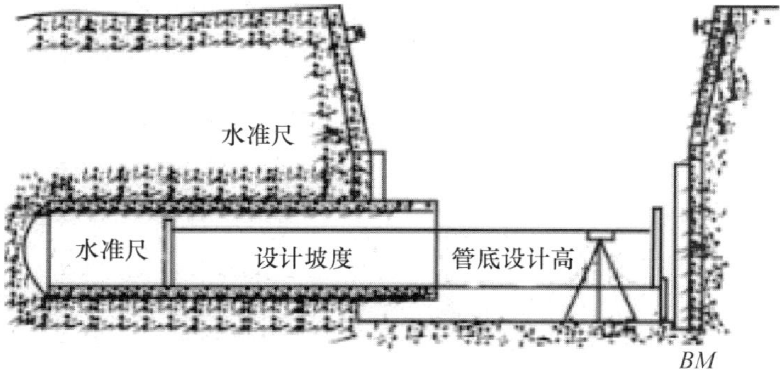

图 11-20　顶进过程中的高程测量

c. 顶管施工规范要求：根据规范规定，施工时应达到以下几点要求。

高程偏差：高不得超过设计高程 10 mm，低不得超过设计高程 20 mm。

中线偏差：左右不得超过设计中线 30 mm。

管子错口：一般不得超过 10 mm，对顶时不得超过 30 mm。

表 11-1 为某顶管施工测量记录格式数据表，反映了顶进过程中的中线与高程情况，是分析施工质量的重要依据。

表 11-1 顶管施工测量记录表

井号	里程	中心偏差/m	水准点尺上读数/m	该点尺上应读数/m	该点尺上实读数/m	高程误差/m	备注
#8	0+180.0	0.000	0.742	0.736	0.735	−0.001	水准点高程为 12.558 m $i=+5\%$ 0+管底高程为 12.564 m
	0+180.5	左 0.004	0.864	0.856	0.853	−0.003	
	0+181.0	右 0.005	0.769	0.758	0.760	+0.002	
	⋮	⋮	⋮	⋮	⋮	⋮	
	0+200.0	右 0.006	0.814	0.869	0.683	−0.006	

4. 管道竣工测量　管道工程竣工后，为了准确反映管道的位置，应及时进行竣工测量，整理并编绘全面的竣工资料和竣工图。竣工图是管道建成后进行管理、维修、改建和扩建时不可缺少的依据。管道竣工图包括 2 个内容：一是管道竣工平面图；二是管道竣工断面图。管道竣工平面图应能全面地反映管道及其附属构筑物的平面位置。测绘的主要内容有：管道的主点、检查井位置以及附属构筑物施工后的实际平面位置和高程。图上还应标有：检查井编号、井口顶高程和管底高程，以及井间的距离、管径等。对于给水管道中的阀门、消火栓、排气装置等，应用符号标明。管道竣工平面图的测绘，可利用施工控制网测绘。当已有实测详细的平面图时，可以利用已测定的永久性的建筑物来测绘管道及其构筑物的位置。管道竣工断面图应能全面地反映管道及其附属构筑的高程，一定要在回填土以前测定检查井口和管顶的高程。管底高程由管顶高程和管径、管壁厚度计算求得，井间距离用钢尺丈量。如果管道互相穿越，在断面图上应表示出管道的相互位置，并注明尺寸。

二、道路工程测量

道路工程是一种带状的空间三维结构物。道路工程分为城市道路（包括高架道路）、联系城市之间公路（包括高速公路）、工矿企业的专用道路以及为农业生产服务的农村道路，由此组成全国道路网。道路工程一般均由路基、路面、桥涵、隧道、附属工程（如停车场）、安全设施（如护栏）和各种标志等组成。道路工程测量包括路线勘测设计测量和道路施工测量两大部分。道路施工测量的任务是：将道路的设计位置按照设计与施工要求测设到实地上，为施工提供依据。它又分为道路施工前的测量工作和施工过程中的测量工作。道路工程测量的具体内容是：在道路施工前和施工中，恢复中线，测设边坡、桥涵、隧道等的平面位置和高程位置，并建立测量标志以作为施工的依据，保证道路工程按设计图进行施工。当工程逐项结束后，还应进行竣工验收测量，以检查施工成果是否符合设计要求，并为工程竣工后的使用、养护提供必要的资料。

1. 道路中线测量　道路中线测量是路线定测阶段中的重要测量部分。道路中线一般是指路线的平面位置，它是由直线和连接直线的曲线（平曲线）组成，如图 11-21 所示。中线测量的主要任务是：通过直线和曲线的测设，将道路中线的平面位置测设标定在实地上，并测定路线的实际里程。中线测量的主要内容是：测设中线的起点、终点和中间的各交点（JD）与转点（ZD）的位置、测量各转角、中线里程桩和加桩的设置、圆曲线的测设等。

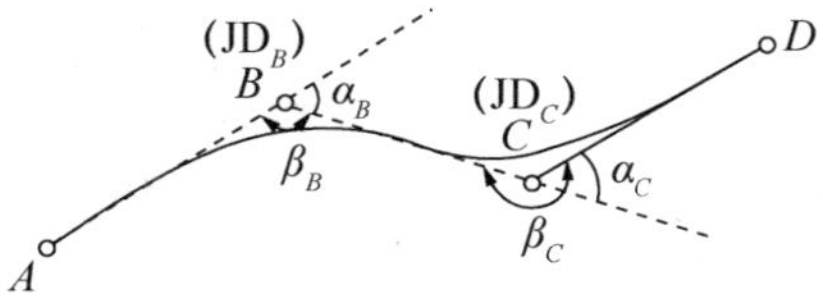

图 11-21　道路中线组成

(1)交点和转点的测设。道路路线的各交点，也包括起点和终点，是详细测设中线的控制点，也称为中线的主点。在定线测量中，当相邻两交点互不通视或直线较长时，需要在其连线上测定一个或几个转点。一般直线上每隔 200～300 m 设一转点，在路线与其他道路交叉处和需设置桥、涵等构筑物处，也要设置转点，以便在交点测量转折角和直线量距时作为瞄准和定线的目标。

①交点(以 JD 表示)的测设。对于等级较低的道路，交点的测设可采用现场标定的方法，也就是根据设定的技术标准，按照设计的要求，结合现场的地形、地质、水文等条件，在现场反复比较，直接标定出道路中线的交点位置。对于高级道路或地形复杂、现场标定困难的地区，应采用在纸上定线的方法，也就是先在实地布设测图的控制网，如布设导线，测绘 1∶1 000 或 1∶2 000 的地形图，然后在地形图上选定出路线，计算出中线桩的坐标，再到实地去放线。

交点的测设可根据地物、导线点和穿线法进行测设。

a. 根据地物测设交点：道路中线交点 JD_{10} 的位置已在地形图上选定(图 11-22)，可事先在图上量得该点至两房角和电杆的距离，在现场用距离交会法测设出 JD_{10} 的位置。

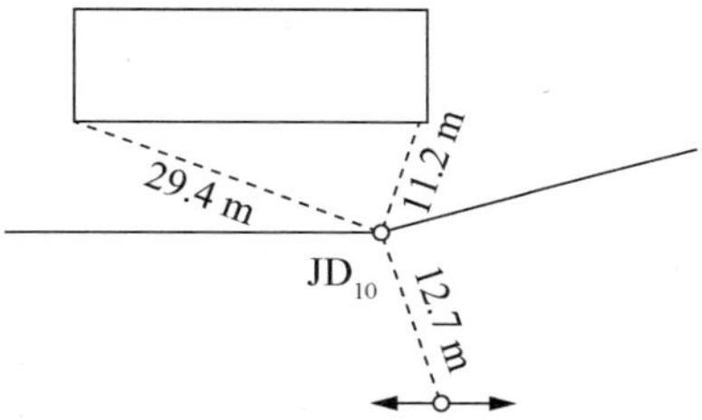

图 11-22　根据地物测设交点

b. 根据导线点测设交点：如图 11-23 所示，点 5、点 6、点 7 为导线的控制点，JD_4 为道路中线的交点。事先根据导线点的坐标和交点的设计坐标，用坐标反算出方位角 $\alpha_{6,7}$ 和 α_{6,JD_4}，然后计算出转角 $\beta=\alpha_{6,JD_4}-\alpha_{6,7}$，再在现场依据转角和距离 S_{6,JD_4}，按极坐标法测设出交点的位置。

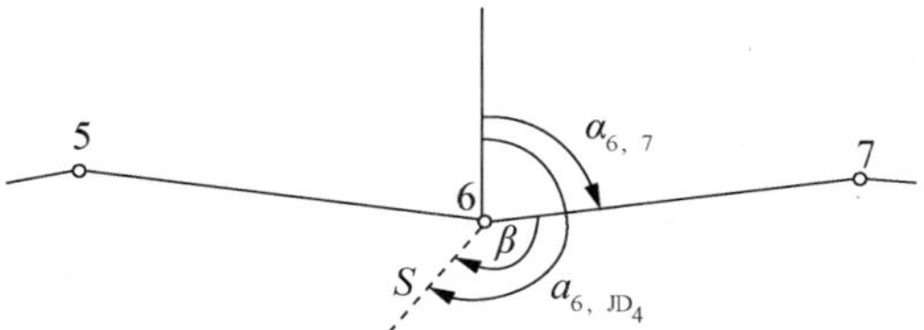

图 11-23　根据导线点测设交点

c.穿线法测设交点：穿线法又称穿线交点法，是利用图上道路中线就近的地物点或导线点，将中线的直线段独立地测设到地面上，然后将相邻直线延长相交，标定出地面交点的位置。其程序为放点—穿线—交点。

放点：放点常用的方法有极坐标法和支距法（即直角坐标法）如图 11-24 和图 11-25 所示。

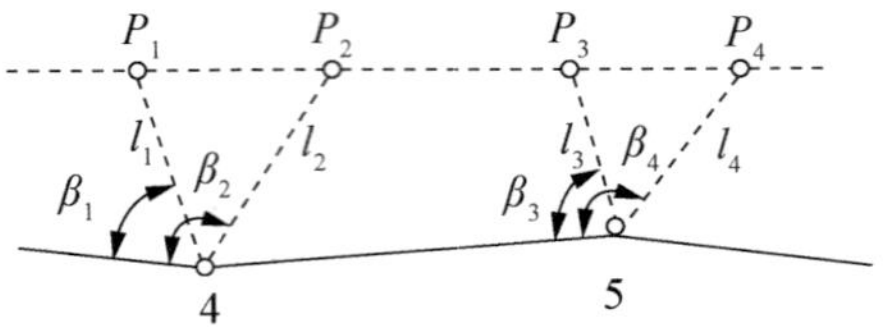

图 11-24　极坐标法放点

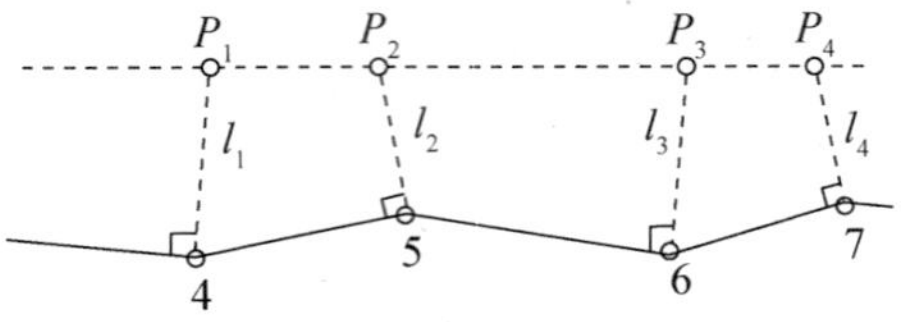

图 11-25　支距法放点

穿线：放出的点由于图解数据和测设工作都存在着误差，各点不在一条直线上，可依据现场的实际情况，采用目估法穿线或经纬仪法穿线，通过比较和选择，定出一条尽可能多的穿过或靠近临时点的直线 AB，最后在 A、B 或其方向上选定两个以上的转点桩 ZD_1、ZD_2 等，这一工作称为穿线。用同样方法测设另一中线上直线段 ZD_3 和 ZD_4 点，如图 11-26 所示。

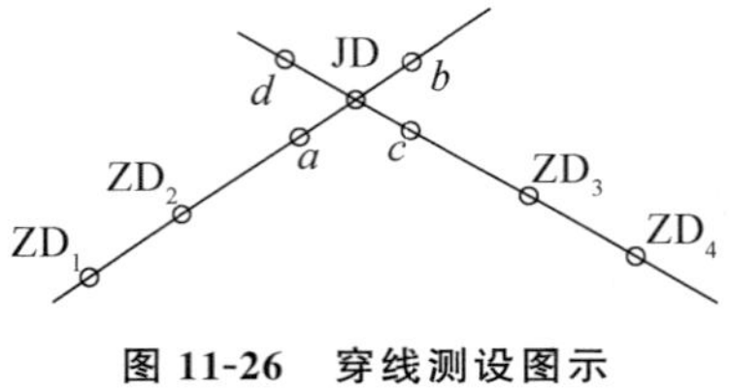

图 11-26　穿线测设图示

交点：当相邻两相交的直线在地面上确定后，就可以进行交点。将经纬仪安置在 ZD_2，瞄准 ZD_1，倒镜在视线方向上接近交点的概略位置前后打下两个桩（俗称骑马桩），采用正倒镜分中法在两桩上定出 a、b 两点，并钉以小钉，挂上细线。同理将仪器搬至 ZD_3，同法定出 c、d 点，挂上细线，在两条细线相交处打下木桩，并钉以小钉，即可得到交点 JD。

②转点（以 ZD 表示）的测设。当两交点间距离较远但尚能通视或已有转点需要加密时，才可采用经纬仪直接定线或经纬仪正倒镜分中法测设转点。

如图 11-27 所示，JD_8、JD_9 交点互不通视，要求在其延长线上定转点 ZD。

初定转点 ZD'：先利用目估方法定出一点，使该点与两交点大致在一条直线上，记为 ZD。然后将经纬仪安置于转点 ZD'，用正镜（即盘左位）瞄准交点 JD_8，在交点 JD_9 标出一点，再用倒镜（即盘右位）瞄准 JD_8，在 JD_9 外边标出一点，取两点的中点得 JD_9'。若交点 JD_9' 与 JD_9 重合或偏差值 f 在容许范围之内，即可将 JD_9' 代替 JD_9 作为交点，ZD' 即作为转

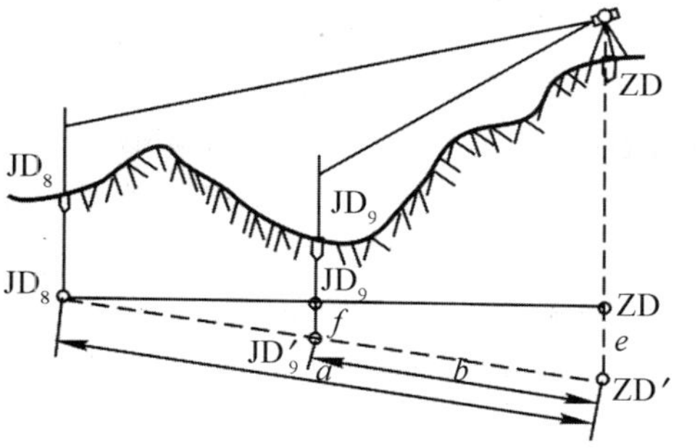

图 11-27　两交点延长线上设转点

点。否则应调整 ZD′的位置，设 e 为 ZD′应横向移动距离，量出 f 值，用视距测量出 a、b 距离，则 e 值可按下式计算

$$e=\frac{a-b}{a}\times f$$

将 ZD′按 e 值移到 ZD，重复上述方法，直至 f 值在容许值范围内。最后将点 ZD 用木桩标定在地上。

(2)路线转折角的测定。当中线的主点桩设置好后，在路线转折处，为了测设曲线，应测出各交点的转折角(简称转角)。转角：是指路线由一个方向偏转至另一个方向时，偏转后的方向与原方向间的夹角。如图 11-21 道路中线组成图所示，就是指后一边的延长线和前一边的延长线的水平夹角，用 α 来表示。由于中线在交点处转向的不同，转角有左转角、右转角之分。在延长线左侧的，称为左转角；在延长线右侧的，称为右转角。在道路工程测量中，很少有直接测定转折角的，而较普遍的测角方法是用测回法测定路线的左、右角，再用左、右角来推算路线的转折角。在道路中线组成图中，A、B、C、D 为路线前进的方向，在前进方向左侧的水平夹角，称为左角；在右侧的称为右角，如 β_B、β_C。中线测角一般习惯上观测右角，再由右角来计算转角。右角测定是应用测回法观测一个测回，两个半测回角值的较差不超过±40″，则取其平均值作为一测回的观测值。再由右角推算出转角的大小，从图中可得出其关系为

当 $\beta_{右}<180°$时，$\alpha_{右}=180°-\beta_{右}$ 为右转角

当 $\beta_{右}>180°$时，$\alpha_{右}=\beta_{右}-180°$为左转角

(3)中线里程桩的设置。在路线交点、转点及转角测定后，即可进行实地量距，设置里程桩、标定中线位置。一般使用钢尺或全站仪。里程桩亦称中桩，是从中线起点开始，每隔 20 m 或 50 m(曲线上根据不同的曲线半径，每隔 5 m、10 m 或 20 m)设置一个桩位，各桩编号即用该桩与起点桩的距离来编定的。如某桩的编号为 K_1+800，表示该桩距起点桩 0+000 的距离为 1 800 m。各桩的桩号，应用红油漆写在朝向起点桩一侧的桩面上。可见，里程桩既表示了中线的位置，也表示距起点的里程。里程桩分为整桩和加桩两种，整桩是以 10 m、20 m 或 50 m 的整倍数桩号而设置的里程桩，百米桩和公里桩均属整桩。关系加桩是指路线上的转点桩和交点桩，一般丈量至厘米(cm)。加桩又分为地形加桩、地物加桩、曲线加桩和关系加桩。

地形加桩：沿中线地形起伏突变处、横向坡度变化处以及天然河沟处等所加设置的里程

桩,丈量至米(m)。

地物加桩:沿中线的人工构筑物如桥涵处、路线与其他道路、渠道等交叉处以及土壤地质变化处加设的里程桩,丈量至米(m)或分米(dm)。

曲线加桩:凡是在曲线主点上设置的里程桩,如圆曲线中曲线起点、中点、终点等,计算至厘米(cm),设置至分米(dm)。

里程桩的测设方法,是以两桩点的连线为方向线,采用经纬仪定线,钢尺量距的方法来测设每段的水平距离,并在端点处钉设里程桩。

2.道路工程施工测量 道路施工测量的主要任务是根据工程进度的需要,按照设计要求,及时恢复道路中线测设高程标志,以及细部测设和放线等,作为施工人员掌握道路平面位置和高程的依据,以保证按图施工。其内容有施工前的测量工作和施工过程中的测量工作。

(1)施工前的测量工作。施工前的测量工作的主要内容是熟悉图纸和现场情况、恢复中线、加设施工控制桩、增设施工水准点、纵横断面的加密和复测、工程用地测量等。

①熟悉设计图纸和现场情况。道路设计图纸主要有:路线平面图,纵、横断面图,标准横断面图和附属构筑物图等。接到施工任务后,测量人员首先要熟悉道路设计图纸,通过熟悉图纸,在了解设计意图和对工程测量精度要求的基础上,熟悉道路的中线位置和各种附属构筑物的位置,确定有关的施测数据及相互关系。同时要认真校核各部位尺寸,发现问题及时处理,以确保工程质量和进度。施工现场因机械、车辆、材料堆放等原因,各种测量标志易被碰动或损坏,因此测量人员要勘察施工现场。熟悉施工现场时,除了解工程及地形的情况外,应在实地找出中线桩、水准点的位置,必要时实测校核,以便及时发现被碰动破坏的桩点,以避免用错点位。

②恢复中线。工程设计阶段所测定的中线桩至开始施工时,往往有一部分桩点被碰动或丢失的现象。为保证工程施工中线位置准确可靠,在施工前根据原定线的条件进行复核,并将丢失的交点桩和里程桩等恢复校正好。此项工作往往是由施工单位会同设计、规划勘测部门共同来校正恢复。对于部分改线地段,则应重新定线并测绘相应的纵、横断面图。恢复中线时,一般应将附属构筑物如涵洞、挡土墙、检修井等的位置一并定出。

③加设施工控制桩。经校正恢复的中线位置桩,在施工中往往要被挖掉或掩盖,很难保留。因此,为了在施工中准确控制工程的中线位置,应在施工前根据施工现场的条件和可能,选择不受施工干扰、便于使用、易于保存桩位的地方,测设施工控制桩。其测设方法有平行线法、延长线法和交会法等。

a.平行线法:该法是在路线边 1 m 以外,以中线桩为准,测设两排平行中线的施工控制桩,如图 11-28 所示。该方法适用于地势平坦、直线段较长的路线。控制桩间距一般取 10~20 m,用它既能控制中线位置,又能控制高程。

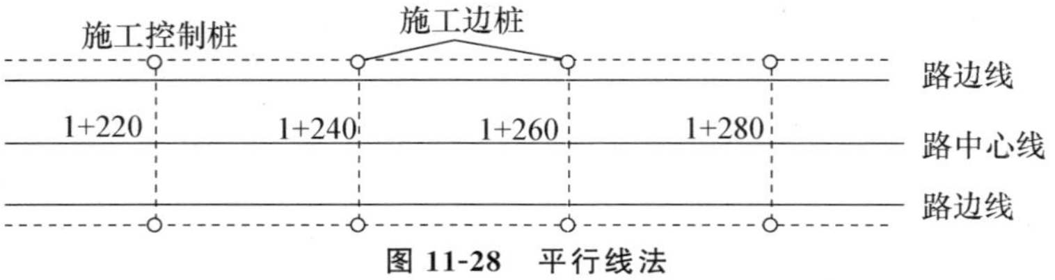

图 11-28 平行线法

b. 延长线法：该法是在中线延长线上测设方向控制桩，当转角很小时可在中线的垂直方向测设控制桩，如图 11-29 所示。此法适用于地势起伏较大、直线段较短的路段。

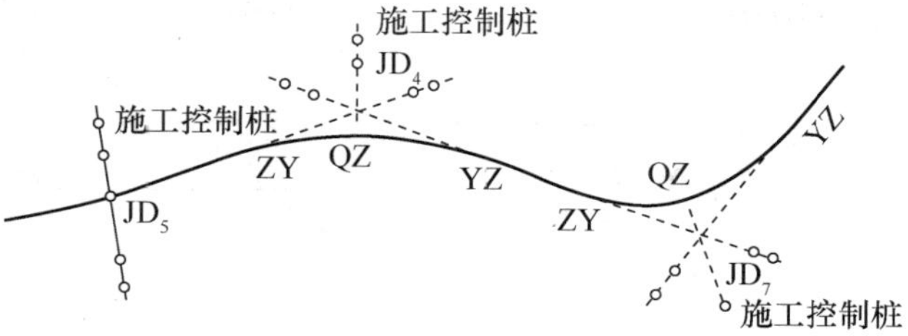

图 11-29　延长线法

c. 交会法：此法是在中线的一侧或两侧选择适当位置设置控制桩或选择明显固定地物，如电杆、房屋的墙角等作为控制，如图 11-30 所示。此法适用于地势较开阔、便于距离交会的路段上。

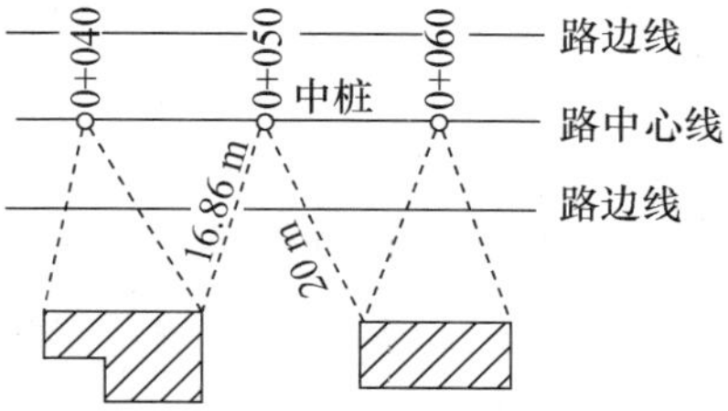

图 11-30　交会法

④增设施工水准点。为了在施工中引测高程方便，应在原有水准点之间加设临时施工水准点，其间距一般为 100～300 m。对加密的施工水准点，应设置在稳固、可靠、使用方便的地方。其引测精度应根据工程性质、要求的不同而不同。引测按照水准测量的方法进行。

⑤纵、横断面的加密与复测。当工程设计定测后至施工前一段时间较长时，线路上可能出现局部变化，如挖土、堆土等，同时为了核实土方工程量，也需核实纵、横断面资料，因此，一般在施工前要对纵、横端面进行加密与复测。

⑥工程用地测量。工程用地是指工程在施工和使用中所占用的土地。工程用地测量的任务是根据设计图上确定的用地界线，按桩号和用地范围，在实地上标定出工程用地边界桩，并绘制工程用地平面图，也可以利用设计平面图圈绘。此外，还应编制用地划界表并附文字说明，作为向当地政府以及有关单位申请征用或租用土地、办理拆迁、补偿的依据。

(2)施工过程中的测量工作。施工过程中的测量工作俗称施工测量放线，它的主要内容有路基放线、施工边桩的测设、缓和曲线放样等。

①路基放线。路基的形式基本上可分为路堤和路堑两种。路堤如图 11-31(a)所示，路堑如图 11-31(b)所示。路基放线是根据设计横断面图和各桩的填、挖高度，测设出坡脚、坡顶和路中心等，构成路基的轮廓，作为填土或挖土的依据。

a. 路堤放线：为平坦地面路堤放线情况。如图 11-32 所示，路基上口 b 和边坡 $1:m$ 均为设计数值，填方高度 h 可从纵断面图上查得。

$$B=b+2mh \text{ 或 } \frac{B}{2}=\frac{b}{2}+mh$$

式中:B 为路基下口宽度,即坡脚 A、P 之距;$B/2$ 为路基下口半宽,即坡脚 A、P 的半距。

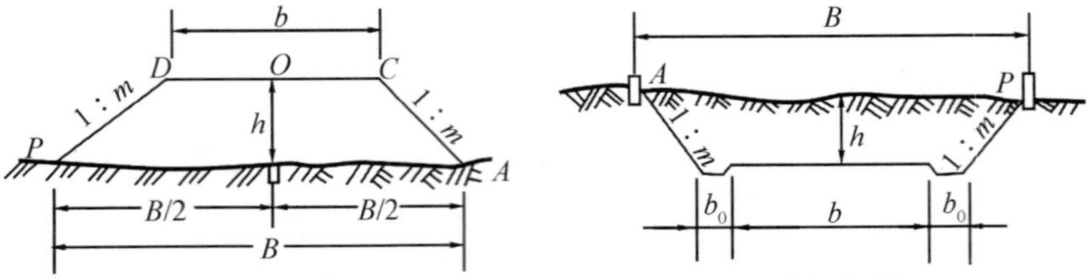

(a) 路堤　　(b) 路堑

图 11-31　路基的形式

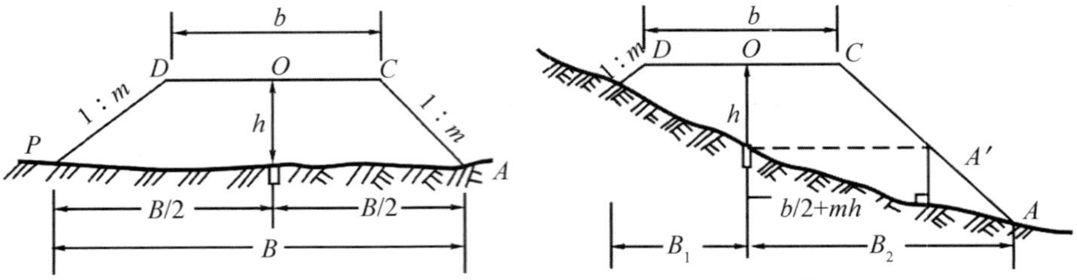

(a)　　(b)

图 11-32　路堤放线

放线方法是:由该断面中心桩沿横断面方向向两侧各量 $B/2$ 后钉桩,即得出坡脚 A 和 P。在中心桩及距中心桩 $b/2$ 处立小木杆(或竹竿),用水准仪在杆上测设出该断面的设计高程线,即得坡顶 C、D 及路中心三点,最后用小线将 A、C、D、P 点连起,即得到路基的轮廓。施工时,在相邻断面坡脚的连线上撒出白灰线作为填方的边界。

图 11-32(b)所示为地面坡度较大时路堤放线的情况。由于坡脚 A、P 距中心桩的距离与 A、P 地面高低有关,故不能直接用路堤公式算出,通常采用坡度尺定点法和横断面图解法。

坡度尺定点法:先做一个符合设计边坡 $1:m$ 的坡度尺,如图 11-33 所示,当竖向转动坡度尺使直立边平行于垂球线时,其斜边即为设计坡度。用坡度尺测设坡脚的方法是先用前一种方法测出坡顶 C 和 D,然后将坡度尺的顶点 N 分别对在 C 和 D 上,用小线顺着坡度尺斜边延长至地面,即分别得到坡脚 A 和 P。当填方高度较大时,由 C 点测设 A 点有困难,可用前一方法测设出与中桩在同一水平线上的边坡点 A',再在 A'点用坡度尺测设出坡脚 A。

横断面图解法:是用比例尺在已设计好的横断面上(俗称已戴好帽子的横断面),量得坡脚距中心的水平距离,即可在实地相应的断面上测设出坡脚位置。

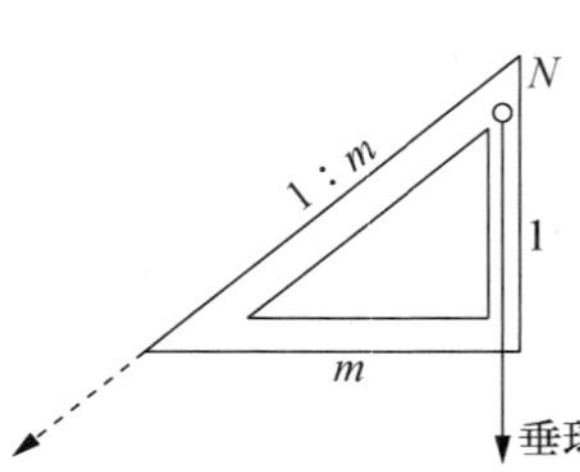

图 11-33　坡度尺

b. 路堑放线：如图 11-34(a)所示为平坦地面路堑放线情况。其原理与路堤放线基本相同，但计算坡顶宽度 B 时，应考虑排水边沟的宽度 b_0，计算公式如下

$$B=b+2(b_0+mh) \text{或} \frac{B}{2}=\frac{b}{2}+b_0+mh$$

式中：B 为路基上口宽度，即坡顶 A、P 之距；$B/2$ 为路基上口半宽，即坡顶 A、P 的半距。

图 11-34(b)所示为地面坡度较大时的路堑放线情况。其关键是找出坡顶 A 和 P，按前法或横断面图解法找出 P、A(或 A_1)。当挖深较大时，为方便施工，可制作坡度尺或测设坡度板，作为施工时掌握边坡的依据。

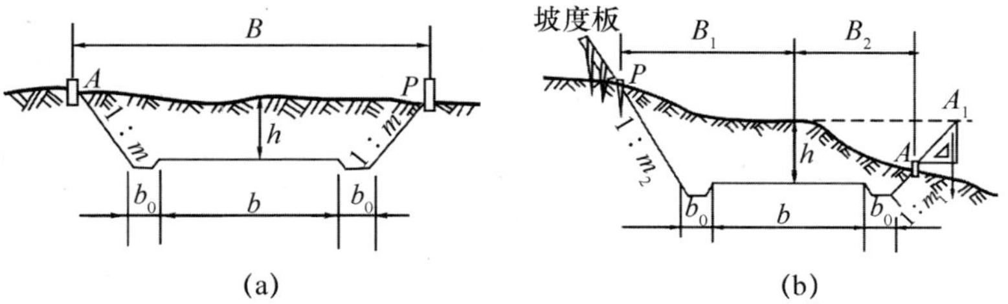

图 11-34 路堑放线

半填半挖的路基放线：在修筑山区道路时，为减少土石方量，路基常采用半填半挖形式，如图 11-35 所示。这种路基放线时，除按上述方法定出填方坡度 A 和挖方坡顶 P 外，还要测设出不填不挖的零点 0′。测设方法是：用水准仪直接在横断面上找出等于路基设计高程的地面点，即为零点 0′。

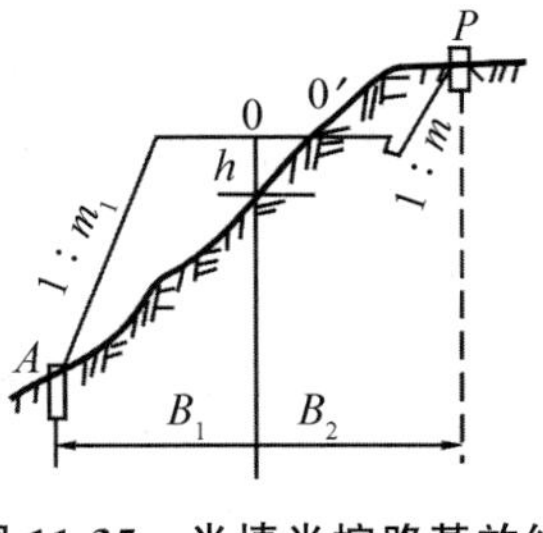

图 11-35 半填半挖路基放线

②施工边桩的测设。由于路基的施工致使中线上所设置的各桩被毁掉或填埋，因此，为了简便施工测量工作，可用平行线加设边桩，即在距路面边线为 0.5～1.0 m，各钉一排平行中线的施工边桩，作为路面施工的依据，用它来控制路面高程和中线位置。

施工边桩一般是以施工前测定的施工控制桩为准测设的，其间距以 10～30 m 为宜。当边桩钉置好后，可按测设已知高程点的方法，在边桩测设出该桩的道路中线的设计高程钉，并将中线两侧相邻边桩上的高程钉用小线连起，便得到两条与路面设计高程一致的坡度线。为了防止观测和计算错误，每测完一段应附合到另一水准点上校核。如施工地段两侧邻近有建筑物时，可不钉边桩，利用建筑物标记里程桩号，并测出高程，计算出各桩号路面设计高的改正数，在实地标注清楚，作为施工的依据。如果施工现场已有平行中线的施工控制桩，并且间距符合施工要求，则可一桩两用，不再另行测设边桩。

③缓和曲线放样。车辆从直线驶入圆曲线后，会突然产生离心力，影响车辆行驶的安全和舒适。为了减小离心力的影响，要使车辆在曲线上行驶时有向心力作用于车辆上。一般是将路面做成外侧高、内侧低呈单向横坡的形式，即弯道超高。如图 11-36 所示，这样路面反力与重力成一角度，使两力的合力指向曲线曲率半径的方向，此合力即向心力。

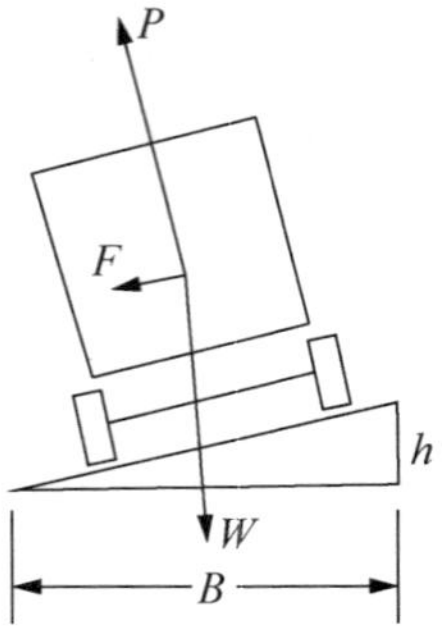

图 11-36　车辆受力方向

图 11-36 中 P 为路面反力，它与重力 W 的合力即向心力 F，设路宽为 B，h 为路外侧升高，则

$$\frac{h}{B}=\frac{F}{W}=\frac{v^2}{g\rho} \tag{11-10}$$

$$h=\frac{v^2}{g}\cdot\frac{p}{\rho}$$

式中：W 为车辆的重量，g 为重力加速度，v 为车速，ρ 为该点的曲率半径。

由此可见，外侧升高与车速、路宽及曲率半径有关，而与车重无关。如果道路外侧升高不够或者车速超过了预计的值，会加剧车轮的磨损，甚至会引起事故。

当 v、B 为定值时，h 与 ρ 成反比。在直线段上 $\rho=\infty$，所以 $h=0$。在圆曲线上曲率半径不变，设为 R，相应的超高 h，也不变。车辆从直线进入圆曲线（或圆曲线进入直线），外车轮要升高（或降低）。为了使超高由零逐渐增加到一定值，在直线与曲线间插入一段半径由∞逐渐变化到 R 的曲线，这种曲线称为缓和曲线。

缓和曲线的线型有回旋曲线（亦称辐射螺旋线）、三次抛物线、双纽线等。目前国内外公路和铁路部门，多采用回旋曲线作为缓和曲线。我国交通部颁发的《公路工程技术标准》（JTG B01—2014）中规定：缓和曲线采用回旋曲线，缓和曲线的长度应等于或大于表 11-2 的规定。

表 11-2　缓和曲线长度

公路等级	高速公路		一		二		三		四	
地形	平原微丘	山岭重丘	平原微丘	山岭重丘	平原微丘	山岭重丘	平原微丘	山岭重丘	平原微丘	山岭重丘
缓和曲线长度/m	100	70	85	50	70	35	50	25	35	20

缓和曲线公式主要包括基本公式、切线角公式和参数方程。

a. 基本公式。设缓和曲线全长为 l_s，道路外侧超高与所在点离起点的距离 l 成正比。

$$h=\frac{h_s}{l_s}\cdot l$$

则缓和曲线上任意一点曲率半径 ρ 也将随 l 而变化，考虑到 h 与 ρ 成反比，h 与 l 成正比，可得

$$\rho=\frac{c}{l} \text{或} \rho\cdot l=c \tag{11-11}$$

式中：c 为待定参数，这就是回旋曲线的基本公式。

在缓和曲线与圆曲线的连接点处，其半径 ρ_0 应等于圆曲线半径 R，即 $\rho_0=R$，缓和曲线全长 $l=l_s$，如图 11-37 所示，按式(11-11)可得

$$c=R\cdot l_s \tag{11-12}$$

基本公式可写为

$$\rho=\frac{R\cdot l_s}{l} \tag{11-13}$$

b. 切线角公式。如图 11-37 所示，回旋曲线上任意一点 p 处的切线与起点切线的交角为 β，称为切线角。β 值与曲线长 l 所对的中心角相等。在 p 处取一微分弧段 $\mathrm{d}l$，所对的中心角为 $\mathrm{d}\beta$，则

$$\mathrm{d}\beta=\frac{\mathrm{d}l}{\rho}=\frac{l\cdot \mathrm{d}l}{c}$$

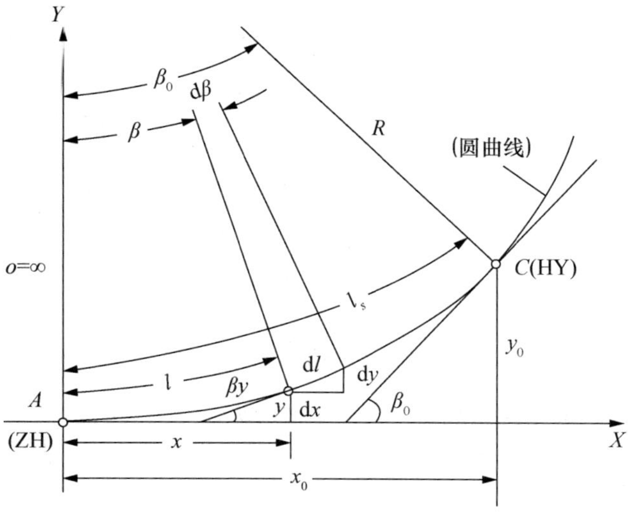

图 11-37　切线角

$$\left.\begin{aligned}\beta&=\frac{l^2}{2c}=\frac{l^2}{2Rl_s}\text{(弧度)}\\\beta&=\frac{l^2}{2Rl_s}\cdot\frac{180°}{\pi}=28.6479\cdot\frac{l^2}{Rl_s}\text{(度)}\end{aligned}\right\}\tag{11-14}$$

当 $l=l_s$ 时，则回旋曲线全长 l_s 所对的圆心角切线角 β，为

$$\left.\begin{aligned}\beta_0&=\frac{l_s^2}{2Rl_s}=\frac{l_s}{2R}\text{(弧度)}\\\text{或}\quad\beta_0&=28.6479\cdot\frac{l_s}{R}\text{(度)}\end{aligned}\right\}\tag{11-15}$$

c. 参数方程。如图 11-37 所示，设 ZH 点为坐标原点，过 ZH 点的切线为 x 轴，ZH 点的半径为 y 轴，任意一点 P 的坐标为 (x,y)，则微分弧段 $\mathrm{d}l$ 在坐标轴上的投影为

$$\mathrm{d}x=\mathrm{d}l\cdot\cos\beta$$
$$\mathrm{d}y=\mathrm{d}l\cdot\sin\beta$$

将 $\cos\beta$、$\sin\beta$ 分别展开为级数得

$$\cos\beta=1-\frac{\beta^2}{2!}+\frac{\beta^4}{4!}-\frac{\beta^6}{6!}+\cdots$$
$$\sin\beta=\beta-\frac{\beta^3}{3!}+\frac{\beta^5}{5!}-\frac{\beta^7}{7!}+\cdots$$

将式(11-11)代入展开式，则 $\mathrm{d}x$、$\mathrm{d}y$ 可写成

$$\mathrm{d}x=\begin{bmatrix}1-\frac{1}{2}\left(\frac{l^2}{2Rl_s}\right)^2+\frac{1}{24}\left(\frac{l^2}{2Rl_s}\right)^4\\-\frac{1}{720}\left(\frac{l^2}{2Rl_s}\right)^6+\cdots\end{bmatrix}\mathrm{d}l$$

$$\mathrm{d}y=\left[\frac{l^2}{2Rl_s}-\frac{1}{6}\left(\frac{l^2}{2Rl_s}\right)^3+\frac{1}{120}\left(\frac{l^2}{2Rl_s}\right)^5-\frac{1}{5\,040}\left(\frac{l^2}{2Rl_s}\right)^7+\cdots\right]\mathrm{d}l$$

积分略去高次项得

$$\left.\begin{aligned}x&=l-\frac{l^5}{40R^2\cdot l_s^2}\\y&=\frac{l^3}{6R\cdot l_s}\end{aligned}\right.\tag{11-16}$$

当 $l=l_s$ 时，则回旋曲线终点(HY)的直角坐标为

$$\left.\begin{aligned}x_0&=l_s\ \frac{l_s^3}{40R^2}\\y_0&=\frac{l_s^2}{6R}\end{aligned}\right.\tag{11-17}$$

第五节 几种典型建筑工程放样

一、民用建筑施工测量

1. 测设前的准备工作

①熟悉图纸。②总平面图——建筑物总体位置定位的依据。③建筑平面图、基础平面图、基础详细图——施工放线的依据。④立面图、剖面图——高程测设的依据。⑤现场踏勘,校核平面、高程控制点。⑥制定测设方案,绘制测设略图,计算测设数据。

2. 民用建筑物的定位

(1)定义:将建筑物的外廓(墙)轴线交点(简称角桩)测设到地面上,为建筑物的放线及细部放样提供依据。

(2)定位方法:①直角坐标法或极坐标法定位,有建筑基线、建筑方格网或导线时。②根据已有建筑物定位,无控制网时。从已建建筑物引出 ab,延长 ab 得建筑基线 cd,拨角、量边得角桩,检查角度和边长,以满足要求(如:1/5 000)。

3. 民用建筑物的放线

(1)内容:①根据定位出的角桩,来详细测设建筑物各轴线的交点桩(中心桩)。②延长轴线,撒出基槽开挖白灰线。

(2)延长轴线的方法。①龙门板法——适用小型民用建筑。②引桩法——适用大型民用建筑,如图 11-38 所示。

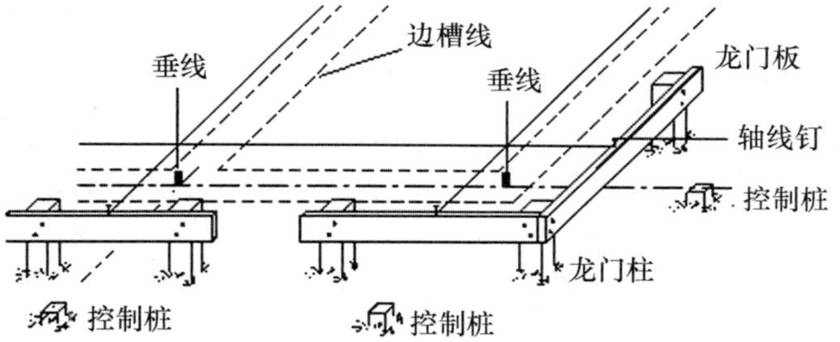

图 11-38 延长轴线法

4. 基础施工的测量工作 控制基槽开挖深度,不得超挖基底。当基槽挖到离槽底 0.3～0.5 m 时,用高程放样的方法在槽壁上钉水平控制桩。

5. 墙体各部位标高控制 在墙体砌筑施工中,墙身上各部位的标高通常是用皮数杆来控制和传递的。皮数杆应根据建筑物剖面图画有每块砖和灰缝的厚度,并注明墙体上窗台、门窗洞口、过梁、雨篷、圈梁、楼板等构件高度位置。在墙体施工中,用皮数杆可以控制墙身各部位构件的准确位置,并保证每批转灰缝厚度均匀,每批砖都处在同一水平面上。皮数杆一般都立在建筑物拐角和隔墙处,如图 11-39 所示。

立皮数杆时,先在地面上打一个木桩,用水准仪测出±0.000 标高位置,并画一条横线作为标志;然后,把皮数杆上的±0.000 线与木桩上±0.000 对齐,钉牢。皮数杆钉好后要用水准仪进行检测,并用垂球来校正皮数杆的垂直。

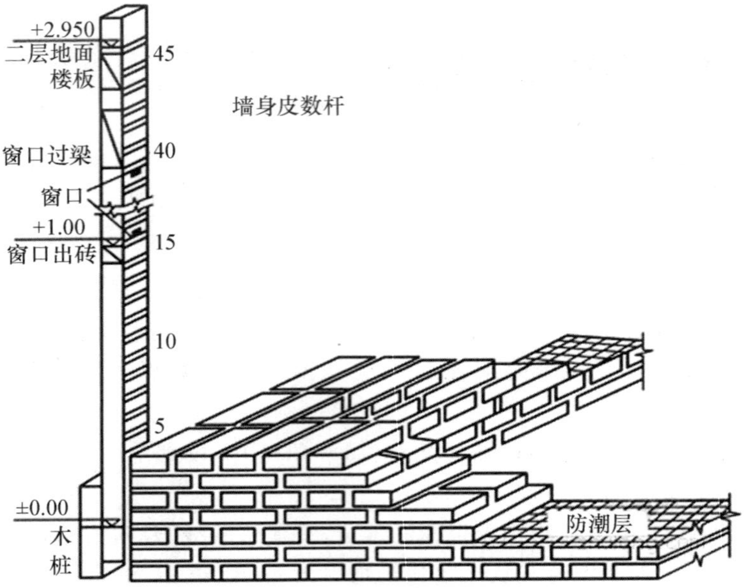

图 11-39　标高控制

为了施工方便，采用里脚手架砌砖时，皮数杆应立在墙外侧，如采用外脚手架时，皮数杆应立在墙内侧，如系框架或钢筋砼柱间墙时，每层皮数杆可直接画在构件上而不立皮数杆。

二、高层建筑物施工测量

1. 高层建筑物轴线的投测　关键是控制竖向偏差，即精确向上引测轴线。要求竖向误差在本层内不得超过 5 mm，全楼累积不得超过 20 mm。

(1)经纬仪投测法。①选择中心轴线(主轴线)。在距高楼较远处钉出轴线控制桩，基础完工后，将其投测到楼底部并标定。②向上投测中心轴线。用盘左盘右取平均的方法，向楼房各层投测中心轴线点。③轴线引桩。为避免投测时仰角过大而影响测设精度，须把轴线再延长到距建筑物更远处或附近大楼的屋顶上。

注意：经纬仪要经过严格检校，特别是照准部水准管、横轴要与竖轴垂直。

(2)激光铅垂仪投测法。每条轴线至少要 2 个投测点，投测点距轴线 500～800 mm 为宜，且在每层投测点处要预留洞(300 mm×300 mm)。激光铅垂仪见图 11-40。

图 11-40　激光铅垂仪

数字资源 11-1
激光铅垂仪　彩图

(3)吊线坠投测法。受风力影响大,要设挡风板。

2.高层建筑的高程传递　常用方法有用钢尺沿墙身直接丈量、用钢尺和水准仪的吊钢尺法。

复习题

1.什么叫放样?放样的基本工作有哪些?

2.简述已知距离放样的方法。

3.简述已知水平角放样的方法。

4.简述已知高程点放样的方法。

5.已知控制点的坐标为:A(1 000.000,1 000.000)、B(1 108.356,1 063.233),欲确定Q(1 025.465,938.315)的平面位置。试计算用极坐标法放样Q点(仪器安置于A点)的测设数据。

参考文献

[1]杨国范. 普通测量学[M]. 北京：中国农业大学出版社，2009.

[2]纪明喜. 工程测量[M]. 北京：中国农业出版社，2005.

[3]卞正富. 测量学[M]. 2 版. 北京：中国农业出版社，2021.

[4]丁华，张继帅，李英会. 摄影测量学基础[M]. 北京：清华大学出版社，2018.

[5]弓永利. 建筑工程测量[M]. 武汉：武汉大学出版社，2018.

[6]黄显彬. 道路勘测设计[M]. 北京：中国建筑工业出版社，2020.

[7]刘仁钊，马啸. 数字测图技术[M]. 武汉：武汉大学出版社，2021.

[8]马玉晓. 大地测量学基础[M]. 成都：西南交通大学出版社，2018.

[9]潘正风，程效军，成枢. 数字地形测量学[M]. 2 版. 武汉：武汉大学出版社，2019.

[10]覃辉，马超，朱茂栋. 土木工程测量[M]. 5 版. 上海：同济大学出版社，2019.

[11]王国辉，魏德宏. 土木工程测量[M]. 2 版. 北京：中国建筑工业出版社，2020.

[12]徐芳，邓非. 数字摄影测量学基础[M]. 武汉：武汉武汉大学出版社，2017.

[13]徐绍铨，张华海，杨志强. GPS 测量原理及应用[M]. 4 版. 武汉：武汉大学出版社，2017.

[14]许娅娅，雒应. 测量学[M]. 5 版. 北京：人民交通出版社，2020.

[15]熊春宝，伊晓东. 测量学[M]. 天津：天津大学出版社，2020.

[16]岳建平，邓念武. 水利工程测量[M]. 5 版. 北京：中国水利电力出版社，2017.

[17]周文国，郝延锦. 工程测量[M]. 3 版. 北京：测绘出版社，2019.

[18]许金良. 道路勘测设计[M]. 5 版. 北京：人民交通出版社，2019.

[19]张正禄. 工程测量学[M]. 3 版. 武汉：武汉大学出版社，2020.

[20]张敬伟，马华宇. 建筑工程测量[M]. 3 版. 北京：北京大学出版社，2018.

[21]臧立娟，王凤艳. 测量学[M]. 武汉：武汉大学出版社，2018.

[22]张鑫，杨江涛，姚一飞. 测量学实验实习指导[M]. 2 版. 杨凌：西北农林科技大学出版社，2018.

[23]中华人民共和国行业标准. 城市测量规范[S]：CJJ 8—2011.

[24]中华人民共和国行业标准. 卫星定位城市测量技术标准规范[S]：CJJ 73—2019.

[25]中华人民共和国国家标准. 国家三、四等水准测量规范[S]：GB 12898—2009.

[26]中华人民共和国国家标准. 国家基本比例尺地图图示第 1-4 部分[S]：GB 20257—2017.

[27]中华人民共和国国家标准.工程测量规范[S]:GB 50026—2020.
[28]中华人民共和国行业标准.建筑施工测量标准[S]:JGJ 408—2017.
[29]中华人民共和国水力行业标准.水利水电工程施工组织设计规范[S]:SL 303—2017.
[30]中华人民共和国水力行业标准.水利水电工程施工测量规范[S]:SL 52—2015.